普通高等教育一流本科专业建设成果教材

化学工业出版社“十四五”普通高等教育规划教材

食品添加剂

赵志峰　李　东　主编

化学工业出版社

·北京·

内容简介

《食品添加剂》内容共分为13章。该书结合《食品安全国家标准 食品添加剂使用标准》(GB 2760—2024) 与工业生产中常用的食品添加剂使用情况，重点介绍了食品添加剂的监管及使用标准、分类、性质、使用方法，以及食品添加剂在多种常见食品加工中的应用实例。

本书可供食品科学与工程专业学生、食品方向从业人员及监管部门查阅使用，有利于读者或非专业人员建立起对食品添加剂的正确认识。

图书在版编目（CIP）数据

食品添加剂/赵志峰，李东主编．—北京：化学工业出版社，2024.1

普通高等教育一流本科专业建设成果教材

ISBN 978-7-122-45057-9

Ⅰ.①食… Ⅱ.①赵… ②李… Ⅲ.①食品添加剂-高等学校-教材 Ⅳ.①TS202.3

中国国家版本馆CIP数据核字（2024）第032902号

责任编辑：李建丽 赵玉清 文字编辑：朱雪蕊
责任校对：杜杏然 装帧设计：关 飞

出版发行：化学工业出版社
（北京市东城区青年湖南街13号 邮政编码100011）
印 刷：三河市航远印刷有限公司
装 订：三河市宇新装订厂
787mm×1092mm 1/16 印张12½ 字数305千字
2024年9月北京第1版第1次印刷

购书咨询：010-64518888 售后服务：010-64518899
网 址：http://www.cip.com.cn
凡购买本书，如有缺损质量问题，本社销售中心负责调换。

定 价：45.00元

编写人员名单

主　　编	赵志峰	四川轻化工大学
	李　东	四川轻化工大学
副 主 编	胡陆军	四川轻化工大学
	燕　飞	陕西理工大学
参编人员	贾振华	四川轻化工大学
	李　琴	四川农业大学
	吴　彤	四川大学

序

食品添加剂是食品化学的分支学科之一，是研究为改善食品品质和色、香、味以及为防腐、保鲜和加工工艺的需要而加入食品中的人工合成或者天然物质的学科，是全国高等学校食品科学与工程及其相关专业的必修课程或重要选修课程。

近年来，随着国家对食品安全监管力度的加强，非法添加非食用物质和滥用食品添加剂现象不断减少，食品安全形势稳中向好，绝大多数企业对于食品添加剂的生产与应用已形成了正确的认识。在食品添加剂的生产端要关注产品的高质化，逐步推广应用新型培养、提取、分离技术，并实现绿色制造。随着生物技术的高速发展，性能优越的天然绿色食品添加剂必然拥有极大的发展潜力。食品添加剂，既不是“魔鬼”，也不是“天使”，而是要按规定使用的可食用物质。在日常的科普中应正确引导，使公众能够了解、认识食品添加剂，不再谈之色变。总体来说，我国食品工业的发展方向是坚决杜绝伪劣食品、科学改进传统加工工艺、严格监控加工过程、科学使用食品添加剂，同时提高全民科学素养的征程任重而道远。

本书系统地介绍了食品添加剂产业的发展趋势，紧密结合《食品安全国家标准 食品添加剂使用标准》(GB 2760—2024) 的相关内容，对各国食品添加剂的监管标准进行分析与对比。列举大量食品添加剂在工业生产中的案例，使读者能更清晰地理解其应用特性，便于实际操作。并对食品添加剂的作用机理进行阐述，对工科类院校食品专业的教学与实践结合工作起到很好的支撑作用。通观全书，内容丰富、资料翔实，兼具科学性和实用性，可供教学、监管、应用等相关人员使用。

朱蓓薇

中国工程院　院士

前　言

食品工业是永远的朝阳产业，近年来随着人民生活质量和制造业发展水平的提高，越来越丰富的食品品类出现在人们的视野中。而食品添加剂在传统食品转化为工业化产品的过程中起到了不可替代的作用，是食品工业技术创新、产量提高的重要助力之一。

在从事食品专业教学和与中国食品企业的接触中作者愈发感受到食品添加剂相关内容的传播不仅应该从本专业学生抓起，更应推动更多食品企业规范、正确、有效地使用食品添加剂。因此，我们组织了具有丰富教学经验与工厂实际生产经验的教授、博士和中青年骨干参与本书的编写。并结合了食品添加剂发展与研究的最新动态和相关法律法规的演替与完善，搜集了大量的文献资料编撰成书。

四川轻化工大学食品科学与工程专业入选四川省特色专业、四川省一流专业、四川省卓越工程师计划试点专业，本教材为前期专业建设成果之一。本书的编写分工为：第 1 章绪论和第 2 章食品添加剂的监管及使用标准，由四川轻化工大学赵志峰老师、四川大学吴彤老师编写；第 3 章调色类食品添加剂的特性，第 4 章调香类食品添加剂的特性和第 5 章调味类食品添加剂的特性，由四川轻化工大学贾振华老师编写；第 6 章调质类食品添加剂的特性，由四川轻化工大学胡陆军老师编写；第 7 章防腐保鲜类食品添加剂的特性和第 8 章食品酶制剂的特性，由四川农业大学李琴老师编写；第 9 章食品工业用加工助剂的特性，由四川轻化工大学胡陆军老师编写；第 10 章食品添加剂在酒类中的应用，由四川轻化工大学李东老师编写；第 11 章食品添加剂在果蔬类食品中的应用和第 12 章食品添加剂在肉、蛋和奶类食品中的应用，由陕西理工大学燕飞老师编写；第 13 章食品添加剂在焙烤类食品中的应用，由四川轻化工大学胡陆军老师编写。全书由赵志峰老师、李东老师统稿审核。

《食品添加剂》的成书，与参与编写的各位老师和各单位的支持密不可分，同时感谢朱蓓薇院士的悉心指导与审阅。本书能最终完稿面世离不开化学工业出版社的大力协助。在此我们对为本书贡献了智慧和心血的所有专家学者和出版工作者们表示由衷的感谢。本书在编写过程中涉及学科多，工业生产应用过程发展变化大，加之作者专业水平有限，书中不妥之处敬请专家批评指正。

目 录

第 1 章 绪论 / 1

第 2 章 食品添加剂的监管及使用标准 / 19

第 3 章 调色类食品添加剂的特性 / 31

第1章
绪　论

1.1 食品添加剂的定义及分类

1.1.1 食品添加剂的定义

作为一个科学技术概念，食品添加剂（food additive）最开始被称作“化学添加剂”。“化学添加剂”（chemical additive）源自20世纪美国食品营养部食品保护委员会的一份报告，该报告的题目是《食品加工中化学添加剂的应用》。1959年，我国轻工业出版社出版了这份资料，并将其名称翻译为《食品加工中化学附加剂的应用》。1962年，《中国化学》杂志的第7期刊登了《一种新的食品添加剂》的英文译文，使“食品添加剂”概念第一次出现在正式的学术刊物上。20世纪70年代后食品添加剂概念被学术界广泛熟知。

关于食品添加剂的定义世界各国不尽相同。主要是由于管理体系的差异，加之新型食品添加剂不断涌现，一些食品添加剂同时具有多种功能造成的。我国GB 2760—2024《食品安全国家标准 食品添加剂使用标准》中规定：“食品添加剂是为改善食品品质和色、香、味，以及为防腐、保鲜和加工工艺的需要加入食品中的人工合成或者天然物质。食品用香料、胶基糖果中基础剂物质、食品工业用加工助剂、营养强化剂也包括在内。”食品工业用加工助剂是指保证食品加工能顺利进行的各种物质，与食品本身无关，如助滤、澄清、吸附、脱模、脱色、脱皮、提取溶剂、发酵用营养物质等。联合国粮农组织（FAO）和世界卫生组织（WHO）联合成立的食品法典委员会（CAC）1983年规定：“食品添加剂是指本身不作为食品消费，也不是食品特有成分的任何物质，而不管其有无营养价值。它们在食品的生产、加工、调制、处理、装填、包装、运输、储存等过程中，由于技术（包括感官）的目的有意加入食品中或者预期这些物质或其副产物会成为（直接或间接）食品中的一部分，或者改善食品的性质。它不包括污染物或者为保持、提高食品营养价值而加入食品中的物质。”在1995年《食品法典》（*Codex Alimentarius*）再版时此定义仍保留并收录在食品添加剂通用标准（*Codex Stan* 192 *General Standard for Food Additives*，GSFA）中。

美国食品药品管理局（FDA）对食品添加剂的定义为：“有明确的或有理由认为合理的预期用途，无论直接使用或间接使用，能成为食品成分之一或影响食品特征的物质，统称为食品添加剂。”食品的一种成分，或者会影响食品特征的所有物质，用于生产食品容器和包装物的材料如果直接或间接地成为被包装在容器中食品的成分，或影响其特征的所有物质也符合食品添加剂的定义。“影响食品特征”不包括物理影响，如包装物的成分没有迁移到食品中，不成为食品的成分，则不属于食品添加剂。但如果某种不会成为食品成分的物质在食品加工中被应用而赋予食品不同风味、组织结构或改变了食品其他特征者，也可能属于食品添加剂。

欧盟将食品添加剂定义为：“不作为食品消费的任何物质及不作为食品特征组分的物质，无论其是否具有营养价值。添加食品添加剂于食品中是为了达到生产、加工、制备、处理、包装、运输、储藏等技术要求的结果，食品添加剂（或其副产物）在可以预期的结果中直接或间接地成为食品的一种组分。”

日本食品卫生法对食品添加剂的定义为：“在食品制造过程，即食品加工中为了保存的目的加入食品，使之混合、浸润及其他目的而使用的物质。食品添加剂可能用于调味、延长保存期或者改善食品的色、味等感官性质。食品添加剂可以作为食品的成分存留在终产品中（如色素和防腐剂），也可以只以功能性的形式存在，而不存留在终产品中（如过滤剂等）。”

由于一种食品添加剂对于食品品质特性的提升作用较为单一，已不能满足食品工业的迅速发展，复配食品添加剂应运而生。2011 年 9 月 5 日起实施的 GB 26687—2011《食品安全国家标准 复配食品添加剂通则》规定复配食品添加剂是为了改善食品品质、便于食品加工，将两种或两种以上单一品种的食品添加剂，添加或不添加辅料，经物理方法混匀而成的食品添加剂。

无论是食品添加剂还是复配食品添加剂，在使用时必须符合相关法律法规的要求，正确使用。

1.1.2 食品添加剂的分类

食品添加剂对于食品工业的发展作用不言而喻，国际上使用的与食品有关的添加剂已达 25000 种左右（包括非直接使用的添加剂），其中常用的有 600～1000 种。美国允许使用的食品添加剂品种有 5000 多种，我国目前允许使用的食品添加剂品种有 2500 种左右。食品添加剂可按其来源、功能和安全性评价等不同的分类标准进行分类。

1.1.2.1 按来源分类

食品添加剂按来源分为天然食品添加剂和人工化学合成的食品添加剂两大类。天然食品添加剂主要以动、植物或微生物的代谢产物等为原料，经提取制得。人工化学合成的食品添加剂是指利用氧化、还原、缩合、聚合、成盐等各种化学反应制备的物质。其中部分化学合成的食品添加剂其化学结构和天然的相同，且能被人体代谢。故国际上通常也将食品添加剂按来源分为三类：天然提取物、人工合成天然等同物和化学合成品。此外，我国生产的食品添加剂按其来源也可分为天然提取法、化学合成法和生物合成法（酶法和发酵法）三大类。

1.1.2.2 按功能分类

由于许多食品添加剂不仅只有一个功能，而是具有两个或多个功能，所以食品添加剂按功能分类差异较大。联合国粮农组织（FAO）和世界卫生组织（WHO）至今尚未正式对食品添加剂分类做出明确的规定。FDA《食品药品和化妆品法》按功能将食品添加剂分为 32 类，而在第三版《食品用化学品法典（1981Ⅲ）》中，又将食品添加剂分为 45 类。

欧盟将食品添加剂按功能分为 26 类，共列出批准使用的食品添加剂 321 种，包括：酸度调节剂（酸）、抗结剂、消泡剂、抗氧化剂、膨松剂、着色剂、乳化剂、增味剂、面粉处理剂、上光剂（包括润滑剂）、保湿剂、防腐剂、稳定剂、被膜剂、固化剂、甜味剂、增稠剂、疏松剂、乳化盐、发泡剂、变性淀粉、螯合剂、载体、挥发剂、推进剂和包装气体。其中并不包括食品用香料、营养强化剂、胶姆糖基础剂类物质以及食品加工专用酶。对于食品用香料、营养强化剂和食品专用加工酶均有专门的法规与目录，酶制剂则按照作用特点分为食品添加剂和加工助剂。

日本的食品添加剂分为 4 种：指定添加剂、既存添加剂、天然香料和一般饮食添加剂。按功能可分为 30 类：防腐剂、杀菌剂、防霉剂、抗氧化剂、漂白剂、面粉改良剂、增稠剂、赋香剂、防虫剂、发色剂、色调稳定剂、着色剂、调味剂、酸味剂、甜味剂、乳化剂及乳化稳定剂、消泡剂、保水剂、溶剂及溶剂品质保持剂、疏松剂、口香糖基础剂、被膜剂、营养剂、抽提剂、制造食品用助剂、过滤助剂、酿造用剂、品质改良剂、豆腐凝固剂及合成酒用剂、防黏着剂。

食品法典委员会（CAC）将食品添加剂按功能分为 23 类，如表 1-1 所示。我国 GB 2760—2024《食品安全国家标准 食品添加剂使用标准》中也列举了食品添加剂的 23 类常用功能，如表 1-2 所示。

表 1-1 CAC 规定的食品添加剂功能类别

分类编号	类别名称	功能
1	酸	增加酸度或给食品添加酸味
2	酸度调节剂	改变或调节食品的酸碱度，包括酸、碱、缓冲剂、pH 调节剂等
3	抗结剂	防止颗粒或粉状食品聚集结块、保持其松散或自由流动的状态，包括抗黏剂、干燥剂、隔离剂、脱模剂等
4	消泡剂	消除食品加工过程中产生的泡沫
5	抗氧化剂	防止由于氧化作用带来的食品变质，包括抗氧化协同剂、螯合剂
6	疏松剂	促进食品体积增加而不会增加食品能量值，包括增容剂、填充剂
7	着色剂	增加或恢复食品的颜色
8	护色剂	稳定、保持或增强食品的色泽，包括固色剂、色素稳定剂
9	乳化剂	能降低互不相溶的液体间的界面张力，使之形成乳浊液，包括增塑剂、分散剂、表面活性剂、表面活化剂、润湿剂
10	乳化用盐	重构干酪的蛋白质构型，以阻止脂肪的分离，包括融合用盐、螯合剂
11	固化剂	使果蔬组织产生或保持硬度或脆性，或与凝胶剂作用形成或强化凝胶
12	增味剂	增强食品已有的味道、气味，包括调味剂、嫩化剂
13	面粉处理剂	使面粉增白、可提高焙烤制品质量，包括漂白剂、面团改良剂、面粉改良剂
14	发泡剂	使气相物质在液体或固体食品上均匀分散
15	胶凝剂	胶凝体的形成，使食品具有一定的形状
16	上光剂	在食品外部形成光亮外表或提供保护性被膜，包括被膜剂、密封剂
17	水分保持剂	抵消低湿度空气的吸湿作用以防止食品变干
18	防腐剂	包括抗菌防腐剂、抗霉菌剂、细菌病毒处理剂、化学杀菌剂、酒催熟剂、消毒剂
19	推进剂	使食品从容器中推出的气体
20	膨松剂	释放气体以增加面团体积，包括发酵剂、黏合剂
21	稳定剂	使食品中不相混溶的物质保持均匀分布，包括胶质稳定剂、固化剂、泡沫稳定剂
22	甜味剂	赋予食品甜味的物质，包括天然甜味剂、人工合成甜味剂、营养性甜味剂、非营养性甜味剂，糖类、非糖类甜味剂
23	增稠剂	增加食品的黏度，包括组织形成剂、基础剂

表 1-2 GB 2760—2024《食品安全国家标准 食品添加剂使用标准》规定的功能类别

分类编号	类别名称	功能
D. 1	酸度调节剂	用以维持或改变食品酸碱度的物质
D. 2	抗结剂	用于防止颗粒或粉状食品聚集结块，保持其松散或自由流动的物质
D. 3	消泡剂	在食品加工过程中降低表面张力，消除泡沫的物质
D. 4	抗氧化剂	能防止或延缓油脂或食品成分氧化分解、变质，提高食品稳定性的物质
D. 5	漂白剂	能够破坏、抑制食品的发色因素，使其褪色或使食品免于褐变的物质
D. 6	膨松剂	在食品加工过程中加入的，能使产品发起形成致密多孔组织，从而使制品具有膨松、柔软或酥脆的物质
D. 7	胶基糖果中基础剂物质	赋予胶基糖果起泡、增塑、耐咀嚼等作用的物质
D. 8	着色剂	使食品赋予色泽和改善食品色泽的物质
D. 9	护色剂	能与肉及肉制品中呈色物质作用，使之在食品加工、保藏等过程中不致被分解、破坏，呈现良好色泽的物质
D. 10	乳化剂	能改善乳化体中各种构成相之间的表面张力，形成均匀分散体或乳化体的物质
D. 11	酶制剂	由动物或植物的可食或非可食部分直接提取，或由传统或通过基因修饰的微生物（包括但不限于细菌、放线菌、真菌菌种）发酵、提取制得，用于食品加工，具有特殊催化功能的生物制品
D. 12	增味剂	补充或增强食品原有风味的物质
D. 13	面粉处理剂	促进面粉的熟化和提高制品质量的物质
D. 14	被膜剂	涂抹于食品外表，起保质、保鲜、上光、防止水分蒸发等作用的物质
D. 15	水分保持剂	有助于保持食品中水分而加入的物质
D. 16	营养强化剂	其定义符合《食品安全国家标准食品营养强化剂使用标准》(GB14880)中的规定
D. 17	防腐剂	防止食品腐败变质、延长食品储存期的物质
D. 18	稳定剂和凝固剂	使食品结构稳定或使食品组织结构不变，增强黏性固形物的物质
D. 19	甜味剂	赋予食品甜味的物质
D. 20	增稠剂	可以提高食品的黏稠度或形成凝胶，从而改变食品的物理性状，赋予食品黏润、适宜的口感，并兼有乳化、稳定或使呈悬浮状态作用的物质
D. 21	食品用香料	添加到食品产品中以产生香味、修饰香味或提高香味的物质
D. 22	食品工业用加工助剂	有助于食品加工能顺利进行的各种物质，与食品本身无关。如助滤、澄清、吸附、脱模、脱色、脱皮、提取溶剂等
D. 23	其他	上述功能类别中不能涵盖的其他功能

1.1.2.3 按安全性分类

JECFA是FAO/WHO食品添加剂联合专家委员会的简称，是由联合国粮农组织（FAO）和世界卫生组织（WHO）于1955年建立的国际食品添加剂安全评价的权威机构。食品添加剂和污染物法典委员会（CCFAC）每年定期向JECFA提出需要进行安全性评价的食品添加剂和污染物的重点优先名单。JECFA根据“食品添加剂和食品中污染物的安全性评价原则”，对CCFAC提交的物质进行毒理学评价，并根据物质的毒理学评估结论制定出相应的每日允许摄入量（ADI）值。

JECFA对食品添加剂的安全性评价结果主要体现为制定出各种物质的ADI值。对于没有规定具体ADI数值的情况，JECFA有以下几条术语解释：

① 可接受（acceptable）：是指该物质在使用中无毒理学意义，或者由于技术或感官原因能够自我限制摄入量，因此没有安全问题。

② 未规定（not specified）：是指该物质的毒性很小，以现有的化学、生化、毒理或其他方面的资料和总膳食摄入水平，不会对人体造成健康危害，因此用一个数值表示 ADI 不一定是必须的，符合这一标准的添加剂必须按照良好操作规范（GMP）原则使用。

③ 无结论（not allocated or not evaluated）：是指该物质的毒理学资料不够完善，未制定出 ADI 值。

④ 暂定（temporary）：是指现有的毒理学资料能够证明在短期内食用该物质的安全性，但是不足以证明终生食用的安全性。暂定 ADI 值以更高的安全标准制定，待毒理学资料完善后，修订 ADI 值，取消“暂定”，或取消 ADI 值。

JECFA 将食品添加剂按安全性分为四大类：GRAS（general recognized as safe，公认安全）类、A 类、B 类和 C 类。其中 A 类、B 类、C 类又分别分为①亚类、②亚类，如表 1-3。

表 1-3　食品添加剂安全性分类

分类编号	亚类编号	安全性
GRAS 类	—	JECFA 认为该物质在食品中按需要量正常使用时，其膳食摄入水平不会对健康造成危害，不必对其 ADI[①] 作数值限制
A 类	A①	JECFA 已经制定 ADI 和暂定 ADI 者
		经 JECFA 评价认为毒理学资料清楚，已制定出 ADI 值，或者认为毒性有限无需规定 ADI 值者
	A②	JECFA 已制定暂定 ADI 值，但毒理学资料不够完善，暂时许可用于食品者
B 类	B①	JECFA 曾进行过安全性评价但未建立 ADI 值，或者未进行安全性评价
		JECFA 曾进行过评价，因毒理学资料不足，未制定 ADI 者
	B②	JECFA 未进行过评价者
C 类	C①	JECFA 认为在食品中使用不安全或者应该严格限制作为某些食品的特殊用途者
		JECFA 根据毒理学资料认为在食品中使用不安全者
	C②	JECFA 认为应严格限制在某些食品中作特殊用途者

① ADI：每日允许摄入量（acceptable daily intake），是指人类终生每日摄入该添加剂后而对机体不产生任何已知不良效应的剂量，以人体每公斤体重的该物质摄入量（mg/kg）表示。

1.2　食品添加剂的发展概况

1.2.1　食品添加剂的早期应用

人类实际使用食品添加剂的历史相当悠久。据考古资料显示，仰韶时期（公元前 5000 年～前 3000 年）古代中国人已学会煎煮海盐。相传在炎帝时期，居住在山东半岛的夙沙氏，发明了用海水煮盐的方法。我国商周时期，就已经有人用肉桂为食物增香；北魏时期人们已经学会通过植物提取天然色素。《齐民要术》这本世界农学史上最早的名著之一，也介绍了不少关于食品添加剂的内容，包括酿造、烹调和贮藏技术；而南宋时期已经利用亚硝酸盐作为防腐剂和护色剂进行肉制品的生产，这一技术于 13 世纪传入欧洲，得到欧洲社会的广泛应用和欢迎。宋朝还将“一矾二碱三盐”的食品添加剂配方用以“炸油条”。

国外方面，早在公元前 1500 年，古埃及人就已经利用天然颜料为食物着色；欧洲人在公元前 4 世纪开始利用天然色素为葡萄酒着色；中世纪古罗马人利用糖渍、盐渍的方法对食品进行防腐处理。随着科技的进步，人工合成化学品在食品中的应用越来越多。1856 年，英国人发明了第一种人工合成色素苯胺紫，从此人工合成色素大量取代天然色素应用于食品生产中。1901 年，美国孟山都公司发明了糖精；1908 年，日本化学家成功地在海藻中提取得到谷氨酸钠即味精；1910年，植物油加氢的化学产物“人造黄油”诞生。但在20世纪初，人们相继发现一些食品添加剂对人体有害，甚至可以致癌。所以1955年和1964年FAO/WHO先后成立了“食品添加剂联合专家委员会（JECFA）”和“食品添加剂和污染物法典委员会（CCFAC）”。2005年7月国际食品法典委员会（CAC）决定将食品添加剂和污染物法典委员会（CCFAC）拆分为食品添加剂法典委员会和污染物委员会，原CCFAC的主持国荷兰继续担任污染物委员会主持国。食品添加剂法典委员会集中研究食品添加剂的安全性问题，并向有关国家和组织提出意见，使食品添加剂走向了科学的发展轨道。在化学合成食品添加剂方面，中国起步较晚。中华人民共和国成立之前，食品添加剂工业集中在沈阳和上海两大城市，仅仅生产味精和面包酵母，产量也很低。中华人民共和国成立之初，食品添加剂工业几乎没有大的发展，直到20世纪60年代才出现了好转。

1.2.2 食品添加剂的产业现状

随着食品工业的快速发展，食品添加剂的种类和用量日益增多，使用范围也不断扩大。食品添加剂产业已成为现代食品工业的重要组成部分和食品工业科技创新与技术进步的重要支柱。食品添加剂的研发、生产和应用一定程度上反映了一个国家的整体科技实力，也是一个国家现代化程度的重要标志之一。食品添加剂是一个涉及多学科、多领域的行业，近年来食品添加剂行业的科研成果和产品产量都实现了快速增长，整体呈现良好的发展态势。

1.2.2.1 研究热点

近年来，有关食品添加剂的研究成为食品科学与工程领域研究的热点之一。主要集中在以下三个方面：

(1) 对新型安全的天然食品添加剂的研发

由于广大的消费群体认为天然的食品添加剂比化学合成的更安全，而且很多天然提取物具有一定的生理活性和健康功能，因此，各类天然的食品添加剂的研究成为食品添加剂研究领域的一大热点。例如，抑菌素作为食品防腐剂在食品中的应用方式大致可分为三类：①用产生抑菌素的细菌接种。②直接加入纯化的抑菌素物质。③用产生抑菌素的细菌的发酵产品作为添加物。近几年又出现了将抑菌素包装在高分子材料中进行防腐的新技术。由于化学防腐剂的使用受到严格的限制，植物源的防腐剂成分更受消费者的青睐，主要包括皂苷、类黄酮、硫代亚磺酸酯和硫代葡萄糖苷等。这些天然的生物防腐剂将成为食品防腐剂领域持续的研究热点。甘草提取物甘草苷作为天然甜味剂的一种，通常具有安全性高、味觉良好、稳定性高和水溶性好的优点。甘草苷的甜度是蔗糖的250倍，与少许的蔗糖、柠檬酸钠配合使用，可减少蔗糖的用量，可有效避免蔗糖浓度过高产生的甜腻感，而且具有增香的功能。其他新型天然甜味剂还有甜菊糖苷、罗汉果甜苷等。食品中脂质氧化问题是食品工业关注的主要问题之一。脂质氧化不仅产生难闻的酸败气味，使食品营养价值降低，而且还会带来安全隐患。在食品中加入抗氧化剂成为保障脂质食品质量和延长保质期的有效手段。因此，将草本植物和天然调味料中的抗氧化活性成分用作天然抗氧化剂也成为了近年来研究的热点。

(2) 对食品添加剂制备新技术的研发

很多食品添加剂的传统生产方法已经越来越不能满足食品工业对环境和可持续发展的要求，因此利用生物技术、纳米技术等高新技术代替一些食品添加剂传统生产方式的研究越来越多。例如，利用植物细胞和组织培养获得类胡萝卜素、花青素和甜菜素，利用微生物发酵获得食用香料的前体物质，利用基因控制等生物技术制备色素的研究，利用生物发酵法制备氨基酸的研究，通过植物离体细胞培养制备天然抗氧化剂的研究，利用纳米技术提高食品添加剂生物利用度的研究等。虽然目前通过多种生物技术可以生产出天然食品添加剂用以改善食品品质的文献报道很多，但是这些方法通常产率很低，目前不能满足实际工业生产的要求，或者价格极其昂贵。因此可用于生产天然食品添加剂的低成本、实用、可行的生物技术还亟待进一步的研究。

(3) 对食品添加剂检测分析技术的研究

食品添加剂的超量使用会对人体健康产生严重威胁，有效的检测方法对保障食品安全有重要意义。近年来由于食品安全问题偶发，食品添加剂的检测分析技术也成为研究热点。一方面是对已知目标的检测分析方法的研究，如抗氧化剂、防腐剂等食品添加剂快速测定方法的研究；另一方面是对新的检测分析技术的研究，如毛细管电泳技术在食品添加剂检测分析中的应用研究。

易滥用的食品添加剂快速检测技术包括亚硝酸盐、二氧化硫、明矾、滑石粉、石膏粉等的快速测定，非法食品添加物快速检测方法可用于甲醛、吊白块、硼砂、甲醇、过氧化苯甲酰等的快速测定。

1.2.2.2 生产现状

随着全球食品工业的发展，食品总量的快速增加和科学技术的进步，全球食品添加剂的品种不断增加，产量持续上升。根据中国食品添加剂和配料协会发布的《食品添加剂行业竞争格局分析》，全球食品添加剂 2010 年的销售额约为 400 亿美元。我国目前允许使用的食品添加剂超过 2000 种，各种食品添加剂在原料、技术、工艺等方面千差万别，因此食品添加剂行业总体上比较分散，中小企业众多，但是部分细分品种、细分行业集中度很高。据观研报告网发布的数据来看，近年来中国食品添加剂产量走势整体呈上升趋势，在 2017 年出现下降趋势，到 2018 年降至近年最低点；2019 年快速回升，中国食品添加剂产量增长至 837.9 万吨，同比增长 21.79%；2020 年中国食品添加剂产量达到 1057 万吨，同比增长 26.14%；2021 年中国食品添加剂产量达 1197.15 万吨，同比增长 13.26%（图 1-1）。而根据 Globe Newswire 发布的报告，全球食品添加剂市场在 2025 年预计达到 590 亿美元。

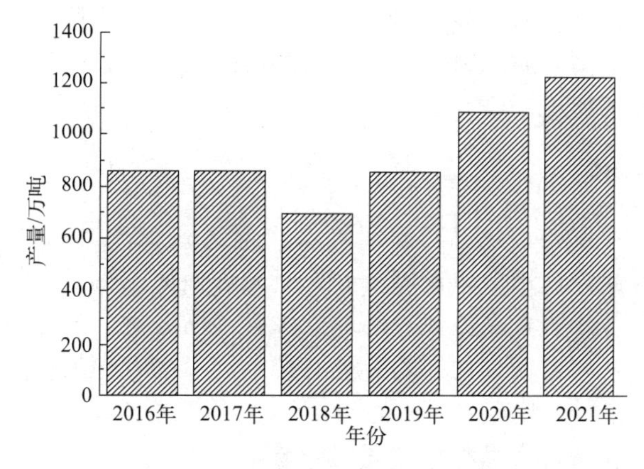

图 1-1　2016～2021 年我国食品添加剂年生产总量

从国际经验来看，规模化、集约化、效益化是食品添加剂行业的发展方向。我国食品添加剂工业技术水平与发达国家相比还存在一定差距，高技术含量的产品品种较少。但我国柠檬酸、木糖、木糖醇、牛磺酸、乙基麦芽酚的产销量居世界第一。防腐剂方面，我国山梨酸和山梨酸钾生产能力早已超过万吨，并在许多食品中已取代苯甲酸钠成为首选的食品防腐剂。中国是食品着色剂生产和消费大国，常用的食用色素包括辣椒红、红曲黄、红曲红、柠檬黄、栀子黄、亮蓝等。近年来黄原胶、羧甲基纤维素钠、葡聚糖等食品增稠剂的产量增幅较大，在医药领域也有应用。

1.2.2.3 使用现状

食品添加剂对于提高食品质量、改善食品色香味形和防腐保鲜都起着重要作用，因此在食品生产加工中被广泛使用。目前，我国经批准使用的食品添加剂涉及16大类食品，23个功能类别。我国食品添加剂在使用中存在如下问题。

(1) 超剂量使用

在食品添加剂的各种问题中，超剂量使用最为普遍。我国对于食品添加剂的使用有着严格而明确的用量标准，分别规定了各类食品添加剂的最高用量数值。正规的、适量的添加，并不会对人体构成负面影响，但是由于个别食品生产企业过度追求食品色泽、口感以及保质期而超量使用食品添加剂。另一方面个别食品生产企业缺乏食品安全意识，为了降低产品生产成本而超量使用食品添加剂就可能会对食品安全构成实际性的影响与威胁。

(2) 超范围使用

每种食品添加剂都有其特定的使用范围，个别食品生产企业缺乏对食品添加剂使用范围的了解而张冠李戴，也有个别企业超范围使用食品添加剂是为了掩盖食品本来的特性，达到欺骗消费者的目的。如将苋菜红、胭脂红等人工合成色素，超范围使用到葡萄酒中；在芝麻油中添加乙基麦芽酚；等等。

(3) 重复使用

在某一食品中添加了单一的食品添加剂后，又因其他作用添加了复合食品添加剂，而复合添加剂因配方保密不便公开，可能会出现重复添加的情况，由此导致不能正确或真实地标识食品添加剂的应用情况，存在误导和欺骗消费者的现象，不仅侵犯了消费者的知情权也违反了GB 7718—2011《食品安全国家标准 预包装食品标签通则》等标准以及法律法规。

(4) 使用不合格或劣质的食品添加剂

个别食品生产企业盲目采购食品添加剂，导致在生产中违法使用过期的或变质的食品添加剂，或出于成本考虑使用劣质原料生产的食品添加剂，不仅影响其功效，还可能带入重金属、化工原料等有毒有害物质。

1.2.2.4 存在的问题

我国食品添加剂产业发展较快，产量年均增长率达到12%左右。与国际上一样，我国食品添加剂的管理实行允许使用名单制度，并针对允许使用的食品添加剂制定了具体使用范围，规定了使用量。尽管我国食品添加剂的监管体系不断发展，但是仍有些管理机制尚未完善和健全，有些生产企业和监管部门缺乏专业的技术人员和管理人员，造成产业发展中存在以下几个方面的问题：

(1) 产能增速过快，与产品品种少之间的矛盾

我国已是不少食品添加剂的生产大国，但是大部分产品的生产系列化程度不高，高倍甜味剂和肉禽类抗氧化剂的品种及产量与美国、日本等食品工业发达的国家仍存在较大差距。

(2) 产业结构和布局需进一步优化

目前，食品添加剂企业以中小企业为主，不能形成规模效益。需要通过产业结构调整，对那些可能存在潜在风险或生产过程中会对环境造成污染、高耗能的食品添加剂产品进行技术更新和替代。目前，食品添加剂产业已有多家企业实现了产业重组，成立了集团化的企业，在生产设备、工艺技术方面实现了提高，推动了我国食品添加剂产业的进步。

(3) 加工技术和装备水平需要提高

我国食品添加剂产业起步较晚，高新技术应用较少。一些用量少、档次高的产品仍依赖进口。近几年，多家食品添加剂大型生产企业已将目光聚焦于具有技术壁垒的超临界萃取、膜分离、微胶囊、超高压、酶解提取、细胞工程等工艺，以期实现产品的创新型突破。产品类型也已由单一产品向质量更稳定、作用效果更好、功能更全面的复配食品添加剂转变。

(4) 安全监管尚需加强

《中华人民共和国食品安全法》对规范食品生产经营活动、保障食品安全发挥了重要作用，食品安全整体水平得到提升，食品安全形势总体稳中向好，但食品安全违法生产经营现象依然存在，监管体制、手段和制度等仍须进一步完善。

1.2.3 食品添加剂的发展趋势

1.2.3.1 天然食品添加剂将备受青睐

根据对原料安全性选择和天然资源的利用，开发以天然产物或食品成分为原料的新型食品添加剂应是主要发展趋势。部分天然食品添加剂具有相对较高的安全性，而且具有多重营养保健功能。如天然抗氧化剂茶多酚、天然甜味剂甘草提取物、天然抗菌剂大蒜素等，已经成为食品添加剂行业的新亮点。而化学合成的食品添加剂，如对羟基苯甲酸丙酯等 33 种产品已在 2011 年被国家质检总局明令禁止作为食品添加剂生产、销售和使用。此外，还有一些正在或即将进行更为严格的安全性评价或将改变其使用范围的食品添加剂，如 2012 年 5 月 4 日，欧盟委员会发布（EU)No380/2012 法规，修订了欧委会（EC）No1333/2008 法规附件Ⅱ中关于含铝食品添加剂的使用条件及限量，并修订了（EC)No1333/2008 法规附件Ⅱ和（EU）No231/2012 法规中对含铝色淀的分类，并明确色淀中铝的最高含量。经风险评估，(EU)No380/2012 法规决定从（EC)No1333/2008 号附件ⅡB 部分中的所有添加剂名单中删除 E558、E556（硅酸铝钙）和 E559(硅酸铝）三种添加剂。相较于传统上通过化学合成或从天然来源提取的生产方式，利用微生物生产食品添加剂具有优于化学制品的优势，包括低原料成本、可控的培养过程和更高的产量与稳定性。预计全球食品领域合成生物学市场需求将从 2019 年的 2.131 亿美元增加到 2024 年的 25.752 亿美元，复合年增长率高达 64.6%。因此，应加强和加速微生物细胞培养的工程化和产业化进程，以可持续地生产食品添加剂原料。

1.2.3.2 高效、多功能食品添加剂将得到广泛应用

食品添加剂使用的一个基本特点是在较低使用量的情况下，满足食品生产的需要，改善食品品质。因此开发高效、多功能的食品添加剂具有广阔的市场前景。如棕榈酸抗坏血酸酯既有乳化性、抗氧化性，又可作营养强化剂和酸味剂；β-胡萝卜素具有清除自由基、抗癌、增强人体免疫力等保健作用，又可作抗氧化剂、色素和营养强化剂；双乙酸钠是一种多功能的食品添加剂，主要用作防腐剂、螯合剂、调味剂、pH 调节剂，同时也是复合型防霉剂的主要原料。双乙酸钠具有高效防霉、保鲜、增加营养价值等功效，既适用于粮食种子的安全贮藏，亦适用于饲料的防霉保鲜、增加营养价值、提升口感，尤其适用于玉米、谷物的保鲜，效果优于丙酸钙。纳他霉素是一种天然、广谱、高效安全的酵母菌及霉菌等丝状真菌抑制剂，它不仅能够抑

制真菌，还能防止真菌毒素的产生。纳他霉素对人体无害，很难被人体消化道吸收，而且微生物很难对其产生抗性，同时因为其溶解度很低等特点，通常用于食品的表面防腐。

1.2.3.3 复配型食品添加剂的应用会越来越普遍

很多食品添加剂经过复配可以产生增效作用或派生出一些新的功能。复配食品添加剂具有用量低、效果好的优点，是食品添加剂行业研究的重点。食品添加剂的复配分两种情况：一种是两种以上不同功能类型的食品添加剂复配达到多功能、多用途的目的；另一种是同类型两种以上食品添加剂复配以发挥协同增效的作用。

在使用复配添加剂时要遵守一些基本原则，如用于复配食品添加剂的各种食品添加剂，应符合 GB 2760—2024 和各项法律法规，具有共同的使用范围，在达到预期的效果下，应尽可能降低在食品中的使用量，在生产过程中不应发生化学反应，不应产生新的化合物等，以保证复配食品添加剂的使用不会对人体产生任何健康危害。为了保证复配食品添加剂的安全性，对其中有害重金属含量有明确的限量要求，如砷和铅的含量均不得高于 2.0mg/kg。

复配食品添加剂比普通食品添加剂具有明显优势，主要表现在：

① 使各种单一食品添加剂的作用得以互补，从而使复合产品更经济、更有效。

② 提高各种食品添加剂的效力，从而降低其用量和成本。

③ 因为单一的食品添加剂用量减少，从而减少了它的副作用，使产品的安全性得以提高。

④ 使食品添加剂的风味互相掩蔽、优化和加强，改善食品的味感。

⑤ 使食品添加剂的性能得以改善，从而可以满足食品各方面加工工艺性能，使之能在更广泛的范围内使用。

正因为复配食品添加剂有以上优势，所以越来越多的食品企业开始广泛地使用复配食品添加剂，包括许多现代化大中型企业。其原因在于使用复配食品添加剂并不单是为了解决企业力量不够的问题，还可以为企业节省许多不必要的费用和成本，例如繁杂的采购成本、储藏成本、运输成本、实验成本等，还可减少添加剂量的偏差和失误，避免生产事故和风险。

1.2.3.4 新工艺、新技术取代旧的生产方法

很多传统的食品添加剂本身具有很好的使用效果，但因在制造过程中，采用传统的脱色、过滤、交换、蒸馏、结晶等净化精制技术，造成产品成本高，价格昂贵，使应用受到了限制。此外，对大多数食品添加剂产品的制备以及天然提取物的变性处理，仍需要借助化学合成或化学处理的方法来完成。而化学反应过程中能耗、副产物生成、化学试剂残留等都制约着此类食品添加剂的应用。利用微生物发酵、酶工程等生物技术，结合化学合成、修饰与分离的方法进行生产，不仅能降低产品中杂质、有害物质的残留，还能促进产业化的批量生产，提高品质。

目前市面上的明胶主要以猪皮、牛皮、牛骨、鱼皮以及其他动物来源的胶原蛋白为原料，以商业化规模通过酸、碱或酶的水解（破碎）来制备。而合成胶原蛋白（明胶的前体）过程不使用动物性来源的胶原蛋白为原料，且成本比起用动物性来源制作的代替品更为低廉。纳米技术可被用于食品级载体中包埋生物活性成分，该项技术可为降低营养强化的难点，为开发健康的功能性食品提供解决方案。

1.3 食品添加剂的利弊及安全性

1.3.1 食品添加剂的利与弊

1.3.1.1 食品添加剂的有益作用

食品添加剂是食品工业中最具“魔力”的基础原料，虽然在食品中的添加量很少，但是在提高食品质量、改善食品加工条件方面发挥着巨大的作用。

(1) 有利于食品保藏和运输，延长食品的保质期

各种动植物食品原料若处理不及时或加工不当，会造成腐败变质，例如粮食的霉变、油脂的酸败、淀粉的老化等。这些不良变化会使食品失去其原有的使用价值，造成巨大的经济损失，更有甚者会威胁到消费者的健康。使用防腐剂可以有效防止由微生物引起的食品原料、半成品、成品的腐败变质；使用抗氧化剂可以阻止或延缓食品的氧化变质，也可以防止果蔬中酶促褐变和非酶褐变的发生。利用食品添加剂可以最大程度地保证食品在保质期内的质量，也可以有效提高食品的稳定性和耐藏性。许多受物流、地域等限制的生鲜食品的销售范围不断扩大，甚至可以销往全世界，不添加防腐剂、保鲜剂等食品添加剂几乎是无法办到的。

(2) 改善和提高食品色、香、味、形等感官性状

食品的色、香、味、形是衡量食品质量的重要指标，也是人们对食品特性的重要诉求。而各种不当的食品加工工艺和不良的贮藏条件往往会不可避免地对食品的感官指标造成一定程度的破坏，如褪色、变色、香味变淡、质地劣变等。此外，很多加工难以解决食品的软、硬、脆、韧等口感要求。因此，使用着色剂、护色剂、香精香料、增稠剂、乳化剂、抗结剂等食品添加剂可以明显改善或提高食品的感官质量，满足人们对食品感官嗜好特性的要求。

(3) 保持和提高食品的营养价值

食品中所含的各种营养成分是人们摄取食物以获得营养和能量的最主要物质。而食品的营养价值往往与其品质密切相关。在利用防腐剂、抗氧化剂等食品添加剂防止食品腐败变质的同时，也有效防止了食品中所含的各种营养成分的流失。此外，在食品中合理添加一定量的营养强化剂，不仅可以有效提高和改善其营养价值，而且可以对某些由于加工方法或原料来源等原因造成的营养损失、营养失衡进行有效补充和调节。

(4) 有利于食品的工业化生产

为使食品加工适应机械化、连续化和自动化的生产，常需要使用一定的食品添加剂和加工助剂。这些食品添加剂的使用能改善食品的加工条件，有利于产业化生产，并有效地提高了生产效率。如豆腐生产中使用凝固剂、豆奶生产中使用消泡剂、方便面生产中使用乳化剂、肉制品生产中使用持水剂、果汁生产中使用酶制剂和助滤剂等。一些传统主食像包子、米饭、面条等食品的工业化生产也离不开食品添加剂。

(5) 增加食品的品种和方便性

如今的食品销售市场，产品琳琅满目，品种成千上万，给人们的生活和工作带来了极大的方便。这些食品的加工与制作不仅需要粮油、果蔬、肉、蛋、奶等主要原料，而且同样离不开不同类型的食品添加剂的使用。加工中大多需要防腐剂、抗氧化剂、增稠剂、乳化剂等。

(6) 满足特殊人群对食品的需求

当前我国居民膳食结构已经进入“慢性疾病时期”，因饮食摄入不当造成的各种疾病越来越多。很多特殊人群如婴幼儿、孕妇等也缺乏专门的营养食品。各类食品添加剂可以满足消费者对食品的特殊需求，如利用甜味剂可满足糖尿病患者对甜味的奢望，添加矿物质、维生素等营养元素的食品有利于婴幼儿的生长发育，碘强化的食盐有助于缺碘人群的营养强化。

1.3.1.2 食品添加剂的危害

食品添加剂除了上述有益作用外，也具有一定的危害性。但是根据引起危害的因素及危害程度，目前食品领域危害人体健康的因素，首先是微生物污染引起的食物中毒，其次是营养缺乏、营养过剩导致的营养健康问题，再次是环境污染导致的药物、重金属等物质在食物中的残留，然后是误食天然有毒食物引起的中毒，最后才是食品本身和食品添加剂引起的安全性问题。而食品添加剂所导致的危害中，绝大多数与食品添加剂的超范围、过量使用、掺杂作假等有关。一般认为，食品添加剂的危害包括潜在的毒害作用、间接危害、部分人群存在的添加剂过敏以及滥用的危害。

(1) 潜在毒性

食品添加剂过量使用或不规范使用可能会对人类存在毒性作用，这些毒性的共同特点是对人体作用较长时间才能显露出来，即对人体具有潜在危害。这是人们关心食品添加剂安全性的主要原因。毒性和危害与物质的化学结构、理化性质有关，也与其有效浓度或剂量、作用时间及次数、接触部位与途径，甚至物质的相互作用及机体的机能状态等有关。构成毒害的基本因素是物质本身的毒性和剂量。一般来说，任何一种物质不论其毒性强弱，对人体都有一个剂量-效应关系，只有当其达到一定的浓度或剂量水平时，才能显现出毒害作用。换言之，对人体来说毒性很低的物质，如果高浓度、大剂量作用于人体，势必会对人体产生毒害作用；而那些毒性较高的物质，如果严格控制其浓度、剂量、时间和方法等使用条件，使其在一定条件下不呈现毒性且没有潜在的积累毒害作用，这种物质我们也可以认为是安全的。

不可否认，对于部分食品添加剂的研究由于科技水平有限，其是否具有潜在的毒害作用尚不清楚，但是对这类食品添加剂各国在使用时都做了严格的规定和限制。而对于曾经应用于食品工业，后来证明对人体具有潜在危害的食品添加剂品种已经逐步被禁止使用，取而代之的是各种新型的、安全高效的食品添加剂品种。

(2) 间接危害

食品添加剂产生的间接危害，被认为是其过度使用所带来的负面影响。食品添加剂的使用虽然丰富了食品的种类，但是部分种类的食品过度依赖食品添加剂，过分注重食品的感官性状，忽视了其营养价值，成为“垃圾食品”。这类食品热量高、感官性状好、营养价值低，长期食用容易引起肥胖、营养不良等疾病，但这种影响并不对人体产生直接的危害作用，可以通过合理选择和控制消费量来避免其带来的间接危害。

(3) 过敏反应

食品添加剂通常为小分子物质，由其引起的过敏反应并不多见或者症状较轻，不会对人体造成明显的危害。对食品添加剂过敏的人通常都有遗传性过敏症状。由食品添加剂引起的过敏反应包括皮肤过敏和呼吸道过敏，如荨麻疹、紫斑症、皮炎、哮喘、鼻炎等。

(4) 滥用危害

食品添加剂滥用的危害实际上不属于食品添加剂危害的范畴。食品添加剂是客观存在的，并无好坏之分，GB 2760—2024中所列举的食品添加剂均是经权威机构鉴定的，只要符合卫生标准都是安全的。滥用食品添加剂则是超出或破坏了规范，任何安全体系都不可能保证这种情况下的安全性。例如水是公认安全的，但是过量饮水也会造成危害，可能使机体电解质失衡，严重的情形会危及生命。目前，我国存在的滥用食品添加剂的情况有：①超范围使用食品添加剂。任何一类食品添加剂都有固定的使用范围，GB 2760—2024中有明确规定，人为地随意更改、扩大使用范围就是滥用，如"染色馒头"。②超量使用食品添加剂。对人体健康而言，任一物质的摄取量都是有安全界限的，一旦超出上限就意味着存在风险。某种食品添加剂在特定食品中的添加量都是经过安全性评价的。上述两种滥用食品添加剂的现象都会严重影响人们对食品安全的信任和信心，甚至造成对食品工业产品的恐慌，对整个食品行业的健康发展是不利的。

1.3.2 食品添加剂的安全性及其评价

1.3.2.1 食品添加剂与食品安全

食品添加剂和食品安全，这是两个截然不同的概念。但近年来，一旦提到食品安全性问题，人们首先想到的就是食品添加剂。出现这种思想的主要原因是频繁曝光的食品安全事件让公众对食品工业产生了担忧，管理者和媒体未能及时进行正面引导和提出科学的建议。表1-4列举了2010年来一些被重点报道的食品安全事件。

从表1-4列举的部分食品安全事件中，可以发现违法使用非食品原料和非食品添加剂造成的食品安全事件占绝大多数。而其中涉及食品添加剂的安全事件却非常少，并且这种安全事件分别属于食品添加剂滥用和商业欺诈范围。也就是说，在我国由食品添加剂本身引起的食品安全事故是极少的，更多的食品安全事故是由人为因素造成的。

表1-4 2010～2019年发生的部分食品安全事件

年份	食品安全事件名称	概述	危害物质	是否属于食品添加剂	说明
2010	地沟油事件	全国各地地下黑窝点制贩地沟油	可能含各类有毒物质	否	劣质产品
2011	染色馒头事件	某地超市销售染色"玉米"馒头	柠檬黄	是	超范围使用食品添加剂
2012	老酸奶事件	酸奶中添加工业明胶	工业明胶、重金属	否	违法使用非食用材料
2013	白酒塑化剂超标事件	接触到的塑料制品在高酒精浓度白酒溶剂下的迁移	塑化剂	否	劣质产品
2015	罂粟壳事件	卤制品中含有罂粟壳成分	罂粟	否	违法使用有毒物质
2019	"辣条"事件	违规使用各种添加剂	山梨酸及其钾盐、脱氢乙酸及其钠盐	是	超范围使用食品添加剂

我国食品安全存在的主要问题有：①药物残留与重金属等物质含量超标。②微生物污染、生物毒素含量超标。③食品掺假、以次充好。

产生这些问题的主要原因有：①环境污染，导致食材本身质量不合格。②不当使用农药、兽药。③违法违规添加食品添加剂或非食品添加剂。

食品安全问题不仅会对消费者的健康和心理造成伤害，还会造成巨大的经济损失，甚至对社会的稳定造成冲击。食品安全问题一直是全球性的热点问题，无论发达国家还是发展中国家都不能完全避免。近几年随着我国对食品安全违法行为的打击力度逐步增强，食品安全形势也持续稳中向好，食品安全热点事件显著减少，这一转变是我国食品安全治理成效的显著体现。经过十余年的治理和观念的转变，中国食品安全的基石已基本夯实，整体水平获得提升。但根据国家市场监督管理总局2023年上半年度公布的抽检数据来看，不合格品中样品总量为：农药残留超标42.98%，微生物污染14.67%，超范围超限量使用食品添加剂13.06%，有机物污染问题9.21%，兽药残留超标7.83%，重金属等污染6.46%，质量指标不达标4.92%。

现阶段，食品添加剂遭遇的危机是因为人们过多地关注于“添加”，而忽略了前面的“食品”二字，并且对食品添加剂的认识还存在着很大的误区。出现这种情况的主要原因有两点：

(1) 消费者缺乏专业知识

多数消费者不具备食品添加剂、食品安全的专业知识，对食品安全事件的分析、评价并不完全准确、全面。公众对食品安全风险认知的欠缺是多方面的，体现在食品添加剂方面的主要是：大多数人不能很好地区分合理合法使用食品添加剂、滥用食品添加剂和违法添加行为；不清楚健康效应与摄入量密切相关；不清楚超标与健康危害的辩证关系；不理解风险可接受水平等概念。在不准确或错误认知的引导下，公众放大了对食品添加剂的风险感知。

(2) 宣传、舆论误导

个别食品企业为了迎合消费者的心理，在商业广告中鼓吹“不含任何添加剂”“不含防腐剂”“零添加”“纯天然”等歧视性宣传用语，还提高售价，传递“优质高价”的潜台词，使消费者误认为加了食品添加剂就是不安全的。另外，个别媒体未能站在客观公正的、科学的角度报道相关事件，过度宣传、片面宣传食品添加剂的危害或者扭曲食品添加剂的作用。

在实际情况下，我们不能因为某些企业的不法行为就全盘否定了食品添加剂存在的意义。正常情况下，任何允许使用的食品添加剂都是经过严格的安全检测的，符合国家的法律法规，遵循卫生标准合理地使用食品添加剂是可以保障食品的安全性的。

1.3.2.2 食品添加剂的安全性评价

国际公认的食品安全原则中的风险分析（危险性评估）是指对食品的安全性进行风险评估、风险管理和风险交流的过程，是食品安全学的理论核心，是以科学为基础对食品可能存在的危害进行确定、危害特征描述、暴露量评估和风险特征描述的过程，其理论基础是毒理学和药理学。食品安全风险评估是由政府授权的、独立的、与政府机构平行的专门科学研究机构承担的具体工作。风险管理是在风险方面，指导和控制组织的协调活动。风险管理是对风险评估的结果进行咨询，对消费者的保护水平和可接受程度进行讨论，对公平贸易的影响程度进行评估，以及对政策变更的影响程度进行权衡，选择适宜的预防和控制措施的过程。食品生产经营风险分级管理是指食品药品监督管理部门以风险分析为基础，结合食品生产经营者的食品类别、经营业态及生产经营规模、食品安全管理能力和监督管理记录情况，按照风险评价指标，划分食品生产经营者风险等级，并结合当地监管资源和监管能力，对食品生产经营者实施的不同程度的监督管理。风险交流是指在食品安全科学工作者、管理者、生产者、消费者以及感兴趣的团体之间对风险评估结果、管理决策基础意见和见解进行相互交流的过程。

食品添加剂本身的安全性对食品安全非常重要，由于食品添加剂不是传统意义上的食品，虽然其毒性较低，但仍然可能出现潜在的健康问题。随着科学技术的进步，一些早期广泛应用于食品中的添加剂被认为可能会给人体造成损害，但并没有强有力的证据表明食品添加剂会产生致畸致癌的现象。为了加强食品添加剂的管理，保障食品添加剂的安全，世界上许多国家都成立了专门机构制定食品添加剂使用的标准法规，对食品添加剂进行严格的评估和监管。国际食品法典委员会（CAC）在国际层面上规范了风险分析的程序，并将其引入卫生与植物检疫措施协定（SPS）。JECFA（食品添加剂联合专家委员会）是食品添加剂安全性评价最重要的国际性专家组织，会对食品添加剂的安全性评价和质量规格标准进行评估，对尚未进行全面风险评估和毒理学检验的物质进行检验，并做出分级和判定，各国制定标准一般都以JECFA的评价结果为参考。

截至2010年，JECFA已对1500多种食品添加剂进行了安全性评价，其研究结果被各国食品添加剂管理部门广泛引用。JECFA对食品添加剂评价遵循的主要原则是《食品添加剂和食品中污染物的安全性评价原则》，主要内容为：①再评估原则，因食品添加剂使用情况的改变，对食品添加剂认识程度的加深，以及检测技术和安全性评价标准的改变，需要对食品添加剂安全性进行再评估。②个案处理原则，不同食品添加剂的理化性质、使用情况各不相同，因此没有统一的评价模式。③两阶段评价，先收集相关评价资料再对资料进行评价。

食品添加剂的安全性评价主要有化学评价和毒理学评价。化学评价关注食品添加剂的纯度、杂质及其毒性、生产工艺以及成分分析方法，并对食品添加剂在食品中发生的化学作用进行评估。毒理学评价是识别食品添加剂危害的主要数据来源，它又可分为体外毒理学评价和动物毒理学评价。体外毒理学指的是用培养的微生物或来自于动物和人类的细胞、组织进行的毒性研究。体外系统主要用于毒性筛选以及积累更全面的毒理学资料，也可用于局部组织或靶器官的特异毒性效应研究，研究细胞毒性、细胞反应、毒物代谢动力学模型等，获得累积效应、协同作用和可能产生的不耐症的各种数据。体外毒理学评价无法获得ADI值数据，但对于分析毒性作用的机制有重要意义。动物毒理学研究在食品添加剂的危害鉴定中具有重要作用，它能够鉴定被评价物质的潜在不良效应，确定效应的剂量-反应关系，明确毒物的代谢过程，并可将动物实验数据外推到人类，以确定食品添加剂的ADI值。JECFA及世界各国在对食品添加剂进行危险性评估时，一般均要求进行毒理学评价，并根据被评价物质的性质、使用范围和使用量，被评价物质的结构-活性和代谢转化，被评价物质的暴露量等因素决定毒理学试验的程度。

毒理学评价需要进行4个阶段的毒理学试验：

① 急性毒性试验：经口急性毒性，半致死剂量（LD_{50}）和联合急性毒性。

② 遗传毒性试验：传统致畸试验，短期喂养试验。遗传毒性试验的组合必须考虑原核细胞和真核细胞、生殖细胞与体细胞、体内和体外试验相结合的原则。a. 细菌致突变试验：鼠伤寒沙门菌/哺乳动物微粒体酶试验（Ames试验）为首选项目，必要时可另选和加选其他试验。b. 小鼠骨髓微核率测定或骨髓细胞染色体畸变分析。c. 小鼠精子畸形分析和睾丸染色体畸变分析。d. 其他备选遗传毒性试验：V79/HGPRT基因突变试验、显性致死试验、果蝇伴性隐性致死试验、程序外DNA修复合成（UDS）试验。e. 传统致畸试验。f. 短期喂养试验：30天喂养试验。如受试物需进行第三、四阶段毒性试验者，可不进行本试验。

③ 亚慢性毒性试验：90天喂养试验、繁殖试验、代谢试验。

④ 慢性毒性试验（包括致癌试验）。

部分食品添加剂有一定的毒性，所以要严格控制使用量。食品添加剂的毒性是指其对机体造成损害的能力。毒性除与物质本身的化学结构和理化性质等条件有关外，还与其有效浓度、作用时间、接触途径和部位、物质的相互作用与机体的机能状态等条件有关。因此，不论食品添加剂的毒性强弱、剂量大小，对人体均有一个剂量与效应关系的问题，即物质达到一定浓度或剂量水平，才显现毒害作用。为了安全使用食品添加剂，需对其进行毒理学评价。它是制定食品添加剂使用标准的重要依据。毒理学评价除做必要的分析检验外，通常通过动物毒性试验取得数据。

我国规定不同受试物选择毒性试验的原则为：

① 凡属我国创新的物质一般要求进行全部四个阶段的试验。特别是对其中化学结构提示有慢性毒性、遗传毒性或致癌性可能者或产量大、使用范围广和摄入机会多者，必须进行全部四个阶段的毒性试验。

② 凡属已知物质（指经过安全性评价并允许使用者）的化学结构基本相同的衍生物或类似物，则根据第一、二、三阶段毒性试验结果判断是否需进行第四阶段的毒性试验。

③ 凡属已知的化学物质，世界卫生组织已公布每人每日允许摄入量者，同时申请单位又有资料证明我国产品的质量规格与国外产品一致时，则先进行第一、二阶段毒性试验。若试验结果与国外产品的结果一致，可不做进一步的毒性试验，否则应进行第三阶段的毒性试验。

④ 农药、食品添加剂、食品新资源和新资源食品、辐照食品、食品工具及设备用清洗消毒剂需进行安全性毒理学评价试验。

具体来说，食品添加剂的安全性毒理学试验的选择方法如下：

a. 香料：鉴于食品中使用的香料品种很多，化学结构很不相同，而用量很少，在评价时可参考国际组织和国外的资料和规定，分别决定需要进行的试验。凡属世界卫生组织以及香料生产者协会（FEMA）、欧洲理事会（COE）和国际香料工业组织（IOFI）四个国际组织中的两个或两个以上允许使用的，在进行急性毒性试验后，参照国外资料或规定进行评价。凡属资料不全或只有一个国际组织批准的，先进行急性毒性试验和本程序所规定的致突变试验中的一项，经初步评价后，再决定是否进行进一步试验。凡属尚无资料可查、国际组织未允许使用的，先进行第一、第二阶段毒性试验，经初步评价后，决定是否需进行进一步试验。从食用动植物可食部分提取的单一高纯度天然香料，如其化学结构及有关资料并未提示具有不安全性的，一般不要求进行毒性试验。

b. 其他食品添加剂：凡属毒理学资料比较完整，世界卫生组织已公布每日允许摄入量或不需规定每日允许摄入量者，要求进行急性毒性试验和一项致突变试验，首选 Ames 试验或小鼠骨髓微核试验。凡属有一个国际组织或国家批准使用，但世界卫生组织未公布每日允许摄入量或资料不完整者，在进行第一、第二阶段毒性试验后做初步评价，以决定是否需进行进一步的毒性试验。对于由天然植物制取的单一组分、高纯度的添加剂，凡属新品种需先进行第一、二、三阶段毒性试验。

c. 进口食品添加剂：要求进口单位提供毒理学资料及出口国批准使用的资料，由省、自治区、直辖市一级食品卫生监督检验机构提出意见报国家卫生健康委员会审查后决定是否需要进行毒性试验。凡属国外已批准使用的，则进行第一、二阶段毒性试验。

GB 15193.1—2014《食品安全国家标准 食品安全性毒理学评价程序》规定了毒理学评价的程序。该标准适用于评价食品生产、加工、保藏、运输和销售过程中所涉及的可能对健康造成危害的化学、生物和物理因素的安全性，检验对象包括食品及其原料、食品添加剂、新食品原料、辐照食品、食品相关产品（用于食品的包装材料、容器、洗涤剂、消毒剂和用于食品生产经营的工具、设备）以及食品污染物。

自 2014 年起，截至 2023 年上半年，国家卫健委共公开受理食品添加剂新品种 590 种。其中，2021 年国家卫健委公布的受理申报的食品添加剂新品种 61 种；通过技术评审并征求意见的食品添加剂新品种 49 种；正式获得批准的食品添加剂新品种 30 种。2022 年，国家卫健委公布的受理申报的食品添加剂新品种 72 种；通过技术评审并征求意见的食品添加剂新品种 46 种；正式获得批准的食品添加剂新品种 32 种。

1.3.2.3 食品添加剂的限量标准

依照 JECFA 食品添加剂评价的主要原则，从保护人类健康的目的出发，食品添加剂的使用必须具有明确的限量标准和要求。这类标准通常是根据食品毒理学安全性评价的基本原理，并按照图 1-2 程序来制定的。

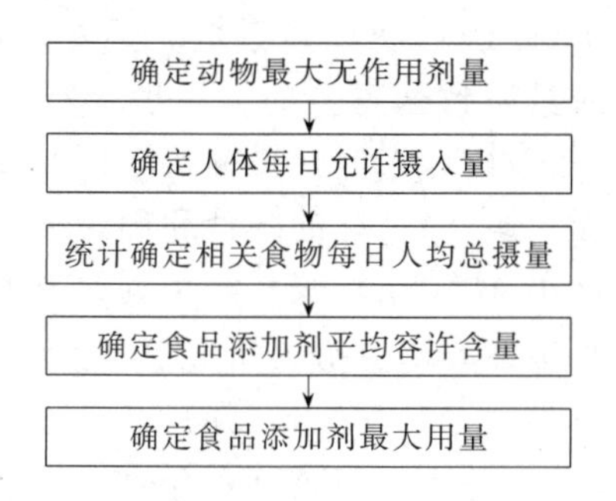

图 1-2 食品添加剂限量标准制定程序

(1) 动物最大无作用剂量（MNL）的确定

最大无作用剂量（maximal non-effect level，MNL）是指某一物质在试验时间内，对受试动物不显示毒性损害的剂量水平。有时，也用无可见作用水平（NOEL）或无可见不良作用水平（NOAEL）表示。在确定最大无作用剂量时，应采用动物最敏感的指标或最易受到毒性损害的指标。在确定最大无作用剂量时，除了观测一般毒性指标，还应考虑受试物的特殊毒性指标，如致癌、致畸、致突变以及迟发性神经毒性。对于具有这些特殊毒性的物质，在制定食品中最大容许含量标准时应慎重从事。JECFA 规定，对于经流行病学确认的已知致癌物，在制定食品中最大容许含量标准时不必考虑最大无作用剂量，而是容许含量越小越安全，最好为零含量。动物最大无作用剂量是制定食品中的最大容许含量标准的基本数据，因此必须准确可靠。

(2) 人体每日允许摄入量（ADI）的确定

人体每日允许摄入量（ADI）是指人类终生每日摄入该添加剂后而对机体不产生任何已知不良效应的剂量，以人体每公斤体重的该物质摄入量（mg/kg）表示。ADI 是在 MNL 的基础上制定的，但是考虑到从有限的动物实验推论到人群时，存在很多的不确定性：

① 动物与人的种属差异，或许人类对于有毒物质的毒性反应比试验动物敏感。

② 人群之间的个体差异，尤其是某些敏感个体，他们更易受到有毒物质的损害。

③ 试验动物与接触人群数量上的差别。

④ 人类疾病过程的多样性。

⑤ 人体摄入量估算的困难度。

⑥ 食物中多种组分的相互作用。

因此，有必要确定相应的安全界限，目前常用的方法是使用安全系数。一般规定，人体的 ADI 值是动物 MNL 值的 1/100，这就是毒理学中通常所说的人体相对于动物的安全系数。即假设人比动物对受试物敏感 10 倍，人群内敏感性差异为 10 倍，两者相乘为 100 倍。ADI 的计算公式为：

$$ADI = MNL/100 \tag{1-1}$$

ADI是单位体重（kg）的允许摄入量，如果按正常成年人（标准体重60kg）计算，则该食品添加剂每人每日允许摄入总量A(mg）的计算公式为：

$$A=\text{ADI}\times 60 \tag{1-2}$$

特别需要注意的是，安全系数100不是固定不变的，安全系数的确定要根据受试物的性质、已有的毒理学资料、受试物毒性作用性质以及实际应用范围、适用人群等因素进行相应的调整，必须在全部资料综合分析的基础上才能确定适宜的安全系数。100是通用的安全系数，在一些特殊情况下可选用其他系数。如某些食品添加剂已经研究得很透彻且掌握了添加剂对人类的剂量-效应关系时，可取10作为安全系数。另外，若长期的动物实验证明某种食品添加剂具有不可避免的毒性或具有致畸毒性时，一般会将其安全系数扩大为1000，达到“无副作用”的目的。针对婴幼儿等特殊人群，根据实际情况安全系数也会相应扩大。

(3）相关食物每日人均总摄入量（M_n）的统计和确定

相关食物每日人均总摄入量用M_n(kg）表示，可通过膳食调查统计确定，含有该类食品添加剂的各种食品的总和即为每日人均总摄入量M_n，计算公式为：

$$M_n=M_1+M_2+M_3+\cdots=\sum M_i \quad (i=1,2,3,\cdots) \tag{1-3}$$

M_n可以通过食品平衡表获得，它是由FAO每年在全球范围内制作的，列出了每个国家的主要农产品的生产、进口、出口等情况，并计算出每人每年的消费值。另外，还可通过以家庭为单位进行的食品消费调查来获得数据。

(4）食品添加剂平均容许含量（C）的确定

某种食品添加剂每人每日允许摄入总量A与含有该食品添加剂的各种食品的总和的比值即为该食品添加剂平均容许含量，用C(mg/kg）表示，计算公式为：

$$C=A/M_n \tag{1-4}$$

(5）食品添加剂最大用量（E）的确定

某种食品添加剂在某种食品中的最大用量用E(mg/kg）表示，根据该食品占每日人均总摄入量M_n的比例，计算该食品中添加剂的最大用量，计算公式为：

$$E=C\times M_i/M_n \tag{1-5}$$

第2章 食品添加剂的监管及使用标准

2.1 食品添加剂的监管

2.1.1 国际上对食品添加剂的监管

2.1.1.1 FAO/WHO对食品添加剂的监管

联合国粮农组织（FAO）和世界卫生组织（WHO）于1955年成立了食品添加剂联合专家委员会（JECFA），由世界权威专家组织以个人身份参加，以纯科学的立场对世界各国使用的食品添加剂进行评议，并将评议结果中的毒理学评价部分（ADI）在联合国粮农组织/世界卫生组织，《粮食和营养文件》[*FAO/WHO*，*Food and Nutrition Paper*（*FNP*）]上不定期公布，由FAO出版发行。1962年FAO/WHO联合成立了国际食品法典委员会（Codex Alimentarius Commission，简称CAC），是协调各成员国食品法规、技术标准的唯一政府间国际机构。下设有食品添加剂法典委员会（CCFA），CCFA每年定期召开会议，制定统一的规格、标准、试验和评价方法等，并对JECFA通过的各种食品添加剂的标准、试验方法、安全性评价结果等进行审议和认可，再提交CAC复审后公布。CAC标准分为通用标准（codex general standards）和商品标准（codex commodity standards）两大部分。关于食品卫生安全的内容主要在通用标准部分，包括食品添加剂的使用、污染物限量、食品卫生（食品的微生物污染及其控制）、食品的农药与兽药残留、食品进出口检验和出证系统以及食品标签。而CAC商品标准则主要规定了食品非安全性的质量要求。其制定的标准是世界贸易组织中卫生与植物卫生措施协定规定的解决国际食品贸易争端，协调各国食品卫生标准的重要依据，以克服因各国法规不同所造成的贸易上的障碍。截止到2023年6月，CAC共有188个成员和1个成员国组织（欧盟），下设25个标准委员会或工作组。CAC成立60年来，共制定了378项标准、准则和操作规范，涉及食品添加剂、污染物、食品标签、食品卫生、营养与特殊膳食、检验方法、农药残留、兽药残留等各个领域。国际食品法典标准成为了国际认可的食品领域的唯一参考标准，为保护消费者健康、促进食品贸易的公平进行起到了重要的作用。2006年中国成为国际食品添加剂法典委员会主持国，承担每年一度的委员会会议，以及委员会日常工作。

联合国为各国所提供的主要法规或标准，包括以下几个方面：

① 允许用于食品的各种食品添加剂的名单，以及它们的毒理学评价（ADI 值）（1996）。

② 各种允许使用的食品添加剂的质量指标等规定（1993）。

③ 各种食品添加剂质量指标的通用测定方法（1991）。

④ 各种食品添加剂在食品中的允许使用范围和建议用量（1987）。

2.1.1.2 美国对食品添加剂的监管

1908 年，美国制定了有关食品安全的《食品卫生法》（*Pure Food Act*），后于 1938 年增订成至今仍有效的《食品、药物和化妆品法》（*Food*，*Drug and Cosmetic Act*），1959 年颁布《食品添加剂法》（*Food Additives Act*），1967 年颁布《肉品卫生法》（*Whole-some Meat Act*），1968 年颁布《禽类产品卫生法》（*Whole Some Poultry Products Act*）。以上各法分别由美国食品药品管理局（FDA）和美国农业部（USDA）贯彻实施。另有一部分与食品有关的熏蒸剂和杀虫剂，则归美国环境保护局管理。

由 FDA 委任的“食品化学品法典委员会（Committee on Food Chemicals Codex）”负责将各种食品添加剂的质量标准和各种指标的分析方法，公布在由其编辑定期出版的《食品化学品法典》（FCC）上。目前已出版第九版，书中涉及 1100 多种食品成分的鉴定、特性、纯度、检测和分析方法，同时包括诸如食品配料纯度检测指南和食品掺假情况数据库信息，是世界公认的包括色素、香精香料、营养成分、防腐剂和加工助剂等食品配料真伪性的标准概要。《食品化学品法典》中，提供了确定每种食品配料成分真伪性及品质的针对性检测方法，以及检测过程中所使用参考物质真伪性和品质的检测方法。

美国在 1959 年颁布的《食品添加剂法》中规定，出售食品添加剂之前需经毒理试验，食品添加剂的使用安全和效果的责任由制造商承担，但对已列入 GRAS（一般认为安全）者例外。凡新的食品添加剂在得到 FDA 批准之前，绝对不能生产和使用。FDA 把加入食品中的化学物质分为 4 类：

① 食品添加剂，需经两种以上的动物实验，证实没有毒性反应，对生育无不良影响，不会引起癌症等。用量不得超过动物实验最大无作用量的 1%。

② 公认安全（GRAS）的，如糖、盐、香辛料等，不需经动物实验，列入 FDA 所公布的 GRAS 名单，但如发现已列入而有影响的，则从 GRAS 名单中删除。

③ 凡需审批者，一旦有新的实验数据表明不安全时，应指令食品添加剂制造商重新进行研究，以确定其安全性。

④ 凡食用着色剂上市前，需先经全面的安全测试。

此外，对营养强化剂的标签标示，FDA 在国标和教育法令（NLEA）中规定新标示管理条例。其中要求维生素、矿物质、氨基酸及其他营养强化剂的制造商需对其产品作有益健康的标示声明，其准确度达 9～10 级（10 级制），于 1994 年 5 月 8 日生效。如今，FDA 对“健康声明”的食品管理更加严格，健康声明必须具有“明确的科学共识（SSA）”，经过 FDA 批准才可以使用。FDA 对于声明的日常监管也很严格，如果食品未达标准，将被调查，撤销“健康声明”的使用权。如发现企业通过声明发布虚假信息，产品可能会被停售。由于管理严格，目前达到要求的“健康声明”只有十几项，比如“低脂饮食有助于降低某些糖尿病的风险”“低盐饮食有助于降低高血压的风险”“富含纤维的谷物、蔬菜和水果含量高的低脂饮食，有助于降低一些癌症的风险”“糖醇不促进龋齿发生”等。

2.1.1.3 欧盟对食品添加剂的监管

欧盟的前身欧洲经济共同体（EEC）于 1974 年成立了“欧共体食品科学委员会”，负责欧共体内的食品添加剂管理，包括是否允许使用、对 ADI 的确认、允许使用范围及限量，以此为根据编制了各种食品添加剂的序号。后来欧盟为了促进食品的自由流通，对食品添加剂的管理和使用条件进行了规定，2000 年通过了《食品安全白皮书》实现成员国之间食品添加剂批准、使用和监管制度的统一。2002 年成立欧盟食品安全局。2006 年正式颁布《欧盟食品及饲料安全管理法》。

欧盟“258/97/EC 法规”针对新型食品、欧盟成员国以外国家来源的食品和食品添加剂，以营养价值为标准进行评估。“2002/46/EC 法规”定义了营养品或食品营养添加剂是具有营养价值的营养品，或是具有营养、生理作用的其他物质。必须获得许可也是欧盟食品添加剂的立法原则，其基本框架以 89/107/EEC 食品添加剂通用要求指令为纲领性文件，将食品添加剂分为 3 类：色素、甜味剂、除色素和甜味剂以外的食品添加剂。

欧盟的食品添加剂需经过健康和消费者保护总局审批，经安全评估通过方可使用，机构负责启动相关法规修正程序，欧盟各成员国两年内有权批准该添加剂在其境内暂时上市。食品添加剂的安全评价由食品科学委员会执行，对于食品消费、整个食品生产链、营养、食品技术相关的，以及与食品接触材料涉及消费者健康、食品安全等科学技术问题向欧盟委员会提出建议。

欧盟有关食品添加剂的管理制度，具有如下实施特点：

① 以欧盟理事会 89/107/EEC 作为“框架指令”，规定适用于食品添加剂的一般要求，同时针对各种不同的食品添加剂，通过作为实施细则的相应指令进行具体规范。

② 以许可清单的方式列出食品添加剂，并且有相关的法规和规范限制其使用的范围、用量等使用条件，没有列入清单的添加剂均在禁止使用之列。

③ 食品添加剂必须是食品生产、储藏必需的，存在合理的工艺需求，具有其他物质不能实现的特定用途。

2.1.1.4 日本对食品添加剂的监管

日本食品安全的政府管理模式实行多部门分段管理模式，农林水产省和厚生劳动省的食品安全管理工作均由内阁食品安全委员会集中协调。食品安全监管由 3 个分部门负责，包括：①农林水产省，负责农产品生产环节的食品安全管理、进口动植物农产品检疫、批发市场和屠宰场保障食品安全的设施建设等。②厚生劳动省，负责加工和流通环节（除批发市场和屠宰场设施建设）食品安全监督管理、进口加工食品安全检查。③卫生部门，负责与食品安全有关的监督抽查，并对社会公布结果。此外，日本设立有食品安全危机管理小组，主要处理突发性食品安全事件，确保内部联动、信息收集和方案制订的顺利推进。

日本于 1947 年由厚生劳动省公布《食品卫生法》，对食品中的化学品进行认定，对食品添加剂进行了详细规定，对允许作为添加剂使用的种类和数量进行了限制，当时指定的安全食品添加剂有 60 种。1957 年修改《食品卫生法》，规定只要是化学合成的物品，不在指定名单范围内就不允许添加到食物中。日本从 20 世纪 90 年代中期开始加强对天然添加剂的管理。1995 年，将天然添加剂划入“既存添加剂”名单。1998 年，开始对“既存添加剂”的安全性进行研究调查。结果显示大多数天然添加剂具有很高的安全性，但也存在会产生不良作用的天然添加剂，遂将这些产生不良作用的天然添加剂清除出“既存添加剂”名单。

日本将食品加工、制造、保存过程中，以添加、混合、浸润或其他方式使用的成分定义为食品添加剂。按照目前日本使用的习惯和管理要求，将食品添加剂划定为四种，即指定添加剂、既存添加剂、天然香精和一般添加剂。指定添加剂是指对人体健康无害的合成添加剂，分为已有使用标准的食品添加剂和尚未制定使用标准的食品添加剂两类。按添加剂功能分类有甜味剂、着色剂、防腐剂、漂白剂、酵母助剂、胶姆糖基础剂、香料、酸味剂、豆腐用凝固剂、乳化剂、pH 调节剂、碱水、调味剂、膨松剂、营养素补充剂及其他等近 30 类。对以提取物形式制备的添加剂所用溶剂做出了明确的使用品种和残留量规定。如甲醇的残留量不能超过 50μg/g，丙酮不超过 30μg/g，正己烷不超过 25μg/g，指定添加剂必须按一定程序审批后才能使用。

既存添加剂也叫现用添加剂，指在食品加工中使用历史长、被认为是安全的天然添加剂。既存食品添加剂不包括应用化学反应原理获得的物质或用化学手段合成的化合物，大多为天然植物提取物。天然调味剂是指那些从动物或植物，或动植物混合物中提取的用于食品调味的物质。天然调味剂应该用来源物质名称或其同义词进行申明，并须在产品标签上附有“调味剂”的字样。天然香精和一般添加剂一般不受《食品卫生法》限制，但在使用管理中要求标示其基本原料的名称。日本厚生劳动省 2011 年 9 月发布食品添加剂使用标准和指定食品添加剂名单，共有“指定添加剂”421 种，“既存添加剂”489 种，天然香精 615 种，一般添加剂 106 种。根据厚生劳动省的《食品卫生法》和农林水产省的《农林物资规格化以及质量表示适当化的有关规定》(JAS 法）中规定食品必须注明所使用的原材料，而且使用的食品添加剂的名称原则上也需要详细注明。2018 年 11 月 30 日，日本厚生劳动省发布生食发 1130 第 2 号通知，修订了部分食品添加剂的规格标准。

2.1.2 国内对食品添加剂的监管

目前，我国对食品添加剂的生产实行许可制度，管理体制为政府监管与行业自律相结合。行业主管部门包括工信部、国家发改委、国家市场监督管理总局（职责涵盖原国家食药监总局和原国家质检总局）以及国家卫健委（职责涵盖原国家卫计委)。各部门以《中华人民共和国食品安全法》为准则承担食品安全综合协调、食品安全风险评估、食品安全标准制定、食品安全信息公布、食品检验机构的资质认定条件和检验规范的制定等工作，并组织查处食品安全重大事故。

2.1.2.1 食品添加剂监管职责分工

根据第十二届全国人民代表大会第一次会议批准的《国务院机构改革和职能转变方案》和《国务院关于机构设置的通知》(国发〔2013〕14 号)，设立国家食品药品监督管理总局(正部级)，为国务院直属机构。故国务院办公厅于 2013 年 3 月 26 日批准印发了《国家食品药品监督管理总局主要职责内设机构和人员编制规定》，其中将原卫生部确定食品安全检验机构资质认定条件和制定检验规范的职责，划入国家食品药品监督管理总局。并规定国家食品药品监督管理总局负责起草食品添加剂安全监督管理的法律法规草案，拟订政策规划，制定部门规章。负责制定食品添加剂行政许可的实施办法并监督实施。负责制定食品添加剂监督管理的稽查制度并组织实施，组织查处重大违法行为。负责指导地方食品药品监督管理工作，规范行政执法行为，完善行政执法与刑事司法衔接机制等多项职责。

2018 年 3 月，根据第十三届全国人民代表大会第一次会议审议通过的《国务院机构改革方案》，不再保留国家食品药品监督管理总局。设立中华人民共和国国家市场监督管理总局，将国家工商行政管理总局的职责、国家质量监督检验检疫总局的职责、国家食品药品监督管理总局的职责、国家发展和改革委员会的价格监督检查与反垄断执法职责、商务部的经营者集中反垄断执法以及国务院反垄断委员会办公室等职责整合，于 2018 年 4 月 10 日正式挂牌。国家市场监督管理总局是国务院直属机构，为正部级。对外保留国家认证认可监督管理委员会、国家标准化管理委员会牌子。

国家市场监督管理总局与农业农村部的有关职责分工包括：

① 农业农村部负责食用农产品从种植养殖环节到进入批发、零售市场或者生产加工企业前的质量安全监督管理。食用农产品进入批发、零售市场或者生产加工企业后，由国家市场监督管理总局监督管理。

② 农业农村部负责动植物疫病防控、畜禽屠宰环节、生鲜乳收购环节质量安全的监督管理。

③ 两部门要建立食品安全产地准出、市场准入和追溯机制，加强协调配合和工作衔接，形成监管合力。

国家市场监督管理总局与国家卫生健康委员会的有关职责分工：国家卫生健康委员会负责食品安全风险评估工作，会同国家市场监督管理总局等部门制定、实施食品安全风险监测计划。国家卫生健康委员会对通过食品安全风险监测或者接到举报发现食品可能存在安全隐患的，应当立即组织进行检验和食品安全风险评估，并及时向国家市场监督管理总局通报食品安全风险评估结果，对于得出不安全结论的食品，国家市场监督管理总局应当立即采取措施。国家市场监督管理总局在监督管理工作中发现需要进行食品安全风险评估的，应当及时向国家卫生健康委员会提出建议。

国家市场监督管理总局与食品有关的下设内设机构有：①食品安全协调司。拟订推进食品安全战略的重大政策措施并组织实施；承担统筹协调食品全过程监管中的重大问题，推动健全食品安全跨地区跨部门协调联动机制工作；承办国务院食品安全委员会日常工作。②食品生产安全监督管理司。分析掌握生产领域食品安全形势，拟订食品生产监督管理和食品生产者落实主体责任的制度措施并组织实施；组织食盐生产质量安全监督管理工作；组织开展食品生产企业监督检查，组织查处相关重大违法行为；指导企业建立健全食品安全可追溯体系。③食品经营安全监督管理司。分析掌握流通和餐饮服务领域食品安全形势，拟订食品流通、餐饮服务、市场销售食用农产品监督管理和食品经营者落实主体责任的制度措施，组织实施并指导开展监督检查工作；组织食盐经营质量安全监督管理工作；组织实施餐饮质量安全提升行动；指导重大活动食品安全保障工作；组织查处相关重大违法行为。④特殊食品安全监督管理司。分析掌握保健食品、特殊医学用途配方食品和婴幼儿配方乳粉等特殊食品领域安全形势，拟订特殊食品注册、备案和监督管理的制度措施并组织实施；组织查处相关重大违法行为。⑤食品安全抽检监测司。拟订全国食品安全监督抽检计划并组织实施，定期公布相关信息；督促指导不合格食品核查、处置、召回；组织开展食品安全评价性抽检、风险预警和风险交流；参与制定食品安全标准、食品安全风险监测计划，承担风险监测工作，组织排查风险隐患。

我国食品添加剂的标准化技术支撑体系：

(1) 食品安全国家标准审评委员会

食品安全国家标准审评委员会，主要工作有：审评食品安全国家标准年度立项计划，审评食品安全国家标准，提出实施食品安全国家标准的意见建议，研究解决食品安全国家标准实施中的重大问题，承担国家卫生健康委员会委托的食品安全标准其他工作。委员会下设10个专业分委员会。食品安全国家标准审评委员会是食品安全相关标准的最高审评机构。

(2) 中国食品法典委员会

中国于1984年加入国际食品法典委员会（CAC）。1986年成立了中国食品法典委员会，由与食品安全相关的多个部门组成。主要职能是协助国内各相关政府部门积极了解并参与由CAC及其下属机构开展的各项食品法典工作，研究这一领域的新方法和新理论，对外代表中国政府通报我国对CAC各项食品法典标准草案的意见，以维护我国合法权益，保护消费者健康和促进公平的国际食品贸易。原卫生和计划生育委员会作为委员会的主任单位，负责国内食品法典的协调工作。委员会秘书处设在国家食品安全风险评估中心，负责组织参与国际食品法典委员会及下属分委员会开展的各项食品法典活动、组织审议国际食品法典标准草案及其他会议议题、承办委员会工作会议、食品法典的信息交流等。经成员单位协商同意，可吸收与食品法典工作有关的非政府组织及企业派出的代表参与中国食品法典委员会的活动。经过了二十几年的工作实践，我国已全面参与了国际法典工作的相关事务，在多项标准的制修订工作中突显了我国的作用，并得到国际社会的认可。2006年中国成为国际食品添加剂法典委员会主持国，2011年成为代表亚洲区域的执委会成员，2013年再次连任，任期至2015年。

(3) 中国食品添加剂生产应用工业协会

负责食品添加剂生产的行业管理，从2007年起更名“中国食品添加剂和配料协会”。下设十二个专业委员会：着色剂专业委员会、甜味剂专业委员会、食用香精香料专业委员会、防腐-抗氧-保鲜剂专业委员会、增稠-乳化-品质改良剂专业委员会、营养强化剂和特种营养食品专业委员会、法规和技术委员会、天然提取物专业委员会、功能糖配料专业委员会、新资源食品配料专业委员会、食品加工助剂专业委员会、功能蛋白和肽类配料专业委员会。

2.1.2.2 主要监管制度

为了贯彻《中华人民共和国食品安全法》，加强食品添加剂的监管，按照《关于加强食品添加剂监督管理工作的通知》（卫监督发〔2009〕89号）和《关于切实加强食品调味料和食品添加剂监督管理的紧急通知》（卫监督发〔2011〕5号）要求，国家各个职能部门完善了以下监管制度（表2-1）。

表2-1 有关食品添加剂的规章和规范性文件

序号	文件名称	发文部门	实施时间
1	关于食品生产加工企业落实质量安全主体责任监督检查规定的公告	国家质检总局	2010.03.01
2	食品添加剂新品种管理办法	卫生部	2010.03.30
3	餐饮服务食品安全监督管理办法	卫生部	2010.05.01
4	关于发布《食品添加剂生产许可审查通则》的公告	国家质检总局	2010.09.01
5	关于食品添加剂生产许可工作的公告	国家质检总局	2010.12.17
6	国务院办公厅关于严厉打击食品非法添加行为切实加强食品添加剂监管的通知	国务院办公厅	2011.04.20
7	复配食品添加剂通则	卫生部	2011.09.05
8	预包装食品标签通则	卫生部	2012.04.20
9	预包装食品营养标签通则	卫生部	2013.01.01
10	食品营养强化剂使用标准	卫生部	2013.01.01
11	食品添加剂标识通则	国家卫生和计划生育委员会	2015.06.01
12	食品生产经营日常监督检查管理办法	国家食品药品监督管理总局	2016.05.01
13	食品添加剂生产许可审查通则	国家食品药品监督管理总局	2016.10.01
14	食品添加剂生产通用卫生规范	国家市场监督管理总局、国家卫生健康委员会	2019.06.21

续表

序号	文件名称	发文部门	实施时间
15	关于规范使用食品添加剂的指导意见	国家市场监督管理总局	2019.09.10
16	关于加强调味面制品质量安全监管的公告	国家市场监督管理总局	2019.12.10
17	关于修订公布食品生产许可分类目录的公告	国家市场监督管理总局	2020.02.23
18	中华人民共和国进出口食品安全管理办法	中华人民共和国海关总署	2022.01.01

2.1.2.3 食品添加剂产品标准制定

1967年，卫生部、化工部、轻工部、商业部联合颁布了《八种食品用化工产品标准和检验方法（试行）》。1973年，卫生部组织成立“食品添加剂卫生标准科研协作组”，首次开展国内食品添加剂使用情况的权威调查研究，摸清食品添加剂在中国食品工业中的应用状况。1977年由卫生部起草、国家标准计量局发布了GBn 50—1977《食品添加剂使用卫生标准》，开始对食品添加剂的使用进行管理。

1980年9月，由卫生部、化工部、轻工部、商业部、国家商检局等单位组成全国食品添加剂标准化技术委员会，负责提出食品添加剂标准工作的方针，为国家食品添加剂行业制定长远的工作计划，审查添加剂标准（包括食品添加剂使用卫生标准和产品质量规格标准）以及开展相关调研技术咨询等工作。在同年国家标准总局发布《碳酸钠等二十四种食品添加剂国家标准》，对这些食品添加剂的质量规格作了规定。1981年，卫生部出台《食品添加剂使用卫生标准》(GB 2760—1981）代替了GBn 50—1977。1986年形成GB 2760—1986，于1988年、1989年、1990年进行增补。在1990年出台《食品添加剂分类和代码》(GB 12493—1990)，1993年出台《食品用香料分类与编码》(GB 14156—1993)。《食品添加剂使用卫生标准》后经过1996年、2007年、2011年、2014年多次修订，形成目前最新的2024版标准版本。

食品添加剂产品标准规定了食品添加剂的鉴别试验、纯度、杂质限量以及相应的检验方法。对于尚无产品标准的食品添加剂，根据原卫生部、原质检总局等部门颁布的《关于加强食品添加剂监督管理工作的通知》(卫监督发〔2009〕89号）规定，其产品质量要求、检验方法可以参照国际组织或相关国家的标准，由卫生部会同有关部门制定。卫生部2011年第11号公告规定，生产企业建议指定产品标准的食品添加剂，应当属于已经列入GB 2760《食品添加剂使用标准》或卫生部公告的单一品种食品添加剂。拟提出指定标准建议的生产企业应当向中国疾病预防控制中心营养与健康所提交书面及电子版材料，包括指定标准文本、编制说明及参考的国际组织或相关国家标准。指定标准文本应当包含质量要求、检验方法，其格式应当符合食品安全国家标准的要求。2013年后，国家食品安全风险评估中心下设的标准技术管理司负责拟订标准化战略、规划、政策和管理制度并组织实施；承担强制性国家标准、推荐性国家标准（含标准样品）和国际对标采标相关工作；协助组织查处违反强制性国家标准等重大违法行为；承担全国专业标准化技术委员会管理工作。

2.1.2.4 相关法律法规

我国于1973年成立食品添加剂卫生标准科研协作组，开始有组织、有计划地管理食品添加剂。最早规定食品添加剂卫生管理的正式法律是1983年实施的《中华人民共和国食品卫生法（试行）》，该法律于1995年废止，同时《中华人民共和国食品卫生法》实施，此法律又于2009年2月28日被《中华人民共和国食品安全法》取代。继而《中华人民共和国食品安全法实施条例》于2009年7月8日国务院第73次常务会议通过，2009年7月20日公布，自公布之日起施行。2015年新修订的《中华人民共和国食品安全法》颁布实施。根据2018年12月29日第十三届全国人民代表大会常务委员会第七次会议《关于修改〈中华人民共和国产品质量法〉等五部法律的决定》进行第一次修正，根据2021年4月29日第十三届全国人民代表大会常务委员会第二十八次会议《关于修改〈中华人民共和国交通安全法〉等八部法律的决定》进行第二次修正。

在我国，食品添加剂的生产和使用要严格遵守国家法规，经过四十多年来的建设和发展，我国已经形成了有关食品添加剂的法律、法规和标准管理体系，至今主要有：

①《中华人民共和国刑法》；②《中华人民共和国食品安全法》；③《食品添加剂新品种管理办法》(代替《食品添加剂卫生管理办法》)；④《食品添加剂新品种申报与受理规定》；⑤《食品添加剂生产许可审查通则》；⑥《食品安全国家标准 食品添加剂使用标准》(GB 2760—2024)；⑦《食品安全国家标准 复配食品添加剂通则》(GB 26687—2011)；⑧《食品安全国家标准 食品营养强化剂使用标准》(GB 14880—2012)；⑨《食品安全国家标准 预包装食品标签通则》(GB 7718—2011)；⑩《食品安全国家标准 预包装食品营养标签通则》(GB 28050—2011)。

2.1.2.5 《中华人民共和国食品安全法》及其实施条例

《中华人民共和国食品安全法》是一部为保证食品安全、保障公众身体健康和生命安全所制定的国家法律，也是唯一一部对食品添加剂及其生产使用过程中有关卫生和安全问题做出规定的国家法律。法律规定凡是从事食品添加剂生产经营者、食品生产经营者使用食品添加剂以及对食品添加剂的安全管理，均须遵守本法。

《中华人民共和国食品安全法实施条例》是根据《中华人民共和国食品安全法》(以下简称《食品安全法》)制定的行政法规，配合《食品安全法》的实施，进一步落实企业作为食品安全第一责任人的责任，强化事先预防和生产经营过程控制，以及食品发生安全事故后的可追溯性；进一步强化各部门在食品安全监管方面的职责，完善监管部门在分工负责与统一协调相结合体制中的相互协调、衔接与配合；将《食品安全法》中一些较为原则的规定具体化，增强制度的可操作性，但对食品安全法已经做出具体规定的内容不做重复规定。

2.2 我国食品添加剂使用标准

2.2.1 《食品安全国家标准 食品添加剂使用标准》(GB 2760—2024)中的专业术语及概念

《食品安全国家标准 食品添加剂使用标准》(GB 2760—2024)对食品添加剂的使用做出了明确的规定，其中规定了食品添加剂的允许使用品种、使用范围和最大使用量或残留量；还规定了可在各类食品中按生产需要适量添加的食品添加剂；规定了同一功能食品添加剂在混合使用时，各自用量占其最大使用量的比例之和不应超过1。标准中的最大使用量是指食品添加剂使用时所允许的最大添加量。最大残留量是指食品添加剂或其分解产物在最终食品中的允许残留水平。

国际上通行的食品添加剂编码系统是由国际食品法典委员会(CAC)于1989年根据欧

盟编码体系（ENS）构建的国际编码系统（INS），用于代替复杂的化学结构名称表述。而我国的食品添加剂系统简称 CNS，即中国编码系统（Chinese Number System），由食品添加剂的主要功能类别代码和在本功能类别中的顺序号组成。在最新发布的 GB 2760—2024 将“国际编码系统（INS）”和“中国编码系统（CNS）”合并为“食品添加剂编码”，并将食品添加剂编码定义为用于代替复杂的化学结构名称表述的编码，包括食品添加剂的国际编码系统（INS）和中国编码系统（CNS）。

GB 2760—2024 附录 A 为食品添加剂的使用规定。表 A.1 规定了食品添加剂的允许使用品种、使用范围以及最大使用量或残留量，是以食品添加剂名称汉语拼音排序进行规定的。表 A.2 规定了表 A.1 中例外食品编号对应的食品类别。表 A.1 列出的食品添加剂按照规定的使用范围和最大使用量使用。如允许某一食品添加剂应用于某一食品类别时，则允许其应用于该类别下的所有类别食品，另有规定的除外。下级食品类别中与上级食品类别中对于同一食品添加剂的最大使用量规定不一致的，应遵守下级食品类别的规定。表 A.1 列出的同一功能且具有数值型最大使用量的食品添加剂（仅限相同色泽着色剂、防腐剂、抗氧化剂）在混合使用时，各自用量占其最大使用量的比例之和不应超过 1。表 A.1 未包括对食品用香料和用作食品工业用加工助剂的食品添加剂的有关规定。

GB 2760—2024 附录 B 为食品用香料使用规定。表 B.1 中所列食品不得添加食品用香料、香精。除表 B.1 所列食品外，其他食品是否可以加香应按相关食品产品标准规定执行。

GB 2760—2024 附录 C 为食品工业用加工助剂使用规定。表 C.1 以加工助剂名称汉语拼音排序规定了可在各类食品加工过程中使用，残留量不需限定的加工助剂名单（不含酶制剂）。表 C.2 以加工助剂名称汉语拼音排序规定了需要规定功能和使用范围的加工助剂名单（不含酶制剂）。表 C.3 以酶制剂名称汉语拼音排序介绍了食品用酶制剂及其来源名单。各种酶的来源和供体应符合表中的规定。在 GB 2760—2024 附录 D 中增加了营养强化剂的编号 D.16。附录 E 为食品分类系统。附录 F 为附录 A 中食品添加剂使用规定索引。

当使用食品添加剂时可根据其具体名称先在附录 F 中查询，如柠檬酸，由“柠”字拼音首字母“N”开头，再根据其位置回到附录 A.1 和附录 A.2 中，就可以知道其添加到各类食品中的使用情况了。如果食品大类可用的食品添加剂，则其下的亚类、次亚类、小类和次小类所包含的食品均可使用；亚类可以使用的，则其下的次亚类、小类和次小类可以使用。亚类可以使用的，大类不可以使用，另有规定的除外。查找某一食品添加剂的使用范围和使用量，需要综合看表 A.1、表 A.2。先查表 A.2，如果所查询的添加剂在表 A.2 上，再查表 A.1。此添加剂所允许使用的食品类别即表 A.2 所列的食品类别＋表 A.1 所列的食品类别＋增补的食品添加剂公告。如果表 A.2 上无食品添加剂 A，则直接查询表 A.1＋增补的食品添加剂公告。GB 2760—2024 修订了附录 A 中食品添加剂使用规定的查询方式，将表 2.3 的内容在表 A.1 和表 A.2 中体现，原表 A.2 合并入表 A.1，大大简化了查询流程。

使用表 A.1 和表 A.2 查询时可能出现的几种情形：①其使用范围为表 A.1 中规定的食品类别，其最大使用量为表 A.1 规定的最大使用量，如食品添加剂纳他霉素。②只在表 A.2 中的其使用范围最大使用量为按生产需要适量使用，如甘油等（水分保持剂、乳化剂）。③既在表 A.1，又在表 A.2 中其使用范围由两部分组成：在表 A.1 所列的食品类别中按表 A.1 规定执行，其他食品类别中按生产需要适量使用。④既不在表 A.1，又不在表 A.2 的不是我国允许使用的食品添加剂，如溴酸钾、亮黑。随着科技的进步，现在对于食品添加剂标准的查询也可以在网络上进行。

2.2.2 《食品安全国家标准 复配食品添加剂通则》(GB 26687—2011)

该标准适用于除食品用香精和胶基糖果基础剂以外的所有复配食品添加剂。所谓复配食品添加剂是指：为了改善食品品质、便于食品加工，将两种或两种以上单一品种的食品添加剂，添加或不添加辅料，经物理方法混匀而成的食品添加剂。

2.2.3 《食品安全国家标准 食品营养强化剂使用标准》(GB 14880—2012)

食品营养强化是国际上提倡的改善居民营养状况的重要方法之一，即通过将一种或多种微量营养素添加到特定食物中，增加人群对这些营养素的摄入量，从而纠正或预防微量营养素缺乏等相关疾病。凡是通过添加营养强化剂生产出的营养补充食品，肯定含有食品添加剂，因为营养强化剂属于食品添加剂的一类。我国于1994年2月22日由卫生部批准颁布了《食品营养强化剂使用卫生标准》(GB 14880—1994)，于1994年9月1日实施，同时每年以卫生部公告的形式扩大或增补新的营养素品种和使用范围。随着我国乳品标准（特别是婴幼儿食品标准）清理工作的完成和其他相关基础标准（包括GB 2760—2011等）的修订和公布，为更好地做好与相关标准的有效衔接、方便企业使用和消费者理解，根据《中华人民共和国食品安全法》的要求，卫生部在旧版《食品营养强化剂使用卫生标准》(GB 14880—1994)的基础上，借鉴国际食品法典委员会和相关国家食物强化的管理经验，结合我国居民的营养状况，于2012年3月15日发出公告，公布新修订的《食品安全国家标准 食品营养强化剂使用标准》(GB 14880—2012)，于2013年1月1日起正式施行，修订版对原有《食品营养强化剂使用标准》(GB 14880—1994)中营养强化剂的使用规定和历年卫生部批准的食品营养强化剂使用情况进行汇总、梳理，根据确定的营养强化原则和风险评估结果对原有内容合理性等进行了分析，确保其与现行的法律法规、标准的协调一致。

GB 14880—2012是食品安全国家标准中的基础标准，旨在规范我国食品生产单位的营养强化行为。该标准属于强制执行的标准，其强制性体现在一旦生产单位在食品中进行营养强化，则必须符合标准的相关要求（包括营养强化剂的允许使用品种、使用范围、使用量、可使用的营养素化合物来源等），但是生产单位可以自愿选择是否在产品中强化相应的营养素。

2.2.4 《食品安全国家标准 预包装食品标签通则》(GB 7718—2011)

预包装食品是指：预先定量包装或者制作在包装材料和容器中的食品，包括预先定量包装以及预先定量制作在包装材料和容器中并且在一定量限范围内具有统一的质量或体积标识的食品。预包装食品首先应当预先包装，此外包装上要有统一的质量或体积的标示。食品标签是向消费者传递产品信息的载体。做好预包装食品标签管理，既是维护消费者权益，保障行业健康发展的有效手段，也是实现食品安全科学管理的需求。根据《食品安全法》及其实施条例规定，原卫生部组织修订预包装食品标签标准。新的《食品安全国家标准 预包装食品标签通则》(GB 7718—2011)充分考虑了《预包装食品标签通则》(GB 7718—2004)实施情况，细化了《食品安全法》及其实施条例对食品标签的具体要求，增强了标准的科学性和可操作性。

2.2.5 《食品安全国家标准 预包装食品营养标签通则》(GB 28050—2011)

食品营养标签是向消费者提供食品营养信息和特性的说明，也是消费者直观了解食品营养组分、特征的有效方式。食品营养标签是国际普遍采用的，国际食品法典委员会和多数国家都制定了食品营养标签标准或法规。世界卫生组织调查显示，74.3%的国家有食品营养标签管理法规。根据《食品安全法》有关规定，为指导和规范国内食品营养标签标示，引导消费者合理选择预包装食品，促进公众膳食营养平衡和身体健康，保护消费者知情权、选择权和监督权，卫生部在2007年印发实施《食品营养标签管理规范》基础上，借鉴国际食品法典委员会和相关国家管理经验，针对我国居民营养状况和慢性非传染性疾病防治要求，结合食品行业特点，制定公布了《食品安全国家标准　预包装食品营养标签通则》（GB 28050—2011），于2013年1月1日起正式实施。营养标签标准是食品安全国家标准，属于强制执行的标准。标准实施后，其他相关规定与本标准不一致的，应当按照本标准执行。自营养标签标准实施之日，卫生部2007年公布的《食品营养标签管理规范》即行废止。

GB 28050—2011规定，预包装食品应当在标签上强制标示四种营养成分和能量（“4+1”）含量值及其占营养素参考值（NRV）百分比，“4”是指核心营养素，即蛋白质、脂肪、碳水化合物、钠，“1”是指能量。如食品配料含有或生产过程中使用了氢化油脂和（或）部分氢化油脂，应当标示反式脂肪（酸）含量。《食品安全国家标准　预包装食品营养标签通则》还对其他营养成分标示、营养声称和营养成分功能声称等做出了具体规定，并特别指出，本标准适用于预包装食品营养标签上营养信息的描述和说明，不适用于保健食品及预包装特殊膳食用食品的营养标签标示。

2.3　食品添加剂功能类别及编码系统

从食品添加剂的使用角度，按功能、用途的分类方法最具有实用价值，十分利于使用者按食品加工制造的要求快速地查找出所需要的添加剂。但是，对于功能、用途的分类方法，在分类过细时，会使同一食品添加剂在不同类别中重复出现的概率过高，给食品添加剂管理和使用带来一些混乱；而分类过粗，显然会对食品添加剂的选用带来较大困难。

为适于信息处理、情报交换和管理，食品添加剂的统一编号可以避免化学命名的复杂和商品名的混乱，在国际上得到普遍应用。由于香精香料的特殊性，国际上的通用做法是根据《食品用香料分类与编码》对各种香精香料进行分类与编码。欧盟编码体系ENS（EC number system）是最早采用的编码系统，历史较长，根据欧盟法律规定，在食品标签上可以只写出使用的食品添加剂编号（E No.），而不标具体名称，国际食品法典委员会（CAC）以ENS编码体系为基础，构建了国际数据系统INS(international number system)，在1989年CAC第18次会议上正式批准使用。凡是INS体系中食品添加剂的编码，大部分与ENS相同，但对ENS中未细分的同类物做了补充和完善，国际编码系统作为供国际采用识别食物添加剂的系统，并不包括食用香料、胶基糖果中基础剂物质以及特别膳食及营养添加剂（即食品营养强化剂），国际编码系统的编排方式如下：

① 按编码顺序排列。依次是识别编号、食品添加剂名称及技术用途。下标数字可对部分添加剂进一步细分，用以标识该类食品添加剂下属的不同规格的亚类产品，并不用于标签上的表述。

② 按添加剂英文字母顺序排列。依次是食品添加剂名称、识别编码及技术用途。我国使用《食品添加剂分类和代码》(GB/T 12493—1990)、《食品用香料分类与编码》（GB/T

14156—93）两个系统对食品添加剂进行分类和编码。我国食品添加剂的编码（china number system，CNS）是在上述食品添加剂功能分类的基础上产生的。食品添加剂分类编号原则为：食品添加剂分类代码以其属性和特征作为分类的依据，并按一定排列顺序作为鉴别对象的唯一标准；食品添加剂分类的排列顺序按英文字母顺序排列；食品添加剂代码的排列顺序是任意排列的。

分类代码方法为：食品添加剂的分类代码以五位数字表示，其中前两位数字码为类目标识，小数点后三位数字表示在该类目中的编号代码。①类目标识：如01代表酸度调节剂，02代表抗结剂，03代表消泡剂。②编号代码：具体食品添加剂品种的编码，如12.004代表增味剂中的呈味核苷酸二钠；19.001代表甜味剂中的糖精钠；20.001代表增稠剂中的琼脂。我国特有的一些食品添加剂没有INS编号，如黑豆红、高粱红、竹叶抗氧化物等。我国的编码体系（CNS）比INS和ENS具有更大的容量。

我国的食品用香精分为：食品用天然香料，食品用天然等同香料和食品用人造香料三大类。食品用天然香料编码表，按产品的通用名称，以中文笔画顺序编排的三位数码，冠以“N”表示为天然香料；食品用天然等同香料编码表，编号大体上按化合物所含主要官能团（即醇、醚、酚、醛、缩醛、酮、内酯、酸类、含硫含氨化合物和烃类及其衍生物及其他），再以通用名称的顺序排列的三位数码，冠以“I”的为天然等同香料；食品用人造香料表，排列基本同天然等同香料表，“A”的为人造香料。香料编号表把编码、香料名称（包括化学名称、俗名、商业名称）、英文名称和美国FEMA编号合在一起，便于查阅。凡编码末尾有数字“T”者，为暂时允许使用品种。

第3章 调色类食品添加剂的特性

3.1 食品着色剂

3.1.1 定义和分类

赋予食品色泽和改善食品色泽的物质称作食品着色剂或食用色素。食品着色剂按其来源和性质分为食品合成着色剂和食品天然着色剂两类。食品合成着色剂，也称食品合成色素，是以苯、甲苯、萘等化工产品为原料，经过磺化、硝化、卤化、偶氮化等一系列有机合成反应所制得的有机着色剂。合成着色剂有着色力强、色泽鲜艳、不易褪色、稳定好、易溶解、易着色、成本低的特点，但其安全性低。按其化学结构可分为两类：偶氮类色素和非偶氮类色素。偶氮类色素按其溶解度不同又分为油溶性和水溶性两类。油溶性偶氮类色素不溶于水，进入人体内不易排出体外，毒性较大，目前基本上不再使用。水溶性偶氮类色素较容易排出体外，毒性较低，现在世界各国使用的合成色素大部分是水溶性偶氮类色素和它们各自的铝色淀。可溶性染料制成的不溶性有色物质叫作原色体，若原色体沉淀在氢氧化铝底粉上则叫作该有色物质的铝色淀。

食品天然着色剂，也称食品天然色素。指从动植物和微生物中提取的着色剂，一些品种还具有维生素活性，有的还具有一定的生物活性功能。其品种繁多，色泽自然，无毒性，而且使用范围和每日允许摄入量（ADI）都比合成着色剂大，但也存在成本高、着色力弱、稳定性差、容易变质，一些品种还有异味、异臭、难以调出任意色等缺点。

天然食用色素按其来源不同，主要有以下三类：①植物色素，如甜菜红、姜黄、β-胡萝卜素、叶绿素等；②动物色素，如紫胶红、胭脂虫红等；③微生物类，如红曲红等。按其化学结构可以分成六类：①四吡咯衍生物（卟啉类衍生物），如叶绿素等；②异戊二烯衍生物，如辣椒红、β-胡萝卜素、栀子黄等；③多酚类衍生物，如越橘红、葡萄皮红、玫瑰茄红、萝卜红、红米红等；④酮类衍生物，如红曲红、姜黄素等；⑤醌类衍生物，如紫胶红、胭脂虫红等；⑥其他，如甜菜红等。

3.1.2 作用机理

3.1.2.1 显色原理

人眼可以看见的颜色是由波长范围很窄（约 380～760nm）的电磁波产生的，这一范围的电磁波也被称为可见光，不同波长的电磁波表现为不同的颜色，见表 3-1。

表 3-1 不同波长电磁波对应的颜色及其互补色

波长/nm	380～440	440～458	458～500	500～565	565～590	590～625	625～760
颜色	紫色	蓝色	青色	绿色	黄色	橙色	红色

当可见光照射某一物质时，该物质中的分子吸收了一部分可见光，没有被吸收的可见光反射后再组成一种综合色被人眼捕捉，形成肉眼看到的颜色。这种被反射的光称为吸收光的互补色。例如我们看到树叶的颜色是黄绿色的，就是因为树叶吸收了 380～440nm 的紫光，反射了 500～590nm 的黄绿色光。黄绿色就是紫光的互补色。

有机化合物分子中在紫外区和可见光区有吸收带的基团，称为发色团或生色团。而本身在紫外区和可见光区没有吸收带，但与生色团相连后，能使生色团的吸收带向长波方向移动的基团称为助色团。食品着色剂中主要的生色团有 C—C、C ═O、—CHO、—COOH、—N ═N—、—N ═O、$—NO_2$、$—\overset{\overset{\displaystyle S}{\|}}{C}—$ 等，它们都是不饱和基团。常见的助色团有—OH、$—NH_2$、—NHR、$—\overset{\overset{\displaystyle R}{|}}{N}—R$ 、—SH、—Cl 等，它们都有饱和的杂原子。

3.1.2.2 着色剂的选择与调配

食物颜色与品质有一定的联系，比如绿色的番茄表示生涩，而红色的表示成熟，黄色的香蕉表示新鲜，而褐色的表示腐败。因此，在食品的加工生产过程中，特定的食品采用什么色调是至关重要的，应根据食品应有的色泽选择相似的食品着色剂。比如黄桃罐头应该选择黄色色调、橙汁饮料应该选择橙色色调、辣椒酱应该选择红色色调等。但有些食品并不受颜色的限制，比如一些功能饮料、什锦酱、口香糖等，其主要成分的颜色并不一致，因此需要生产者调配出合适的颜色。

根据颜色技术原理，红、黄、蓝为基本三原色，理论上可采用三原色依据其比例和浓度调配出除白色以外的各种不同色调，而白色可用于调整彩色的深浅。其基本的调色原理为：

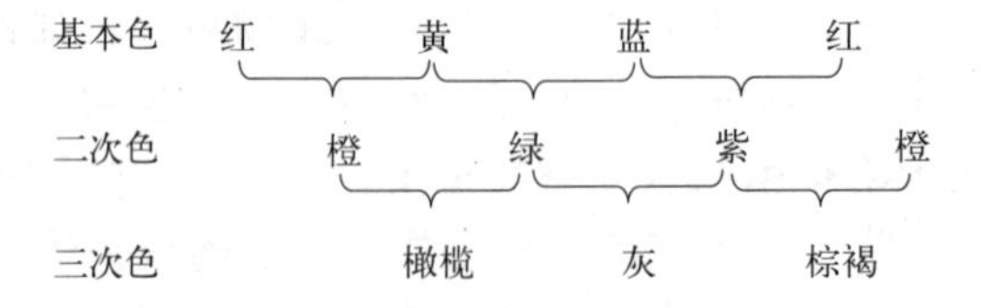

3.1.2.3 着色剂的特性

① 吸光值与色价。食品合成着色剂根据朗伯-比尔定律（Lambert-Beer law），溶液的吸光值与溶液浓度、光程成正比。即吸光值越高，染色能力越强。食品天然着色剂，可用色价（比吸光值）表示。即 100mL 溶液中含有 1g 着色剂，光程为 1cm 的吸光值。

② 溶解性。食品着色剂在水、乙醇和油脂等溶剂中的溶解性，除此之外还要考虑溶剂的温度、pH、盐的含量及种类等因素的影响。

③ 染着性。食品着色剂与食品成分结合后，其分布是否均匀、染色是否稳定的能力。

④ 坚牢度。食品着色剂的耐热性、耐酸碱性、耐氧化还原性、抗光性。

3.1.3 常用食品着色剂及其性质

GB 2760—2024《食品安全国家标准 食品添加剂使用标准》中允许使用的食品着色剂如表 3-2 所示。

表 3-2 GB 2760—2024 中允许使用的食品着色剂

序号	中文名称	英文名称	CNS 号	INS 号
1	β-阿朴-8′-胡萝卜素醛	β-apo-8′-carotenal	08.018	160e
2	赤藓红及其铝色淀（包括赤藓红，赤藓红铝色淀）	erythrosine，erythrosine aluminum lake	08.003	127
3	靛蓝及其铝色淀（包括靛蓝，靛蓝铝色淀）	indigotine，indigotine aluminum lake	08.008	132
4	二氧化钛	titanium dioxide	08.011	171
5	番茄红	tomato red	08.150	—
6	番茄红素	lycopene	08.017	160d(i)
7	柑橘黄	orange yellow	08.143	—
8	核黄素	riboflavin	08.148	101(i)
9	黑豆红	black bean red	08.114	—
10	黑加仑红	black currant red	08.122	—
11	红花黄	carthamins yellow	08.103	—
12	红米红	red rice red	08.111	—
13	红曲黄色素	monascus yellow pigment	08.152	—
14	红曲米，红曲红	red kojic rice，monascus red	08.119，08.120	—
15	β-胡萝卜素	beta-carotene synthetic，beta carotene，Blakeslea trispora，beta-carotene，algal	08.010	160a(i)，160a(ii)，160a(iv)
16	花生衣红	peanut skin red	08.134	—
17	姜黄	turmeric	08.102	100(ii)
18	姜黄素	curcumin	08.132	100(i)
19	焦糖色（加氨生产）	caramel colour class Ⅲ-ammonia process	08.110	150c
20	焦糖色（苛性硫酸盐）	caramel colour class Ⅱ-caustic sulfite	08.151	150b
21	焦糖色（普通法）	caramel colour class Ⅰ-plain	08.108	150a
22	焦糖色（亚硫酸铵法）	caramel colour class Ⅳ-ammonia sulphite process	08.109	150d
23	金樱子棕	rose laevigata michx brown	08.131	—
24	菊花黄浸膏	coreopsis yellow	08.113	—
25	可可壳色	cocao husk pigment	08.118	—
26	喹啉黄及其铝色淀（包括喹啉黄、喹啉黄铝色淀）	quinoline yellow，quinoline yellow aluminum lake	08.016	104
27	辣椒橙	paprika orange	08.107	—
28	辣椒红	paprika red	08.106	160c(ii)
29	辣椒油树脂	paprika oleoresin	00.012	160c(i)
30	蓝锭果红	uguisukagura red	08.136	—
31	亮蓝及其铝色淀（包括亮蓝，亮蓝铝色淀）	brilliant blue，brilliant blue aluminum lake	08.007	133
32	萝卜红	radish red	08.117	—
33	玫瑰茄红	roselle red	08.125	—

续表

序号	中文名称	英文名称	CNS 号	INS 号
34	柠檬黄及其铝色淀（包括柠檬黄，柠檬黄铝色淀）	tartrazine, tartrazine aluminum lake	08.005	102
35	葡萄皮红	grape skin extract	08.135	163(ii)
36	日落黄及其铝色淀（包括日落黄，日落黄铝色淀）	sunset yellow, sunset yellow aluminum lake	08.006	110
37	桑椹红	mulberry red	08.129	—
38	沙棘黄	hippophae rhamnoides yellow	08.124	—
39	酸性红（又名偶氮玉红）	carmoisine(azorubine)	08.013	122
40	天然苋菜红	natur alamaranthus red	08.130	—
41	苋菜红及其铝色淀（包括苋菜红，苋菜红铝色淀）	amaranth, amaranth aluminum lake	08.001	123
42	橡子壳棕	acorn shell brown	08.126	—
43	新红及其铝色淀（包括新红，新红铝色淀）	new red, new red aluminum lake	08.004	—
44	胭脂虫红及其铝色淀（包括胭脂虫红，胭脂虫红铝色淀）	carmine cochineal, carmine cochineal aluminum lake	08.145	120
45	胭脂红及其铝色淀（包括胭脂红，胭脂红铝色淀）	ponceau 4R, ponceau 4R aluminum lake	08.002	124
46	胭脂树橙（又名红木素，降红木素）	annatto extract	08.144	160b
47	杨梅红	mynica red	08.149	—
48	氧化铁黑，氧化铁红	iron oxide black, iron oxide red	08.014，08.015	172(i)，172(ii)
49	叶黄素	lutein	08.146	161b(i)
50	叶绿素铜	copper chlorophyll	08.153	141(i)
51	叶绿素铜钠盐，叶绿素铜钾盐	chlorophyllin copper complex, sodium and potassium salts	08.009，08.155	141(ii)
52	诱惑红及其铝色淀（包括诱惑红，诱惑红铝色淀）	allura red, allura aluminum lake	08.012	129
53	玉米黄	corn yellow	08.116	—
54	越橘红	cowberry red	08.105	—
55	藻蓝	spirulina blue	08.137	—
56	栀子黄	gardenia yellow	08.112	—
57	栀子蓝	gardenia blue	08.123	—
58	植物炭黑	vegetable carbon, carbon black	08.138	153
59	紫草红	gromwell red	08.140	—
60	紫甘薯色素	purple sweet potato colour	08.154	—
61	紫胶红（又名虫胶红）	lac dye red(lac red)	08.104	—
62	高粱红	sorghum red	08.115	—
63	天然胡萝卜素	natural carotene	08.147	160a(ii)
64	甜菜红	beet red	08.101	162
65	紫胶（又名虫胶）	shellac	14.001	904

3.1.3.1 合成着色剂

① 苋菜红（amaranth），化学名称为 1-(4′-磺基-1′-萘偶氮)-2-萘酚-3，6-二磺酸三钠盐。分子式 $C_{20}H_{11}N_2Na_3O_{10}S_3$，分子量 604.48，结构式如下：

理化性质：为红褐色或暗红褐色粉末或颗粒，无臭。溶于水，0.01%水溶液呈玫瑰红色，可溶于甘油及丙二醇，微溶于乙醇，不溶于油脂等其他有机溶剂。耐光、耐热性强，耐细菌性

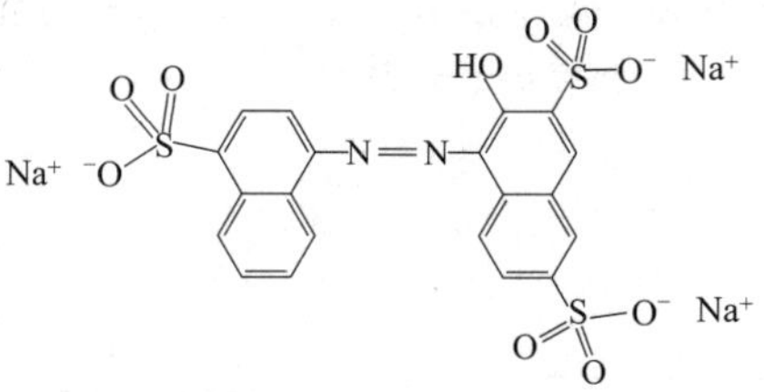

差，对柠檬酸、酒石酸稳定，而遇碱则变为暗红色。其与铜、铁等金属接触易褪色，耐氧化、耐还原性差，不适用于发酵食品及含还原性物质的食品。若添加含量过高，有变黑倾向。

② 胭脂红（ponceau），化学名称为1-(4′-磺基-1′-萘偶氮)-2-萘酚-6,8-二磺酸三钠盐。分子式为 $C_{20}H_{11}O_{10}N_2S_3Na_3$，分子量604，其结构式如下：

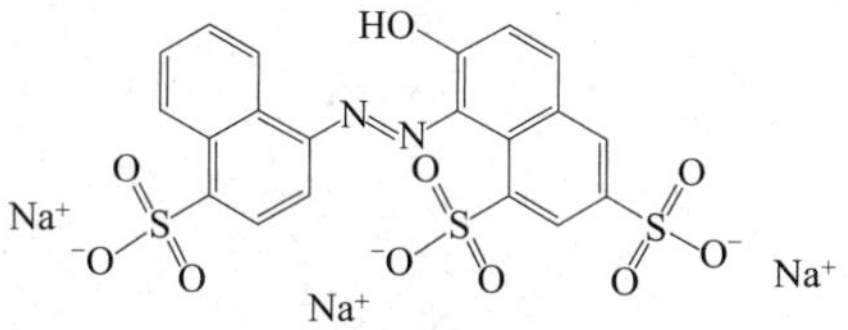

理化性质：为红色至深红色粉末或颗粒、无臭。易溶于水，水溶液呈红色，溶于甘油，微溶于乙醇，不溶于油脂。耐光、耐酸性、耐盐性、耐热性好，耐细菌性、还原性差，不适合在发酵食品中使用，遇碱变为褐色。对柠檬酸、酒石酸稳定。

③ 赤藓红（erythrosine），又名2,4,5,7-四碘荧光素、樱桃红。分子式为 $C_{20}H_6I_4Na_2O_5$，分子量879.86，其结构式如下：

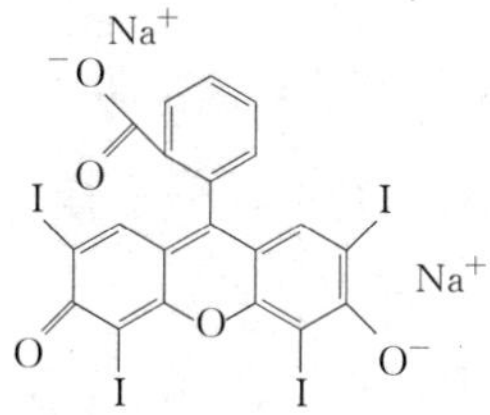

理化性质：为红至暗红褐色粉末或颗粒，无臭。易溶于水，可溶于乙醇、甘油和丙二醇，不溶于油脂，0.1%水溶液呈微蓝的红色，酸性时生成黄棕色沉淀，碱性时产生红色沉淀，耐热、耐还原性强，但耐光、耐酸性差。毒性：ADI为0～0.1mg/kg（以体重计）。

④ 新红（new red），化学名称为2-(4′-磺基-1′-苯偶氮)-1-羟基-8-乙酰氨基-3,6-二磺酸三钠盐。分子式为 $C_{18}H_{12}O_{11}N_3Na_3S_3$，分子量611.47，其结构式如下：

理化性质：为红褐色粉末，无臭。易溶于水呈红色溶液，微溶于乙醇，不溶于油脂。具有酸性染料特性。遇铁、铜易变色，对氧化还原较为敏感。

⑤ 诱惑红（allura red），化学名称为6-羟基-5-(2-甲氧基-4-磺酸-5-甲苯基)偶氮萘-2-磺酸二钠盐。分子式 $C_{18}H_{14}N_2Na_2O_8S_2$，分子量496.42，其结构式如下：

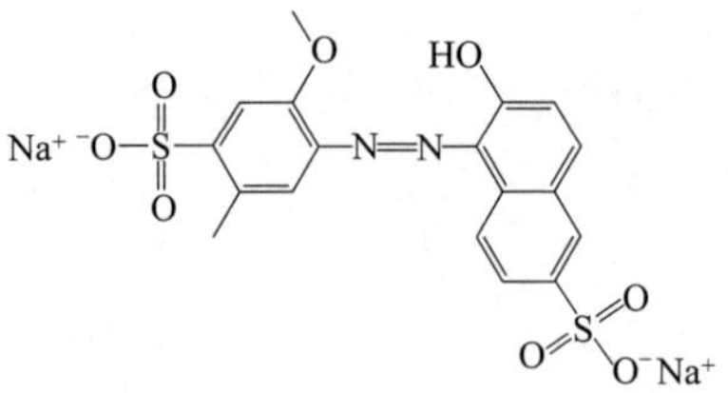

理化性质：为暗红色或深红色粉末，无臭。溶于水，中性和酸性水溶液呈红色，碱性呈暗红色，可溶于甘油与丙二醇，微溶于乙醇，不溶于油脂。耐光、耐热性强，耐碱及耐氧化还原性差。在苹果酸、柠檬酸、乙酸和酒石酸的10%溶液中无变化，并且在糖类的溶液中也稳定。

⑥ 酸性红（carmoisine），化学名称为1-羟基-2-(4-偶氮萘磺酸)-4-萘磺酸二钠盐。化学分子式为$C_{20}H_{12}N_2Na_2O_7S_2$，分子量502.44，其结构式如下：

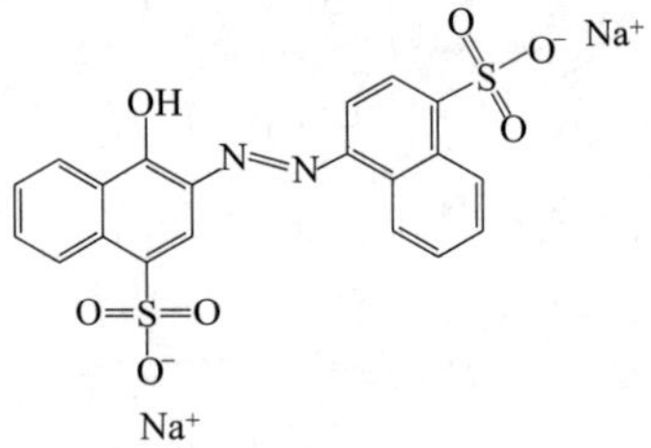

理化性质：为红褐色至暗红褐色颗粒或粉末，无臭。易溶于水，微溶于乙醇，溶于甘油、丙二醇，不溶于油脂和乙醚，其水溶液呈带蓝的红色，发浅黄色荧光。对热、光、碱、氧化、还原及盐等的耐性均较好。

⑦ 柠檬黄（tartrazine），化学名称为1-(4′-磺酸苯基)-3-羧基-4-(4″-磺酸苯基偶氮基)-5-吡唑啉酮三钠盐。分子式为$C_{16}H_9N_4Na_3O_9S_2$，分子量534.39，其结构式如下：

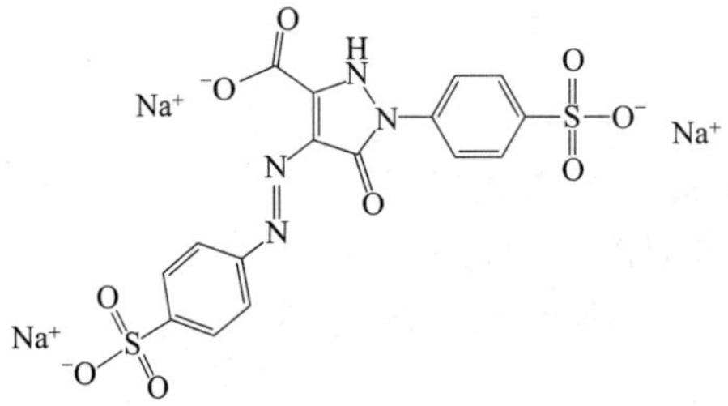

理化性质：为橙黄或亮橙色粉末或颗粒，无臭。易溶于水、甘油、乙二醇，微溶于乙醇，不溶于油脂，其0.1%的水溶液呈黄色。耐热性、耐光性、耐酸性和耐盐性强，但耐氧化性较差，在柠檬酸、酒石酸中稳定，遇碱微变红，还原时褪色。

⑧ 日落黄（sunset yellow），化学名称为6-羟基-5-[(4-磺酸基苯基)偶氮]-2-萘磺酸二钠盐。分子式为$C_{16}H_{10}N_2Na_2O_7S_2$，分子量452.38，其结构式如下：

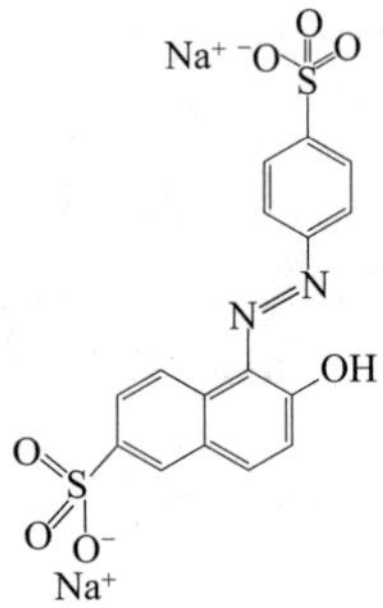

理化性质：为橙红色粉末或颗粒，无臭。易溶于水、甘油、丙二醇，微溶于乙醇，不溶于油脂。耐热性、耐光性、耐酸性强，遇碱变为带褐色的红色，还原时易褪色。

⑨ 亮蓝（brilliant blue），化学名称为 3-[*N*-乙基-*N*-[4-[[4-[*N*-乙基-*N*-(3-磺基苄基)-氨基]苯基](2-磺基苯基)亚甲基]-2,5-环己二烯基-1-亚基]氨基甲基]-苯磺酸二钠盐。分子式为 $C_{37}H_{34}N_2Na_2O_9S_3$，分子量 792.85。其结构式如下：

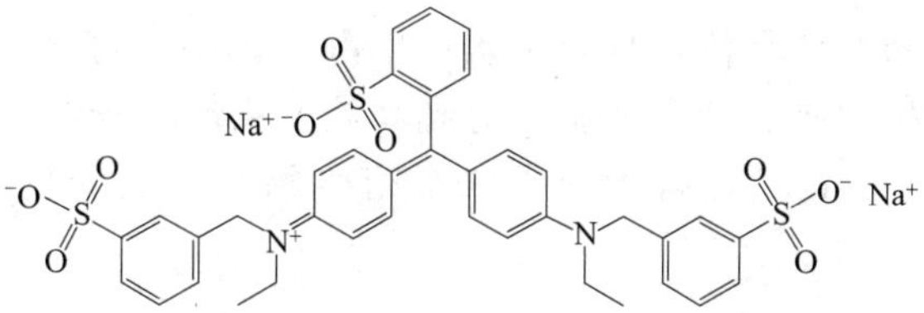

理化性质：为红色至蓝紫色粉末或颗粒，无臭，有金属光泽。易溶于水，水溶液呈蓝色，可溶于甘油、乙二醇和乙醇，不溶于油脂。耐热性、耐光性、耐碱性、耐盐性好，在柠檬酸、酒石酸中稳定，但在水溶液加金属盐后会缓慢沉淀。

⑩ 靛蓝（indigotine），化学名称为 3,3′-二氧-2,2′-联吲哚基-5,5′-二磺酸二钠盐。分子式为 $C_{16}H_{10}N_2O_2$，分子量 262.26，其结构式如下：

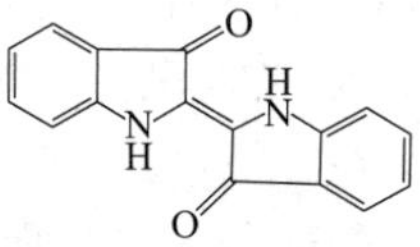

理化性质：为蓝色到暗青色颗粒或粉末，无臭。溶于水，水溶液呈蓝色，溶于甘油、丙二醇，难溶于乙醇、油脂。对光、热、酸、碱、氧化、盐及细菌的耐性均较差，遇亚硫酸钠、葡萄糖、氢氧化钠还原褪色。

3.1.3.2 天然着色剂

① 叶绿素铜钠盐（sodium copper chlorophyllin），属于吡咯类衍生物类天然着色剂。叶绿素铜钠盐分为铜叶绿素二钠和铜叶绿素三钠，其中铜叶绿素二钠又分为铜叶绿素二钠 a 盐（分子式 $C_{34}H_{30}O_5N_4CuNa_2$，分子量 684.16）和铜叶绿素二钠 b 盐（分子式 $C_{34}H_{28}O_6N_4CuNa_2$，分子量 698.15）。铜叶绿素三钠（分子式 $C_{34}H_{31}O_6N_4CuNa_3$），分子量为 724.17。

理化性质：为墨绿色至黑色粉末，无臭或略微臭。易溶于水，略溶于醇和氯仿，几乎不溶于乙醚和石油醚。水溶液呈透明蓝绿色，可与钙离子形成不溶物质，耐光性比叶绿素好。

② β-胡萝卜素（bate-carotene），属于异戊二烯衍生物类天然着色剂。化学名称为全反式-1,1′-(3,7,12,16-四甲基-1,3,5,7,9,11,13,15,17-十八碳九烯-1,18-二基)双[2,6,6-三甲基环己烯]，分子式 $C_{40}H_{56}$，分子量 536.89。其结构式如下：

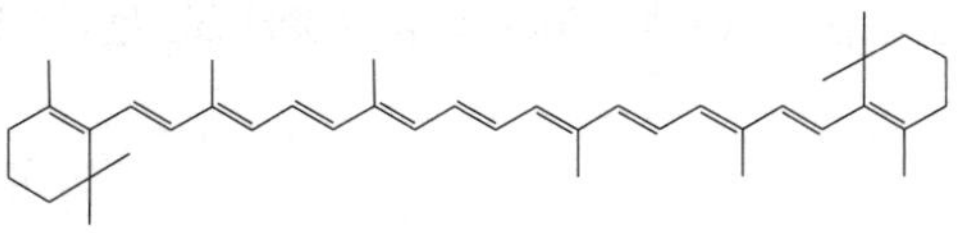

理化性质：为紫红色或红色结晶或结晶性粉末，无臭。不溶于水，可溶于油脂。pH 值 2～7 内较稳定，且不受还原物质的影响，但对光、氧、微量金属、铁离子、不饱和脂肪酸、过氧化物等不稳定，易氧化，容易褪色。在低浓度时呈黄色，在高浓度时呈橙红色。

③ 番茄红素（lycopene），属于异戊二烯衍生物类天然着色剂。分子式 $C_{40}H_{56}$，分子量536.89。其结构式如下：

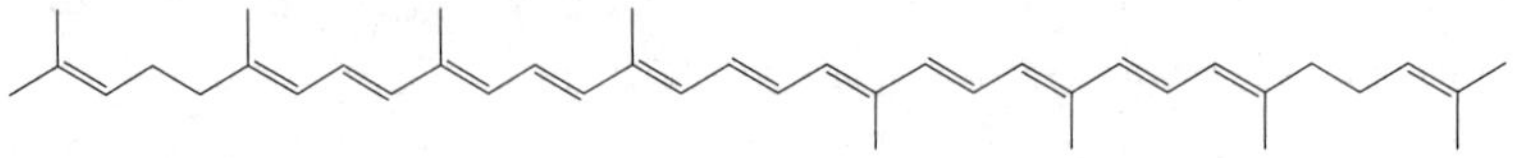

理化性质：红色至紫红色晶体，难溶于水、甲醇、乙醇，可溶于乙醚、石油醚、己烷、丙酮，易溶于氯仿、二硫化碳、苯和油脂。对光和氧不稳定，遇铁变成褐色。

④ 辣椒红素（paprika red），属于异戊二烯衍生物类天然着色剂。分子式 $C_{40}H_{56}O_3$，分子量584.89。其结构式如下：

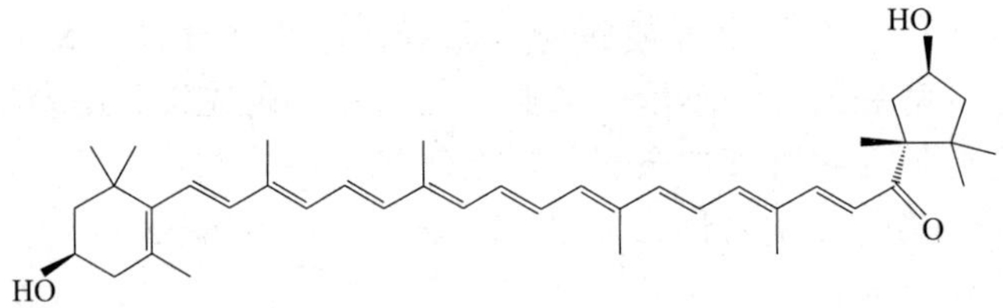

HO

O

HO

理化性质：深红色油状液体。不溶于水和甘油，溶于油脂，部分溶于乙醇，不溶于甘油。乳化分散性、耐热性和耐酸性好，耐光性稍差。Fe^{3+}、Cu^{2+}、Co^{2+} 等能促使其褪色，可与 Al^{3+}、Sn^{2+}、Co^{2+} 等形成沉淀。在200℃、pH值为3～12的环境中不变色。

⑤ 栀子黄（gardenia yellow），属于异戊二烯衍生物类天然着色剂，分子式为 $C_{16}H_{11}N_2NaO_4S$，分子量350.32。其中显色物质为藏花素和藏花酸。藏花素分子式为 $C_{44}H_{64}O_{24}$，分子量为976.97。藏花酸分子式为 $C_{20}H_{24}O_4$，分子量为328.35。栀子黄的结构式如下：

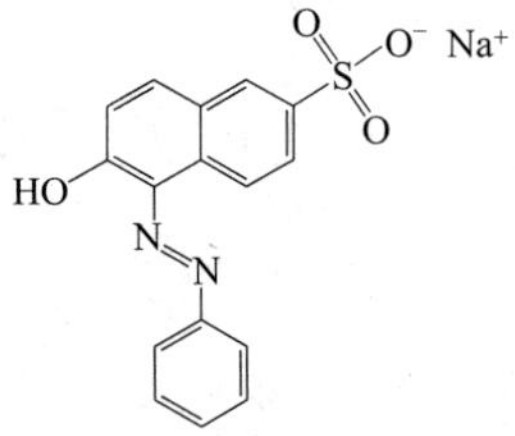

O O⁻ Na⁺

S

O

HO

N

N

理化性质：为橙黄色至橘红色粉末、黄褐色浸膏、黄褐色至橘红色液体。易溶于水，在水中溶解成透明的黄色溶液，可溶于乙醇和丙二醇中，不溶于油脂。不受pH值影响，在酸性或碱性溶液中较β-胡萝卜素稳定，特别是在碱性时黄色更鲜艳。耐盐性、耐还原性和耐微生物较好，但耐热性、耐光性在低pH值时较差。遇 Fe^{3+} 有变黑倾向，对其他金属离子稳定。

⑥ 玉米黄（maize yellow），属于异戊二烯衍生物类天然着色剂，分子量568.87。主要成分为玉米黄素（分子式为 $C_{40}H_{56}O_2$）和隐黄素（分子式为 $C_{40}H_{56}O$）。结构式如下：

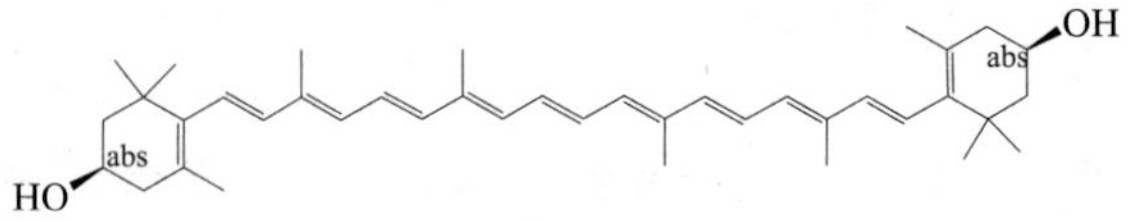

OH

abs

abs

HO

玉米黄素

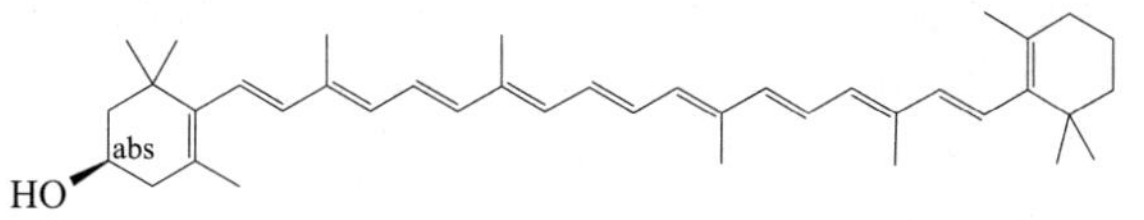

隐黄素

理化性质：温度高于10℃时为红色油状液体，低于10℃时为橘黄色半凝固油状体。不溶于水，可溶于乙醚、石油醚、丙酮和油脂，可被磷脂、单甘酯等乳化剂所乳化。在不同的溶剂中色彩有差别，色彩不受pH值影响，对光、热等较敏感，高温易褪色，不受金属离子的影响。

⑦ 葡萄皮红（grape skin extract），属于多酚类衍生物天然着色剂。主要成分为锦葵色素（分子式 $C_{17}H_{15}O_{7}X$）、芍药花花青素（分子式 $C_{16}H_{13}O_{6}X$）、飞燕草花青素（分子式 $C_{15}H_{11}O_{7}X$）、牵牛花花青素（分子式 $C_{16}H_{13}O_{7}X$）等，其结构式如下：

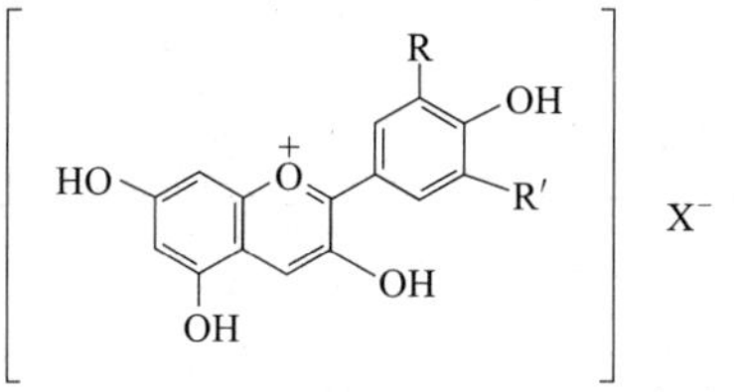

芍药花花青素：R＝OCH_3，R′＝H；锦葵色素：R，R′＝OCH_3；飞燕草花青素：R，R′＝OH；牵牛花花青素：R＝OCH_3，R′＝OH；X^-：酸基团

理化性质：为红色至紫红色粉末、颗粒或液体，无味或稍有气味。可溶于水、乙醇、丙二醇，不溶于油脂。酸性环境下呈红色、紫红色，碱性环境下呈暗蓝色。耐热性不太强，易氧化变色。铁离子存在下呈暗紫色。

⑧ 可可壳色（cocao husk pigment），属于多酚类衍生物天然着色剂，是由可可豆及其外皮制取的，其主要成分为聚黄酮糖苷，分子式为 $-\!\!(C_{16}H_{13}O_{6}R)\!\!-_{n}$，可可壳含有多种黄酮类物质，在焙烤过程中，经复杂的氧化、缩聚而成颜色很深的聚黄酮酸苷，分子量大于1500，其化学结构式如下：

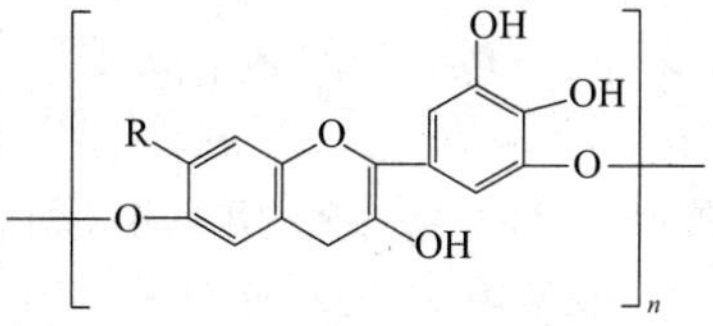

n 为5～6或以上；R为半乳糖醛酸

理化性质：为深棕色粉末，无臭。易溶水。对光、热、氧化有较好的耐性，不耐还原性，还原剂易使其褪色。在pH4～11时稳定，色调随pH值增大而加深，pH值小于4时可可壳色着色剂析出失去作用。对蛋白质及淀粉的染着性较好，特别是对淀粉的着色远比焦糖好，在加工及保存的过程中很少变化。

⑨ 红曲红（monascus red），属于多酚类衍生物天然着色剂。其来源于微生物，是红曲霉的菌丝所分泌的色素。主要包含6种不同的成分，其中有红色色素红斑素（潘红）、红曲红素（梦那玉红），黄色色素红曲素（梦那红）、红曲黄素（安卡黄素）和紫色色素红斑胺（潘红胺）、红斑红胺（梦那玉红胺）。分子式和结构式如为：

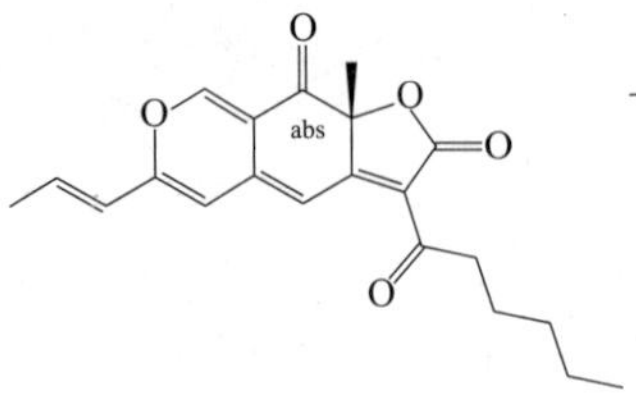

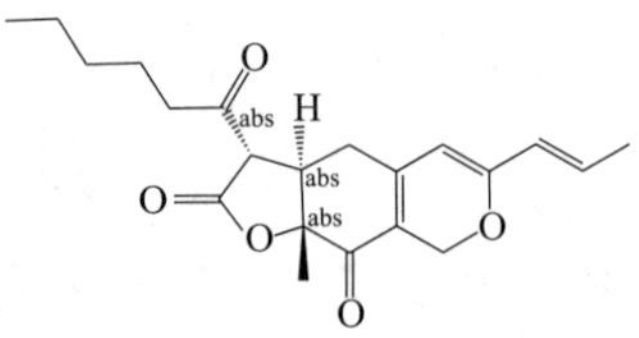

红斑素（rubropunctatin）：$C_{21}H_{22}O_5$　　红曲素（monascin）：$C_{21}H_{26}O_5$

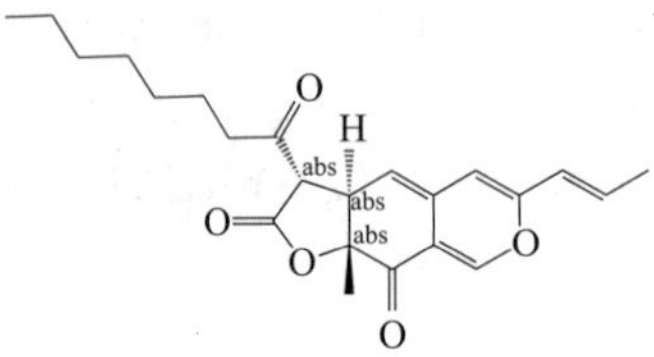

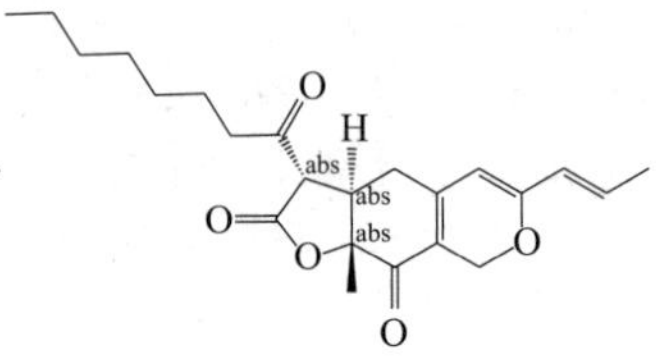

红曲红素（monascorubrin）：$C_{23}H_{26}O_5$　　红曲黄素（ankaflavin）：$C_{23}H_{30}O_5$

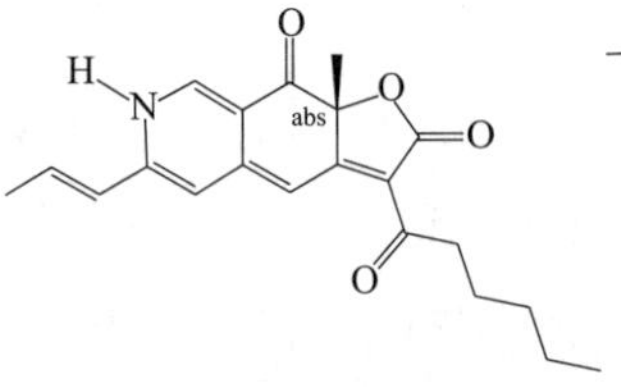

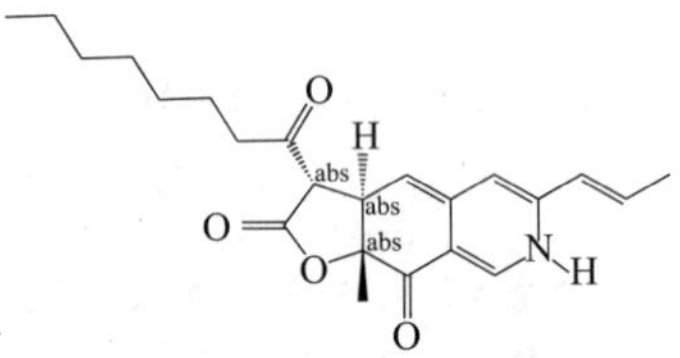

红斑胺（rubropunctamine）：$C_{21}H_{23}NO_4$　　红斑红胺（monascorubramin）：$C_{23}H_{27}NO_4$

理化性质：为红色至暗紫红色的颗粒或棕色至暗紫色粉末。溶于热水及酸、碱溶液，极易溶于乙醇、丙二醇、丙三醇及它们的水溶液，不溶于油脂及非极性溶剂。对光、热、酸、碱、金属离子和氧化还原剂的耐性较好，但遇氯易变色。稀溶液呈鲜红色，溶液浓度较高时带黑褐色并有荧光，红曲红对含蛋白质高的食品染色性好。

⑩ 姜黄（turmeric），属于多酚类衍生物天然着色剂，是由姜黄用乙醇等有机溶剂经提取，再经精制所得的。其主要由以下三个组分组成：（Ⅰ）姜黄素，化学名称1,7-双(4-羟基-3-甲氧基苯基)-1,6-二烯-3,5-庚二酮，分子式$C_{21}H_{20}O_6$，分子量368.39；（Ⅱ）脱甲氧基姜黄色素，化学名称1-(4-羟基苯基)-7-(4-羟基-3-甲氧基苯基)-1,6-二烯-3,5-庚二酮，分子式$C_{20}H_{18}O_5$，分子量338.39；（Ⅲ）双脱甲氧基姜黄色素，化学名称1,7-双(4-羟基苯基)-1,6-二烯-3,5-庚二酮，分子式$C_{19}H_{16}O_4$，分子量308.39。其结构式如下：

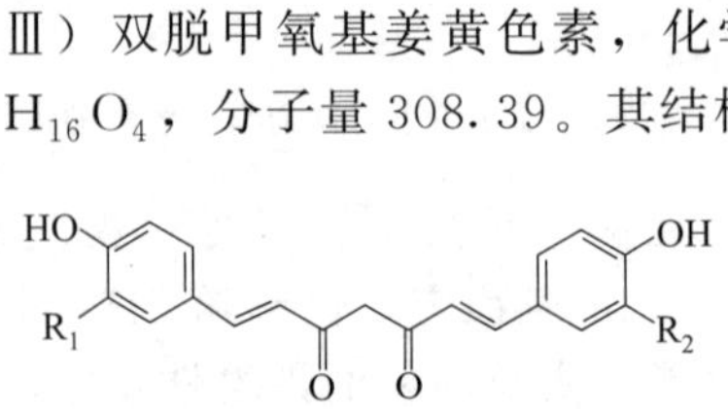

姜黄素：$R_1=R_2=OCH_3$；脱甲氧基姜黄色素：$R_1=OCH_3$，$R_2=H$；双脱甲氧基姜黄色素：$R_1=R_2=H$

理化性质：为黄色至深红棕色粉末、浸膏或液体，带有姜黄特有气味。溶于热水、乙醇、冰醋酸、丙二醇和碱性溶液，不溶于冷水和乙醚。耐还原性好，对光、热、氧化作用不稳定，与金属离子，尤其是铁离子可以形成络合物，影响其着色。在中性或酸性条件下呈黄色，在碱性时则呈红褐色。特别是对蛋白质的着色力较强。

⑪ 紫胶红（lac dye red），属于多酚类衍生物天然着色剂。它是寄生植物上所分泌的紫胶原胶中的一种色素成分。主要着色物质是紫胶酸，且有 A、B、C、D、E 五个组分：其中以 A 占 85%，分子式 $C_{26}H_{19}NO_{12}$，分子量 537.43；B 分子式 $C_{24}H_{16}O_{12}$，分子量 496.38；C 分子式 $C_{25}H_{17}NO_{13}$，分子量 539.40；D 分子式 $C_{16}H_{10}O_{7}$，分子量 314.25。结构式如下：

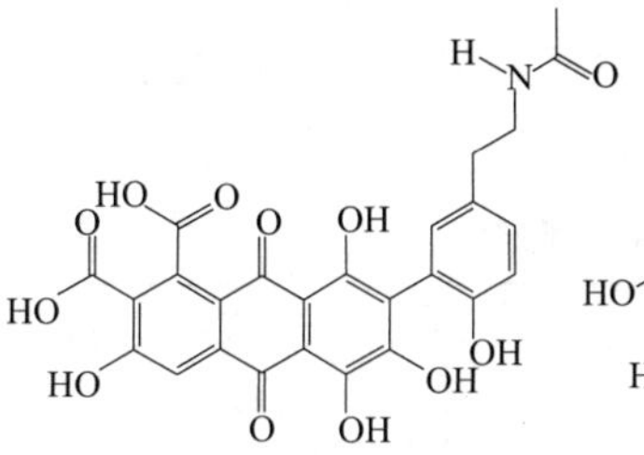

紫胶酸A 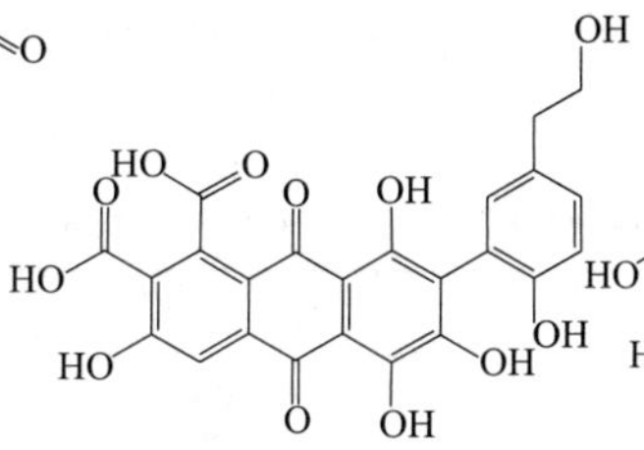　　紫胶酸B 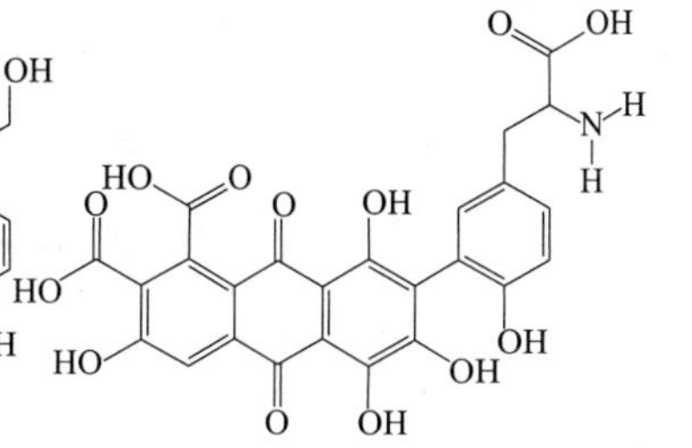　　紫胶酸C

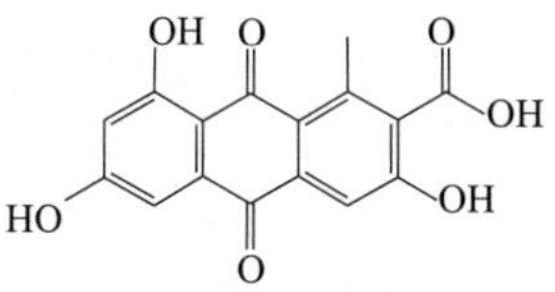

紫胶酸D 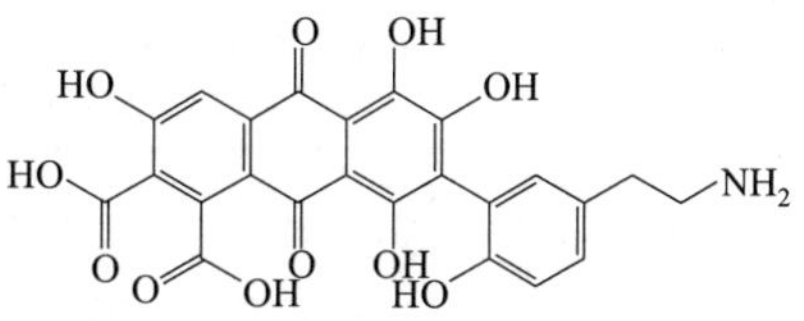　　紫胶酸E

理化性质：为鲜红色粉末，微溶于水、乙醇和丙酮，且纯度越高在水中的溶解度越低。在酸性条件下对光和热稳定，对维生素 C 稳定，但易受金属离子的影响。其色调随 pH 值增加，颜色逐渐由橙黄色（pH<4），变为橙红色（pH=4～5），再变为紫红色（pH>6），当 pH>12 时则褪色。

⑫ 焦糖色，将食品级糖类物质经高温焦化而成，糖类物质在高温下发生不完全分解并脱水、分解和聚合而成，故为许多不同化合物的复杂混合物，其中某些为胶质聚集体，其聚合程度与温度和糖的种类直接有关。按其制法可分为：

a. 普通焦糖（caramel colour class Ⅰ-plain），以糖类为主要原料，加或不加酸（碱）而制得，不使用氨化合物和亚硫酸盐。b. 苛性硫酸盐法焦糖色（caramel colour class Ⅱ-caustic sulfite），以糖类为主要原料，在亚硫酸盐存在下，加或不加酸（碱）而制得，不使用氨化合物。c. 氨法焦糖色（caramel colour class Ⅲ-ammonia process），以糖类为主要原料，在氨化合物存在下，加或不加酸（碱）而制得，不使用亚硫酸盐。d. 亚硫酸铵法焦糖（caramel colour class Ⅳ-ammonia sulphite process），以糖类为主要原料，在氨化合物和亚硫酸盐存在下，加或不加酸（碱）而制得。

理化性质：为黑褐色液体、粉末或颗粒，具有焦糖的焦香味。易溶于水，可溶于烯醇溶液，不溶于一般的有机溶剂和油脂。对光和热稳定性好，色调受 pH 值及在大气中暴露时间的影响，pH6.0 以上易发霉。焦糖色具有胶体特性，其 pH 值通常在 3～4.5 之间。在一般条件下，焦糖色均带有很少的正电或负电，所以在使用时应特别注意使其与加有它的产品所带电荷种类相同，否则易产生絮凝或沉淀。

3.2 食品护色剂

3.2.1 定义和分类

食品护色剂指能与肉及肉制品中呈色物质作用，使之在食品加工、保藏等过程中不致分解、破坏，呈现良好色泽的物质。食品护色剂本身不具备颜色，主要用于肉类制品。表 3-3 为 GB 2760—2024 中允许使用的护色剂。

表 3-3 GB 2760—2024 中允许使用的护色剂

序号	中文名称	英文名称	CNS 号	INS 号
1	葡萄糖酸亚铁	ferrous gluconate	09.005	579
2	硝酸钠，硝酸钾	sodium nitrate，potassium nitrate	09.001，09.003	251，252
3	亚硝酸钠，亚硝酸钾	sodium nitrite，potassium nitrite	09.002，09.004	250，249
4	D-异抗坏血酸及其钠盐（包括 D-异抗坏血酸，D-异抗坏血酸钠）	D-isoascorbic acid (erythorbic acid)，sodium D-isoascorbate	04.004，04.018	315，316

3.2.2 作用机理

肉的颜色是由肌红蛋白（Mb）和血红蛋白（Hb）呈现的。其中一般肌红蛋白占 70%～90%，血红蛋白占 10%～30%。肉制品大多数经过屠宰、分割、清洗等加工过程，血红蛋白在肉制品中的比例非常小，因此体现肉制品颜色的主要是肌红蛋白。肌红蛋白是由 1 个约 150 个氨基酸组成的多肽链与 1 个血红素相连而成的。血红素是铁卟啉化合物，由 4 个吡咯通过 4 个亚甲基相连成一个大环，Fe^{2+} 居于环中。肌红蛋白与氧分子进行氧合作用生成离子键型和共价键型氧合肌红蛋白（MbO_2），而共价键型的氧合肌红蛋白产生肉类理想的亮红色。此时配位铁未被氧化，仍为二价，呈鲜红色，若继续氧化，肌红蛋白中的铁离子由 Fe^{2+} 氧化成 Fe^{3+}，变成高铁肌红蛋白（MMb^{+}），色泽变褐（棕色）。若仍继续氧化，则变成氧化卟啉，呈现绿色或黄色，这一过程不可逆。高铁肌红蛋白在还原剂的作用下，也可被还原成肌红蛋白。由于肌红蛋白、氧合肌红蛋白与高铁肌红蛋白连续的相互转换，新鲜肉类的色泽是动态和可逆的（图 3-1）。

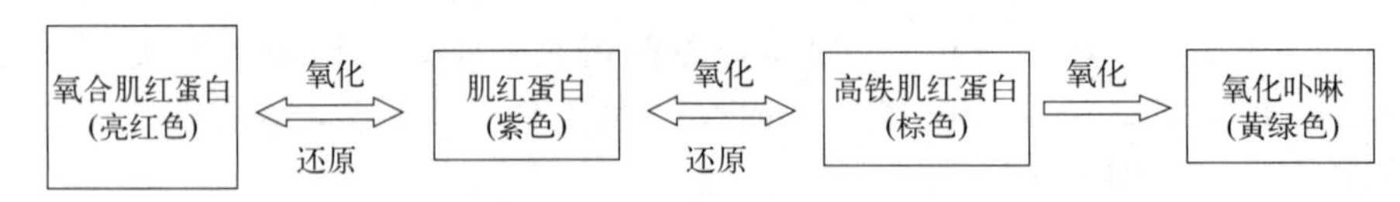

图 3-1 不同肌红蛋白颜色变化动态

为了保持肉制品鲜艳的红色，在肉类腌制过程中会添加护色剂硝酸盐和亚硝酸盐。硝酸盐在细菌（亚硝酸菌）的作用下，还原成亚硝酸盐：

$$NaNO_3 \xrightarrow{\text{细菌还原作用}} NaNO_2 \tag{3-1}$$

亚硝酸盐在一定的酸性条件下会生成亚硝酸。一般屠宰后成熟的肉因含乳酸，pH 值在 5.6～5.8 的范围，所以不需外加酸即可生成亚硝酸，反应式如下：

$$NaNO_2 \xrightarrow{H^+} HNO_2 \tag{3-2}$$

亚硝酸很不稳定，在常温下分解产生 NO：

$$3HNO_2 \longrightarrow H^+ + NO_3^- + 2NO + H_2O \tag{3-3}$$

此时分解产生的 NO 会很快与肌红蛋白反应生成鲜艳的、亮红色的亚硝基肌红蛋白（MbNO），其反应式如下：

$$Mb + NO \longrightarrow MbNO \tag{3-4}$$

亚硝基肌红蛋白遇热后，放出巯基（—SH），变成了具有鲜红色的亚硝基血色原。由式(3-3) 可知亚硝酸分解生成 NO，也生成少量的硝酸，而且 NO 在空气中也可以被氧化成 NO_2，进而与水反应生成硝酸。其反应式如下：

$$2NO + O_2 \longrightarrow 2NO_2 \tag{3-5}$$

$$2NO_2 + H_2O \longrightarrow HNO_3 + HNO_2 \tag{3-6}$$

如式(3-5)、式(3-6) 所示生成的硝酸，不仅可使亚硝基被氧化，而且抑制了亚硝基肌红蛋白的生成。由于硝酸的氧化作用很强，即使肉类中含有烟酰胺的还原型辅酶或类似于巯基（—SH）的还原性物质，也无法阻止部分肌红蛋白被氧化成高铁肌红蛋白。因此在使用硝酸盐与亚硝酸盐类的同时常使用 L-抗坏血酸、L-抗坏血酸钠、异抗坏血酸等还原性物质来防止肌红蛋白的氧化。

此外，烟酰胺可与肌红蛋白结合生成很稳定的烟酰胺肌红蛋白，难以被氧化，故在肉制品的腌制过程中添加适量的烟酰胺，可以防止肌红蛋白在从亚硝酸生成亚硝基期间的氧化变色。磷酸盐和柠檬酸盐作为金属离子螯合剂，也可防止肌红蛋白的氧化变色。

生肉加热，肌红蛋白的正铁血红色素氧化而变性，导致红色生肉急剧变色，成为褐色的加热肉。火腿、香肠等肉制品为了杀菌，常进行水煮处理。热处理时使制品不变褐色，需使用护色剂以保持肉的色泽。如果在肉制品的腌制过程中，同时使用 L-抗坏血酸或异抗坏血酸及其钠盐与烟酰胺等食品助色剂，则发色效果更好，既可以护色，又可以抑制亚硝胺的生成，并能保持长时间不褪色。

3.2.3 常用护色剂化学结构及其性质

① 硝酸钠（sodium nitrate），分子式 $NaNO_3$，分子量 84.99。白色或稍带淡灰色、淡黄色的细小晶体，有咸味，微苦。易溶于水，微溶于乙醇和甘油。冰水溶解度为 90%，热水溶解度为 160%，有一定毒性。

② 硝酸钾（potassium nitrate），分子式 KNO_3，分子量 101.10。无色透明或白色粒状结晶或结晶性粉末，无嗅、味咸。易溶于水，微溶于乙醇。0℃水中溶解度为 13.3%，25℃水中溶解度为 38%，45℃水中溶解度为 75%，加热至 400℃分解并释放氧气。毒性比硝酸钠强。

③ 亚硝酸钠（sodium nitrite），分子式 $NaNO_2$，分子量 69.00。白色或稍微带淡黄色斜方晶体，味微咸。易溶于水，微溶于乙醇。水溶液呈碱性，在空气中缓慢转变成硝酸钠。可有效降低和抑制多种厌氧性梭状芽孢杆菌（如肉毒梭状芽孢杆菌）产毒作用，同时，还具有提高肉制品风味的独特效果，有一定毒性。

④ 亚硝酸钾（potassium nitrite），分子式 KNO_2，分子量 85.10。白色或微黄色细小颗粒或棒状晶体，易溶于水，微溶于乙醇，溶于水时吸热，可降低溶液温度。有一定毒性。

⑤ 葡萄糖酸亚铁（ferrous gluconate），化学名称 D-葡萄糖酸二价铁盐。分子式

$C_{12}H_{22}FeO_{14} \cdot nH_2O$（$n$=0 或 2），分子量无水物 446.15、二水合物 482.18，结构式：

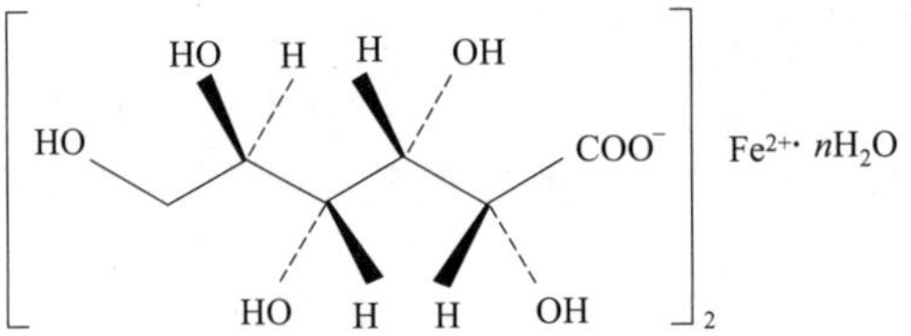

理化性质：葡萄糖酸亚铁为灰绿色或微黄色粉末或颗粒；有焦糖臭，味涩，在水中溶解，在热水中易溶，在乙醇中几乎不溶，对光非常敏感。

3.3 食品漂白剂

3.3.1 定义和分类

漂白剂是指能够破坏、抑制食品的发色因素，使其褪色或使食品免于褐变的物质。按其作用机理分有还原型漂白剂和氧化型漂白剂。国标 GB 2760—2024 中规定，除氧化型漂白剂偶氮甲酰胺可以作为面粉处理剂使用，其他氧化型漂白剂不能作为食品漂白剂使用，因此本部分主要介绍还原型漂白剂。

GB 2760—2024 中允许使用的漂白剂见表 3-4。

表 3-4　GB 2760—2024 中允许使用的漂白剂

序号	中文名称	英文名称	CNS 号	INS 号
1	二氧化硫	sulfur dioxide	05.001	220
2	焦亚硫酸钾	potassium metabisulphite	05.002	224
3	焦亚硫酸钠	sodium metabisulphite	05.003	223
4	亚硫酸钠	sodium sulfite	05.004	221
5	亚硫酸氢钠	sodium hydrogen sulfite	05.005	222
6	低亚硫酸钠	sodium hyposulfite	05.006	—
7	硫黄	sulfur(sulphur)	05.007	—

3.3.2 作用机理

还原型漂白剂是利用漂白剂的还原作用，使色素褪色。由于有机物中的发色团都含有不饱和键，还原型漂白剂释放氢原子可使不饱和键变成单键，使其褪色。还原型漂白剂还可使 Fe^{3+} 变成 Fe^{2+}，防止该食品褐变。被还原型漂白剂漂白的发色团如果再次被氧化，可以重新显色。

3.3.3 常用漂白剂化学结构及其性质

① 二氧化硫（sulfur dioxide），分子式 SO_2，分子量 64.07。

理化性质：无色气体，有强烈刺激臭味，有窒息性。熔点 −76.1℃，沸点 −10℃，−10℃可冷凝成无色液体。易溶于水和乙醇，溶于水后，一部分与水化合成亚硫酸，但不稳定易分解，加热可加快分解过程。

② 焦亚硫酸钾（potassium metabisulphite），分子式 $K_2S_2O_5$，分子量 222.32。

理化性质：为无色单斜片晶体或白色结晶颗粒或粉末，有二氧化硫气味。溶于水，微溶于乙醇，不溶于乙醚。20℃水中的溶解度为 44.9g/100mL，1%的水溶液的 pH 值为 3.4～4.5。遇酸分解而产生二氧化硫，在空气中缓慢氧化成硫酸钾，在湿空气中氧化更快。与酸接触释放出刺激性很强的二氧化硫气体。呈强还原性，加热至 190℃时分解，研磨成粉灼热时能燃烧。

③ 焦亚硫酸钠（sodium metabisulphite），分子式 $Na_2S_2O_5$，分子量 190.12。

理化性质：为白色或黄色结晶，带有强烈的刺激性气味，溶于水，水溶液呈酸性，与强酸接触则释放出二氧化硫并生成相应的盐类。久置空气中，则氧化成硫酸钠。加热至 150℃时分解。

④ 亚硫酸钠（sodium sulfite），分子式 Na_2SO_3，分子量 126.04。

理化性质：分为无水亚硫酸钠和七水亚硫酸钠两种，无水亚硫酸钠为无色至白色六角形棱柱结晶或白色粉末，七水亚硫酸钠为无色单斜晶体，两者无臭或几乎无臭，有亚硫酸味。溶于水，微溶于乙醇。在空气中易氧化，七水亚硫酸钠比无水亚硫酸钠氧化速度快，水溶液呈碱性，可与酸反应生产二氧化硫。受高热分解产生有毒的硫化物烟气。

⑤ 亚硫酸氢钠（sodium hydrogen sulfite），分子式 $NaHSO_3$，分子量 104.06。

理化性质：为白色晶体粉末或颗粒，有二氧化硫气味。溶于水，微溶于乙醇。水溶液呈酸性，在空气中易氧化成硫酸盐。

⑥ 低亚硫酸钠（sodium hyposulfite），分子式 $Na_2S_2O_4$，分子量 174.10。

理化性质：为白色至灰白色结晶性粉末，无臭或稍有二氧化硫味。易溶于水，不溶于乙醇。有强还原性，极不稳定，受潮或露置空气易氧化分解失效，并可能燃烧。加热易分解，温度到达 190℃时可发生爆炸。本品是亚硫酸盐漂白剂中还原力、漂白力最强者。

⑦ 硫黄（sulfur），分子式 S，分子量 32.06。

理化性质：黄色或淡黄色粉状或片状，有特殊臭味，不溶于水，微溶于乙醇、乙醚，易溶于二硫化碳、四氯化碳和苯。易燃烧，一般燃烧温度为 248～261℃，燃烧时产生二氧化硫。

第4章 调香类食品添加剂的特性

4.1 食品用香料

4.1.1 定义和分类

食品用香料是指能够用于调配食品香精，并使食品增香的物质。根据来源可分为天然食品香料和合成食品香料两大类。根据我国国标 GB 2760—2024 中的规定，可以使用的天然食品香料为 404 种，合成食品香料有 1506 种。

天然食品香料又可分为植物性天然香料和动物性天然香料。动物性天然香料资源有限，产量极少，有些取香过程极其残忍，且市场上大部分是化学合成品，不如天然产品的香气，在食品的实际生产中应用较少。

食品中使用的天然香料主要有三类：第一类是从芳香植物中提取，形成香料制品精油、浸膏、油树脂、酊剂、净油等，如红橘精油、大花茉莉浸膏、辣椒油树脂、可可酊、小茉莉花净油等；第二类是从天然香料中分离出来的单一有效成分，称为单离香料，如从茴油中分离的大茴香醛等；第三类是以生物质为原料通过发酵等生化方法制备的香味物质，如发酵法制备的呋喃酮、3-羟基-2-丁酮等。当单离香料分子结构与合成香料相同时，在实际应用中其安全性、香味特征和使用效果等并没有差别。

合成食品香料的分类方法主要有三种：一是按官能团分类，可分为烃类食品香料、醇类食品香料、酚类食品香料、醚类食品香料、醛类食品香料、酮类食品香料、缩羰基类食品香料、酸类食品香料、酯类食品香料、内酯类食品香料、硫醇类食品香料、硫醚类食品香料等；二是按碳原子骨架分类，可分为萜烯类食品香料、芳香族类食品香料、脂肪族类食品香料、含氮类食品香料、含硫类食品香料、杂环类食品香料和稠环类食品香料；三是按香味类型分类，可分为花香型食品香料、果香型食品香料、柑橘香型食品香料、香草香型食品香料、奶香型食品香料、辛香型食品香料、清香型食品香料、草香型食品香料、凉香型食品香料、烤香型食品香料、葱蒜香型食品香料、烟熏香型食品香料、肉香型食品香料、药香型食品香料、蜜糖香型食品香料、壤香型食品香料、醛香型食品香料、海鲜香型食品香料等。

4.1.2 作用机理

食品可以产生香味，是因为其含有特殊的化学结构。这些结构中的分子具有一定的原子团，称为发香团。常见的发香团有：含氧基团，如羟基、醛基、酮基、羧基、醚基、苯氧基、酯基、内酯基等；含氮基团，如氨基、亚氨基、硝基、肼基等；含芳香基团，如芳香醇、芳香醛、芳香酯、酚类及酚醚；含硫、磷、砷等原子的化合物及杂环化合物。碳氢化合物也会对香气产生影响。

① 不同的碳链长度具有不同的香气。分子中碳原子数在10～15时香味最强。醇类分子中的碳原子在1～3时具有轻快的醇香，4～6时有麻醉性气味，7以上时有芳香气，10以内的醇分子量增加时气味增加，10以上的气味渐减至无味。脂肪酸类中，一般低分子者气味显著，但不少具有臭味和刺激性异味，但16个碳以上者一般无明显气味。

② 不饱和化合物常比饱和化合物的香气强。双键能增加气味强度，三键的增强能力更强，甚至产生刺激性。羧基化合物多具有较强气味，低级脂肪醛具有刺鼻气味，并随结构中的碳原子的增加刺激性减弱而逐渐出现愉快的香气，尤其是8～12碳的饱和醛，在高倍稀释下有良好的气味。α、β不饱和醛有臭味，尤其含5～10个碳原子数的醛有恶臭，酮类一般也具有香气。

③ 分子中碳链的支链，特别是叔、仲碳原子的存在对香气有显著的影响。例如乙基麦芽酚比麦芽酚的香气强4～6倍。

④ 结构中碳原子数目超过一定数量时通常都会引起香气的减弱和消失。例如，α-烃-γ-丁内酯分子中R的碳原子数从3个增至11个的各同系物中，香味增加。麝香子油素中，其环上的碳原子数超过18个时，香气消失。

⑤ 取代基相对位置的影响。取代基相对位置不同对香气的影响很大，尤其是对于芳香族化合物影响更大。例如：香兰素是香兰气味，而异香兰素是大茴香味。

⑥ 分子中空间排列的影响。一种化合物的同分异构体往往气味不同，例如顺式结构的叶香醇比反式结构的橙花醇要香得多。

香料具有自我限制的性质。食品香料只有在一定浓度下才能发挥出让人愉快的味道。比如吲哚高浓度时有粪臭味，低于0.1%时有茉莉花香味。

4.1.3 常用食品香料的主要成分及其性质

4.1.3.1 天然食品香料的主要品种

① 亚洲薄荷油（*Mentha arvensis* oil），属于精油类天然食品香料。主要成分为：薄荷醇（36.51%）、异薄荷酮（20.28%）、薄荷酮（13.75%）、乙酸薄荷酯（5.56%）、柠檬烯（4.24%）、桉树脑（3.46%）、异胡薄荷醇（2.02%）、长叶薄荷酮（1.92%）。

理化性质：淡黄色或浅草绿色液体，遇冷凝结成固体。呈强烈薄荷香气和微苦味。不溶于水，与乙醇、氯仿或乙醚任意比例混合。

② 柠檬油（lemon oil），属于精油类天然食品香料。主要成分为：柠檬烯（83.70%）、柠檬醛（4.56%）、β-蒎烯（1.83%）、芳樟醇（1.80%）、β-月桂烯（1.48%）。

理化性质：为绿黄色或黄色液体。具有柠檬香气。不溶于水，可溶于大多数挥发性油、矿物油，溶于乙醇后可出现浑浊现象，不溶于水、甘油和丙二醇。

③ 生姜油（ginger oil），属于精油类天然食品香料。主要成分为：姜烯（22.47%）、α-姜黄烯（10.61%）、β-倍半水芹烯（10.41%）、β-红没药烯（9.53%）、莰烯（7.87%）、β-侧柏烯（7.72%）、α-金合欢烯（6.64%）、α-蒎烯（2.80%）。

理化性质：淡黄色至黄色液体，有生姜特征香气。不溶于水、甘油和丙二醇，溶于乙醇但常出现浑浊现象。

④ 迷迭香油（rosemary oil），属于精油类天然食品香料。主要成分为：α-蒎烯（28.82%）、柠檬烯（18.34%）、苄醇（16.82%）、樟脑（11.06%）、邻伞花烃（6.21%）、乙酸异龙脑酯（5.46%）、苯甲酸苄酯（2.94%）、乙酸松油酯（1.45%）。

理化性质：无色或淡黄色液体，具有迷迭香特有香味。溶于乙醇、乙醚、乙酸，不溶于水。能增加食物的清凉感。

⑤ 大茴香油（anise oil），属于精油类天然食品香料。主要成分为：茴香脑（54.93%）、三醋精（23.96%）、苄醇（8.39%）、芳樟醇（2.03%）、大茴香醛（1.62%）、柠檬烯（1.60%）、草蒿脑（1.50%）。

理化性质：淡黄色或琥珀色液体，低温时为白色结晶。具有大茴香特有香味。微溶于水，易溶于乙醇、乙醚和氯仿。

⑥ 小茴香油（fennel oil），属于精油类天然食品香料。主要成分为：茴香脑（80.02%）、草蒿脑（6.96%）、芳樟醇（2.01%）、α-蒎烯（1.20%）、对茴香醛（0.89%）、α-水芹烯（0.70%）、柠檬烯（0.50%）。

理化性质：为无色或淡黄色液体，有茴香特有香味。溶于乙醇，不溶于水。

⑦ 中国肉桂油（cassia oil），属于精油类天然食品香料。主要成分为：桂醛（65.93%）、邻甲氧基肉桂醛（10.47%）、3-羟乙基-1,5-二烯基-苯（9.01%）、乙酸桂酯（5.64%）、香豆素（1.87%）、苯甲醛（1.20%）。

理化性质：黄色或黄棕色液体，具有肉桂特殊香味。溶于乙醇，不溶于水。

⑧ 黑胡椒油（pepper oil），属于精油类天然食品香料。主要成分为：石竹烯（20.65%）、α-蒎烯（16.52%）、柠檬烯（15.82%）、β-蒎烯（15.25%）、3-蒈烯（11.63%）、4-蒈烯（1.86%）、间伞花烃（1.74%）、α-松油醇（1.40%）。

理化性质：无色或稍带黄绿色液体，具有胡椒的香味。不溶于水，微溶于甘油，溶于丙二醇和矿物油。

⑨ 红枣浸膏（date concrete），属于浸膏类天然食品香料。主要成分为：5-羟甲基糠醛（56.03%）、糠醛（8.04%）、棕榈酸（6.64%）等。

理化性质：棕红色膏状液体，具有红枣特有香甜味。溶于水和乙醇。具有较高的营养价值和药用价值。

⑩ 香荚兰豆浸膏（vanilla bean concrete），属于浸膏类天然食品香料。主要成分为：香兰素（58.52%）、苯甲醇（32.48%）、苯甲酸苄酯（4.55%）、藜芦醛（2.31%）、香兰素丙二醇缩醛（1.30%）。

理化性质：棕褐色黏稠液体，具有香荚兰特有香味。溶于乙醇和石油醚，不溶于水。

⑪ 玫瑰净油（rose absolute），属于净油类天然食品香料。主要成分为：苯乙醇（45.68%）、β-香茅醇（23.83%）、香叶醇（7.12%）、薄荷酮（3.26%）、甲酸香草酯（2.93%）、芳樟醇（2.38%）、8-γ-桉叶醇（1.69%）、玫瑰醚（1.53%）。

理化性质：暗黄色或红褐色浓稠液体，具有玫瑰花香味。微溶于水，溶于乙醇和油脂。

⑫ 咖啡酊（coffee tincture），属于酊剂类天然食品香料。主要成分为：咖啡因（91.28%）。

理化性质：浅黄色液体，具有咖啡香味。易溶于水。

4.1.3.2 合成食品香料

① 薄荷脑（menthol），属于醇类合成食品香料。化学名称5-甲基-2-异丙基环己醇，分

子式 $C_{10}H_{20}O$，分子量 156.27。

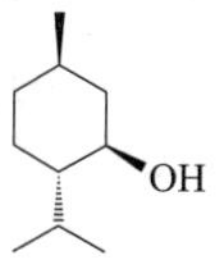

理化性质：为无色针状或棱柱状结晶或白色结晶性粉末，具有薄荷的特殊香味。在乙醇、氯仿、乙醚、液状石蜡或挥发油中极易溶解，在水中极微溶解。具有左旋、右旋、消旋三种光学异构体，天然存在的多为左旋体，在香料中应用的为天然左旋体或合成的消旋体。

② 柠檬醛（citral），属于醛类合成食品香料。有 α、β 两种异构体，α-柠檬醛称为香叶醛，β-柠檬醛称为橙花醛，二者统称为柠檬醛。化学名称 3,7 二甲基-2,6-辛二烯醛，分子式 $C_{10}H_{16}O$，分子量 152.23。

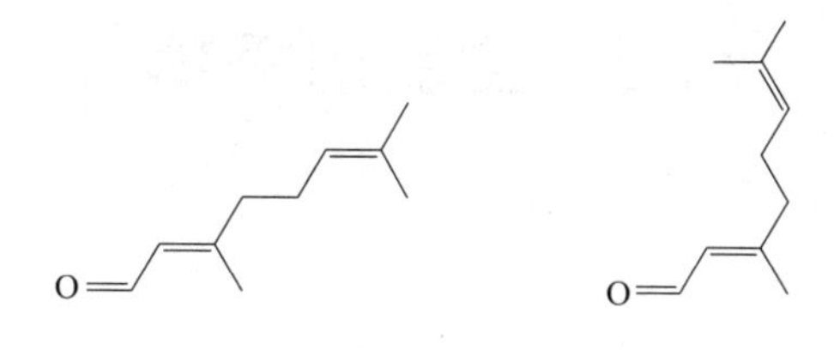

α-柠檬醛(香叶醛)　　β-柠檬醛(橙花醛)

理化性质：为无色或淡黄色液体，具有柠檬香味。不溶于水，溶于乙醇、非挥发性油、丙二醇，与大多数天然香料和合成香料互溶，在空气中易被氧化。

③ 苯甲醛（benzaldehyde），分子式 C_7H_6O，分子量 106.13。结构式为：

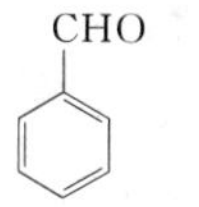

理化性质：为无色液体，有苦杏仁的香味。微溶于水，与乙醇、乙醚和氯仿混溶。对光不稳定，在空气中可氧化为苯甲酸。

④ 香兰素（vanillin），属于醛类合成食品香料。化学名称为 4-羟基-3-甲氧基苯甲醛，分子式 $C_8H_8O_3$，分子量 152.15。其结构式如下：

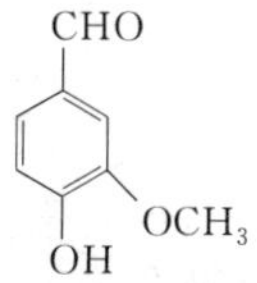

理化性质：为白色至浅黄色针状晶体或结晶性粉末，有香荚兰豆特有香气。易溶于乙醇、冰乙酸及热油，可溶于热水，微溶于低温水及油脂。对光、氧和碱不稳定。

⑤ 乙基香兰素（ethyl vanillin），化学名称为 4-羟基-3-乙氧基苯甲醛。分子式为 $C_9H_{10}O_3$，分子量 166.18。其结构式如下：

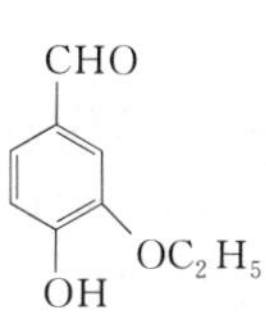

理化性质：为白色至微黄色晶体或结晶粉末，有类似香荚兰豆特有香气。香气比香兰素浓郁。溶于乙醇、乙醚、甘油、丙二醇、氯仿和氢氧化钠溶液，微溶于水。水溶液呈酸性，对光和氧不稳定。

⑥ 麦芽酚（maltol），化学名称为2-甲基-3-羟基-4-吡喃酮，分子式为 $C_6H_6O_3$，分子量126.11。其结构式如下：

理化性质：为白色或微黄色针状晶体或结晶粉末，具有焦奶油味，稀溶液有草莓味。易溶于热水和乙醇，微溶于冷水和油脂。酸性环境可以增加调香效果，不耐碱。

4.2 食品用香精

4.2.1 定义和分类

食品香精是由食品香料与许可附加剂调配而成的。

食品香精的种类繁多，并且在不断发展变化，有什么类型的食品就会有相应的食品香精。食品香精的分类主要有以下几种：

① 按来源分类，可分为调和型食品香精、反应型食品香精、发酵型食品香精、酶解型食品香精、脂肪氧化型食品香精。

② 按剂型分类，可分为液体食品香精、膏状食品香精和粉末食品香精。其中，液体食品香精又分为水溶性食品香精、油溶性食品香精、乳化食品香精和水油两用型。

③ 按香型分类，可分为水果香型食品香精、坚果香型食品香精、乳香型食品香精、肉香型食品香精、辛香型食品香精、烤香型食品香精、蔬菜香型食品香精、酒香型食品香精、花香型食品香精等。

④ 按用途分类，可分为焙烤食品香精、肉制品香精、奶制品香精、糖果香精、软饮料香精、酒用香精等。

4.2.2 作用机理

4.2.2.1 食品香精的调配

食品香精成分复杂，本书将食品香精划分为5个部分，分别是主香剂、合香剂、变调剂、定香剂和其他成分。

① 主香剂，又称香基，是食品香精香气的基本成分，决定着该食品香精的香型。可以以一种食品香料作为主香剂，也可以是多种香料作为主香剂。主香剂在食品香精中的比例也是不固定的，可以占比很多，也可以占比极少。主香剂可以是精油、浸膏及合成食品香料中的一种或多种。

② 合香剂，又称头香剂。其香型与特征性香料属于同一类型，但要起到调和各种成分的香气和突出主香剂的作用。协调香料可以是精油、浸膏及合成香料中的一种或多种。

③ 变调剂，又称矫香剂。增加香型的格调，使食品香精不单调，不容易让人产生乏味

感。变调香料可以是精油、浸膏及合成香料中的一种或多种。

④ 定香剂，又称保香剂。使食品香精中的香气缓慢挥发，香气更持久，其本身不一定有香味且不易挥发。定香剂又称定香香料，可分为两类：一类是特征定香香料；另一类是物理定香香料。定香剂的沸点一般较高。

⑤ 其他成分，如乳化剂、螯合剂、防腐剂和抗氧化剂等，起到特定作用的溶剂。

4.2.2.2 食品香精的品质

(1) 香比强值

将100%苯乙醇的香比强值定位10，10%苯乙醇［以邻苯二甲酸二乙酯（DEP）为溶剂］的香比强值定位1，其他香料在100%时的香比强值通过多人的感官检验确定。食品香精的香比强值可以用组成该香精的各种香料单体的香比强值及其比例计算出来。如某种香精的配方如下：乙酸乙酯25%（香比强值50）、乙酸丙酯10%（香比强值80）、麦芽酚1%（香比强值200）、丁酸乙酯30%（香比强值50）、乙酸癸酯2%（香比强值250）、己酸乙酯30%（香比强值100）、香兰素2%（香比强值100）。

该香精的香比强值=(25×50+10×80+1×200+30×50+2×250+30×100+2×100)÷100=74.5

(2) 留香值

把香气在不到1天就闻不到的香料留香值定为1，超过100天还能闻到香气的留香值定为100，其余香料留香X天，其留香值就是X。食品香精留香值的计算和香比强值的计算方法相同。

(3) 香品值

由专业评香小组，对食品香料进行打分，去掉最高分和最低分，最后的平均值就是该食品香料的香品值。香品值是反映该香料在一定香气范围内，是否符合富含该香料物质的气味。比如柠檬醛的气味是否符合柠檬的味道。食品香精香品值的计算和香比强值的计算方法相同。

综合评分，把某一食品香料或香精的香比强值、留香值、香品值三个数据相乘再除以1000，就是这个食品香料或香精的综合评分。分数越高则实用价值越高。

4.2.3 常用的食品香精类型

4.2.3.1 水溶性香精

水溶性香精是将各种天然香料、合成香料调配成的主香体溶解于蒸馏水、乙醇或甘油等稀释剂中，必要时再加入酊剂、萃取物或果汁而制成的，为食品中使用最广泛的香精之一。

一般为透明的液体，其色泽、香气、香味和澄清度符合各型号的指标。在水中透明，溶解或均匀分散，具有轻快香气，耐热性较差，易挥发。水溶性香精不适合用于在高温加工的食品。由于香精含有各种香料和稀释剂，除了容易挥发，有些香料还易变质。一般主要是氧化、聚合、水解等作用的结果，引起并加速这些作用的往往是温度、空气、水分、光照、碱类、重金属等，要注意香精的贮存。

4.2.3.2 油溶性香精

油溶性香精是普通的食用香精，通常是用精炼植物油脂、甘油或丙二醇等油溶性溶剂将香基加以稀释而成的。为透明的油状液体，色泽、香气、香味和澄清度符合各型号的指标，不发生表面分层或浑浊现象。以精炼植物油作稀释剂的食用油溶性香精，在低温时会发生冻凝现象。香味的浓度高，在水中难以分散，耐热性高，留香性能较好，适合于高温操作的食品。

4.2.3.3 乳化香精

乳化香精是由食用香料、食用油、密度调节剂、抗氧化剂、防腐剂等组成的油相和由乳化剂、防腐剂、酸味剂、着色剂、蒸馏水（或去离子水）等组成的水相，经高压均质、乳化制成的乳状液。通过乳化可抑制挥发，并且节约乙醇，成本较低。但若配制不当可能造成变质，并造成食品的细菌性污染。

乳化香精粒度一般小于 2μm，并均匀分布、稳定。香气、香味符合同型号的标准样。稀释 1 万倍，静置 72h，无浮油，无沉淀。乳化香精的贮存期为 6～12 个月，若使用贮存期过久的乳化香精，能引起饮料分层、沉淀。乳化香精不耐热、冷，温度降至冰点时，乳化体系破坏，解冻后油水分离。温度升高，分子运动加速，体系的稳定性变低，原料易受氧化。

4.2.3.4 粉末香精

使用赋形剂，通过乳化、喷雾干燥等工序可制成的一种粉末状香精。由于赋形剂（胶质物、变性淀粉等）形成薄膜，包裹香精，可防止受空气氧化或挥发损失，且贮运方便，特别适用于憎水性的粉状食品的加香。

第5章 调味类食品添加剂的特性

5.1 食品甜味剂

5.1.1 定义和分类

甜味剂是指赋予食品甜味的物质。GB 2760—2024 中允许使用的甜味剂有 19 种（表 5-1），根据来源可以分为化学合成甜味剂和天然甜味剂。

表 5-1 GB 2760—2024 中允许使用的甜味剂

序号	中文名称	英文名称	CNS 号	INS 号
1	纽甜(又名 *N*-[*N*-(3,3-二甲基丁基)]-L-α-天门冬氨-L-苯丙氨酸 1-甲酯)	neotame	19.019	961
2	甘草酸盐(包括甘草酸铵,甘草酸一钾,甘草酸三钾)	ammonium glycyrrhizinate, monopotassium and tripotassium glycyrrhizinate	19.012,19.010,19.025	958
3	D-甘露糖醇	D-mannitol	19.017	421
4	甜蜜素(又名环己基氨基磺酸钠),环己基氨基磺酸钙	sodium cyclamate,calcium cyclamate	19.002,19.024	952(iv),952(ii)
5	麦芽糖醇和麦芽糖醇液	maltitol and maltitol syrup	19.005,19.022	965(i),965(ii)
6	乳糖醇(又名 4-β-D 吡喃半乳糖-D-山梨醇)	lactitol	19.014	966
7	三氯蔗糖(又名蔗糖素)	sucralose	19.016	955
8	山梨糖醇和山梨糖醇液	sorbitol and sorbitol syrup	19.006,19.023	420(i),420(ii)
9	索马甜	thaumatin	19.020	957
10	糖精钠	sodium sacchari	19.001	954(iv)
11	阿力甜[又名 L-α-天冬氨酰-*N*-(2,2,4,4-四甲基-3-硫化三亚甲基)-D-丙氨酰胺]	alitame	19.013	956
12	阿斯巴甜(又名天门冬酰苯丙氨酸甲酯)	aspartame	19.004	951
13	天门冬酰苯丙氨酸甲酯乙酰磺胺酸	aspartame-acesulfame salt	19.021	962

续表

序号	中文名称	英文名称	CNS 号	INS 号
14	甜菊糖苷	steviol glycosides	19.008	960a
15	安赛蜜(又名乙酰磺胺酸钾)	acesulfame potassium	19.011	950
16	爱德万甜(又名 *N*-{*N*-[3-(3-羟基-4-甲氧基苯基)丙基]-L-*Q*-天冬氨酰}-L-苯丙氨酸-1-甲酯)	advantame (*N*-[*N*-[3-(3-hydroxy-4-methoxyphenyl) propyl]-L-*Q*-aspartyl]-L-phenylalaninel-methylester	19.026	969
17	异麦芽酮糖	isomaltulose(palatinose)	19.003	—
18	赤藓糖醇	erythritol	19.018	968
19	罗汉果甜苷	lo-han-kuo extract	19.015	—
20	木糖醇	xylitol	19.007	967

化学合成甜味剂主要特点：化学性质稳定，耐热、耐酸和碱，在一般的使用条件下不易出现分解失效现象；不参与机体代谢，大多数合成甜味剂不提供能量；甜度较高，一般是蔗糖甜度的数十倍以上，等甜度条件下的价格均低于蔗糖；不能为口腔微生物利用，不会引起牙齿龋变；有些合成甜味剂甜味不够纯正，带有后苦味或金属异味。

天然甜味剂主要特点：甜度不及蔗糖，除甜味外无后苦味，化学性质稳定，对微生物的稳定性好，不易引起龋齿。常以多种糖醇混用，代替部分或全部蔗糖。

5.1.2 作用机理

目前没有一种方法可以准确测量甜味物质的甜度。通常在 20℃ 条件下，使用 5% 或 10% 蔗糖水溶液作为参照物，其他甜味剂与之对比得到一个相对甜度。食品甜味剂的甜度随浓度的增加而提高。但每种食品甜味剂甜度随浓度增大的程度不相同。食品甜味剂的甜度受温度的影响，随温度的升高而降低。溶剂对食品甜味剂的甜度也有影响。比如果糖在柠檬之中的甜度要低于在水溶液中的甜度。

5.1.3 常用食品甜味剂化学结构及其性质

5.1.3.1 食品化学合成甜味剂

① 糖精钠 (sodium saccharin)，化学名称邻磺苯甲酰亚胺钠，分子式 $C_7H_4NNaO_3S$，分子量 205.166。结构式如下：

O^- N S O O Na^+

理化性质：无色或稍带白色结晶性粉末，无臭或稍有微弱香气。易溶于水，在水中溶解度和温度成正比。水溶液不稳定，长时间放置甜度降低，在酸性条件下加热甜味消失。在体内不分解，随尿排出，无热量，无营养。甜度是蔗糖的 200～700 倍，大多数为 500 倍，溶液中糖精钠含量较高时会有苦味。

② 环己基氨基磺酸钠 (sodium cyclamate)，又名甜蜜素。分子式 $C_6H_{12}NNaO_3S$，分子量 201.22。其结构式如下：

O S O HN O^- Na^+

理化性质：白色结晶粉末或针状结晶，无臭。易溶于水，难溶于乙醇，不溶于氯仿和乙醚。对热、光、空气以及较宽范围的pH值均很稳定。无热量，无营养。当水溶液中亚硝酸盐、亚硫酸盐含量高时，会有石油或橡胶样气味产生。甜度是蔗糖的40～50倍，高浓度时有一定苦味。甜味持续时间较长。

③ 乙酰磺胺酸钾（acesulfame potassium），又名安赛蜜。分子式$C_4H_4KNO_4S$，分子量201.24。其结构式如下：

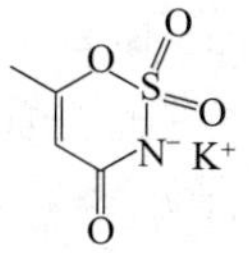

理化性质：无色结晶或白色结晶性粉末，无臭。易溶于水，微溶于乙醇。对光、热和酸稳定。无热量，无营养。甜度为蔗糖的150～200倍，甜味刺激较快，没有其他异味。高浓度时会略带一点苦味。

④ 三氯蔗糖（sucralose），又名蔗糖素，化学名称1,6-二氯-1,6-二脱氧-*β*-D-呋喃果糖-4-氯-4-脱氧-*α*-D-呋喃半乳糖苷，分子式$C_{12}H_{19}Cl_3O_8$，分子量397.63。其结构式如下：

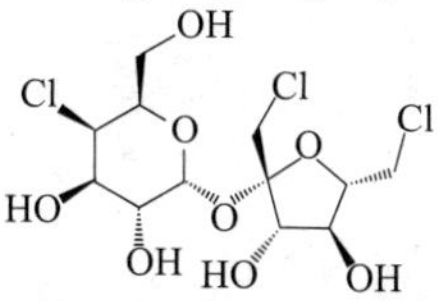

理化性质：白色至近白色结晶性粉末，无臭。极易溶于水。耐热，其他化学性质也较稳定，无热量，无营养，可以预防龋齿。甜度为蔗糖的600倍，甜味纯正，十分接近蔗糖，没有其他异味。

5.1.3.2 食品天然甜味剂

① 麦芽糖醇（maltitol），化学名称4-*O*-*α*-D-吡喃葡萄糖基-D-山梨糖醇，分子式$C_{12}H_{24}O_{11}$，分子量344.31。其结构式如下：

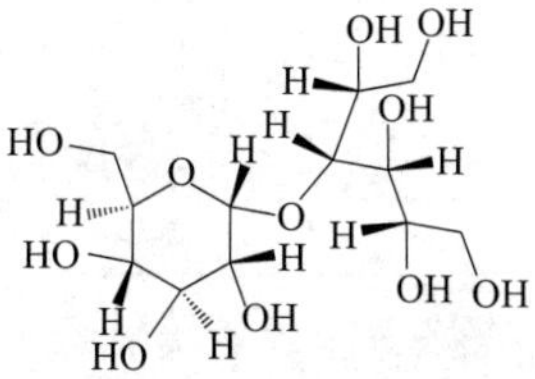

理化性质：白色至近白色结晶性粉末，无臭。易溶于水，不溶于甲醇和乙醇，吸湿性强。耐热、耐酸性好。微生物无法利用，无热量，无营养，不被人体吸收，具有一定的保湿性。麦芽糖醇分子中无还原性基团，不会与氨基酸、蛋白质发生美拉德反应。可以达到蔗糖甜度的85%～95%。

② 山梨糖醇（sorbitol），分子式$C_6H_{14}O_6$，分子量182.17，其结构式如下：

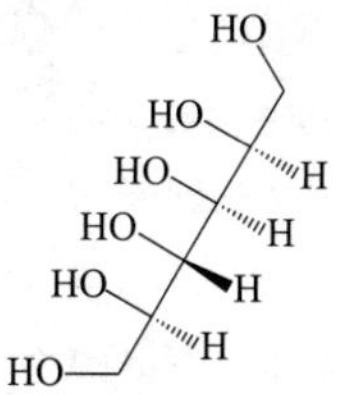

理化性质：为白色粉末、薄片或颗粒，无臭。溶于水，微溶于甲醇、乙醇和乙酸，吸湿性强。对各种金属离子有螯合作用。对热、酸、碱和氧的耐性较好。不易发生美拉德反应。

无热量，无营养，不被人体吸收，不被微生物利用，在溶液中可以防止糖、盐等析出结晶。甜度是蔗糖的60%～70%，具有爽快的甜味。

③ 木糖醇（xylitol），分子式 $C_5H_{12}O_5$，分子量152.15。其结构式如下：

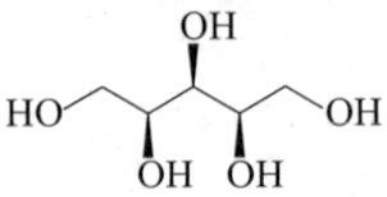

理化性质：白色结晶或晶状粉末，几乎无臭。极易溶于水，微溶于乙醇和甲醇。耐热性好。10%水溶液的pH值为5.0～7.0。不与可溶性氨基化合物发生美拉德反应。木糖醇溶于水中会吸收很多能量，在咀嚼时给人以清凉感，无热量，无营养，不参与代谢，甜度接近蔗糖，甜味纯正。

④ 赤藓糖醇（erythritol），化学名称1,2,3,4-丁四醇，分子式为 $C_4H_{10}O_4$，分子量为122.12。其结构式如下：

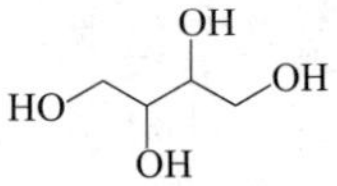

理化性质：白色结晶性粉末或颗粒，无臭，溶于水，吸湿性低。对热、酸、碱十分稳定。可被人体吸收，但发热量只有蔗糖的10%，随尿排出体外，溶解时有吸热性。甜度是蔗糖的60%～70%，其甜味纯正，无后苦味。

⑤ 甜菊糖苷（steviol glycosides），它是从菊科植物甜叶菊叶子中提取出来的一种甜苷类混合物。分子式 $C_{38}H_{60}O_{18}$，分子量804.87，结构式：

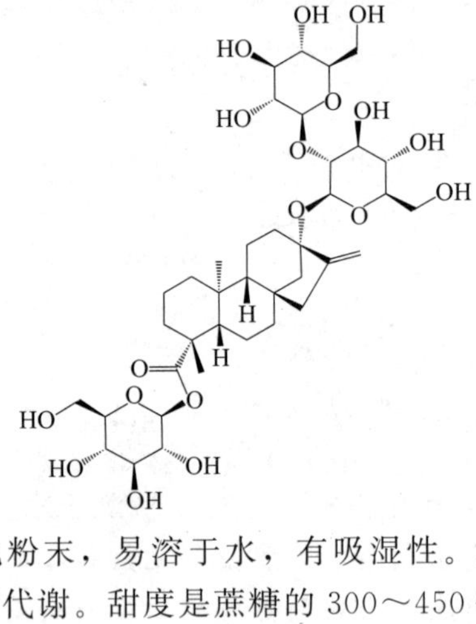

理化性质：白色或微黄色粉末，易溶于水，有吸湿性。对热、酸、碱和盐有较好的耐性。无热量，无营养，不参与代谢。甜度是蔗糖的300～450倍，甜味纯正，接近蔗糖。

⑥ 罗汉果甜苷（lo-han-kuo extract），是一种三萜烯葡萄糖苷，其配糖苷原是三萜烯醇，属葫芦素烷型化合物。

理化性质：为浅黄色粉末，易溶于水和乙醇。耐光、耐热。甜度约为蔗糖的300倍，有罗汉果特征风味。浓度越低，其相对甜度越大，甜味纯正。

⑦ 索马甜（thaumatin），是天然植物非洲竹芋果实中提取出的蛋白质类甜味剂。

理化性质：白色粉末，无臭。易溶于水，不溶于丙酮。在pH2.7～6.0下稳定，耐热性好。甜度为蔗糖的2000～2500倍。其甜味缓慢释放，持续时间长。

⑧ 天门冬氨酸苯丙氨酸甲酯又名阿斯巴甜（aspartame），分子式 $C_{14}H_{18}N_2O_5$，分子量294.31。其结构式如下：

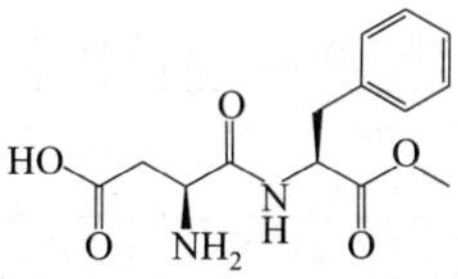

理化性质：为白色结晶粉末或颗粒，无臭。它微溶于水，难溶于乙醇，不溶于油脂。在pH值为3～5的环境中较稳定，对热、强酸、强碱和中性水溶液不稳定，易分解使甜味降低或消失。甜度为蔗糖的200倍，甜味接近于蔗糖，无不愉快气味。

⑨ *N*-[*N*-(3,3-二甲基丁基)]-L-*α*-天冬氨酸-L-苯丙氨酸-1-甲酯（又名纽甜）(neotame)。分子式 $C_{20}H_{30}N_2O_5$，分子量378.47。其结构式如下：

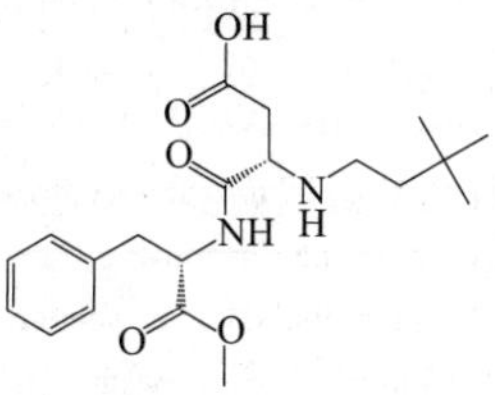

理化性质：白色至灰白色粉末。溶于乙醇，微溶于水。25℃时在水中的溶解度为12.6g/L，在乙醇中的溶解度为950g/L。可与酸、碱和金属离子反应，形成盐及金属复合物。甜味接近蔗糖，有清凉感，有减轻和掩盖苦味、涩味等不良味道及某些刺激性气味的作用。甜度是蔗糖的7000～13000倍，甜度纯正，无异味。

⑩ L-*α*-天冬氨酰-*N*-(2,2,4,4-四甲基-3-硫化三亚甲基)-D-丙氨酰胺（又名阿力甜）(alitame)。分子式 $C_{14}H_{25}N_3O_4S$，分子量331.43。其结构式如下：

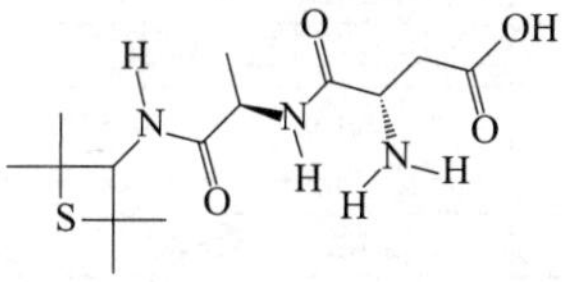

性状与性能：白色结晶粉末，无臭或略有特殊性气味。不吸水。易溶于水、乙醇、甘油和甲醇，微溶于氯仿。对热、酸、碱稳定。甜度是蔗糖的2000倍。甜味接近蔗糖，没有后苦味或金属后味。甜味持久力强，但带有一些硫味。

5.2 食品酸度调节剂

5.2.1 定义与分类

酸度调节剂是指用以维持或改变食品酸碱度的物质（表5-2）。酸度调节剂可分为有机酸和无机酸。在食品加工中常用的是有机酸，无机酸在碳酸饮料中应用较多。酸味剂能赋予食品酸味，给人爽快的感觉，可增进食欲，促进唾液的分泌，有助于钙、磷等物质的溶解，促进人体对营养素的消化、吸收，同时还具有一定的防腐、抑菌和络合金属离子的作用等。

表5-2 GB 2760—2024中允许使用的酸度调节剂

序号	中文名称	英文名称	CNS号	INS号
1	L-苹果酸钠	L-(－)-malic acid disodium salt	01.305	—
2	葡萄糖酸-*δ*-内酯	glucono delta-lactone	18.007	575
3	碳酸氢三钠(又名倍半碳酸钠)	sodium sesquicarbonate	01.305	500(iii)

续表

序号	中文名称	英文名称	CNS 号	INS 号
4	富马酸	fumaric acid	01.110	297
5	富马酸一钠	monosodium fumarat	01.311	365
6	己二酸	adipic acid	01.109	355
7	L (+)-酒石酸,*dl*-酒石酸	L (+)-tartaric acid,*dl*-tartaric acid	01.111,01.313	334,—
8	磷酸及磷酸盐[包括磷酸,焦磷酸二氢二钠,焦磷酸钠,磷酸二氢钙,磷酸二氢钾,磷酸氢二铵,磷酸氢二钾,磷酸氢钙,磷酸三钙,磷酸三钾,磷酸三钠,多聚磷酸钠(包括六偏磷酸钠),三聚磷酸钠,磷酸二氢钠,磷酸氢二钠,焦磷酸四钾,焦磷酸一氢三钠,聚偏磷酸钾,酸式焦磷酸钙]	phosphoric acid,disodium dihydrogen pyrophosphate, tetrasodium pyrophosphate, calcium dihydrogen phosphate, potassium dihydrogen phosphate, diammonium hydrogen phosphate, dipotassium hydrogen phosphate, calcium hydrogen phosphate (dicalcium orthophosphate), tricalcium orthophosphate(calcium phosphate), tripotassium orthophosphate, trisodium orthophosphate, sodium polyphosphate, sodium tripolyphospate, sodium dihydrogen phosphate, disodium hydrogen phosphate, tetrapotassium pyrophosphate, trisodium monohydrogen diphosphate, potassium polymetaphosphate, calcium acid pyrophosphate	01.106,15.008,15.004,15.007,15.010,06.008,15.009,06.006,02.003, 01.308,15.001,15.002,15.003,15.005,15.006,15.017,15.013,15.015,15.016	338,450(i),450(iii),341(i),340(i),342(ii),340(ii),341(ii),341(iii),340(iii),339(iii),452(i),451(i),339(i),339(ii),450(v),450(ii),452(ii),450(vii)
9	硫酸钙(又名石膏)	calcium sulfate	18.001	516
10	柠檬酸及其钠盐、钾盐	citric acid, trisodium citrate, tripotassium citrate	01.101,01.303,01.304	330,331(iii),332(ii)
11	偏酒石酸	metatartaric acid	01.105	353
12	氢氧化钙	calcium hydroxide	01.202	526
13	氢氧化钾	potassium hydroxide	01.203	525
14	乳酸	lactic acid	01.102	270
15	乳酸钙	calcium lactate	01.310	327
16	乳酸钠	sodium lactate	15.012	325
17	碳酸钾	potassium carbonate	01.301	501(i)
18	碳酸钠	sodium carbonate	01.302	500(i)
19	碳酸氢钾	potassium hydrogen carbonate	01.307	501(ii)
20	碳酸氢钠	sodium hydrogen carbonate	06.001	500(ii)
21	盐酸	hydrochloric acid	01.108	507
22	乙酸钠(又名醋酸钠)	sodium acetat	00.013	262(i)
23	DL-苹果酸钠	sodium DL-malate	01.314	350(ii)
24	L-苹果酸	L-malic acid	01.104	—
25	DL-苹果酸	DL-malic acid	01.309	296
26	冰乙酸(又名冰醋酸)	acetic acid	01.107	260
27	冰乙酸(低压羰基化法)	acetic acid	01.112	—
28	柠檬酸	citric acid	01.101	330
29	柠檬酸钾	tripotassium citrate	01.304	332(ii)
30	柠檬酸钠	trisodium citrate	01.303	331(iii)
31	柠檬酸一钠	sodium dihydrogen citrate	01.306	331(i)
32	葡萄糖酸钠	sodium gluconate	01.312	576

5.2.2 作用机理

5.2.2.1 呈味原理

酸味是食品酸度调节剂解离出的 H^+ 和阴离子共同刺激味蕾时所产生的一种感觉。通常味蕾对有机酸的敏感性要强于无机酸，这是因为有机酸的阴离子能够更快地让 H^+ 与味蕾接触，而无机酸则要迟钝一些。酸味感的时间长短并不与 pH 值成正比。

酸味剂根据其分子结构的不同，而产生不同的酸味感。在相同 pH 值下，不同酸味剂酸味的强度不同，其顺序为：乙酸＞甲酸＞乳酸＞草酸＞盐酸。说明酸味强度与 H^+ 浓度没有函数关系。

5.2.2.2 酸度调节剂在食品中的作用

(1) 调节食品的酸碱性

合适的酸碱度有利于特定食品加工，比如凝胶、干酪食品的凝固需要合适的 pH 值，可以抑制有害微生物的繁殖，对高酸型防腐剂产生增益效果，减少高温杀菌温度和时间。

(2) 形成特有风味

有些酸味剂有特殊香味，可以对食品香料或香精起到增益效应。柠檬酸可辅助许多水果和果酱的特征风味。酸度调节剂能平衡风味，修饰蔗糖或甜味剂的甜味。

(3) 可作螯合剂

可以螯合金属离子，减少或者消除金属离子的氧化作用，以及金属离子对食品产生不良的影响，如变色、腐败、营养素的损失等。与抗氧化剂、防腐剂、还原性漂白剂复配使用，能起到增效的作用。

(4) 增强碱式膨松剂作用

酸度调节剂产生 H^+ 分解碳酸盐并产生 CO_2 气体，酸味剂的性质决定了膨松剂的反应速率。此外，酸味剂还有一定的稳定泡沫的作用。

(5) 可作为护色剂

酸度调节剂具有还原性，在水果、蔬菜制品的加工中可以作护色剂，防止氧化褐变。

(6) 使蔗糖水解

酸度调节可以使蔗糖发生有限的水解生成果糖和葡萄糖，防止蔗糖结晶，提高糖果的口感，延长保质期。

5.2.3 常用食品酸味调节剂化学结构及其性质

5.2.3.1 有机酸味剂

① 柠檬酸（citric acid）又名枸橼酸，化学名称 3-羟基-3-羧基戊二酸。包括一水柠檬酸（分子式 $C_6H_8O_7 \cdot H_2O$，分子量 210.14）和无水柠檬酸（分子式 $C_6H_8O_7$，分子量 192.13）两种。结构式如下：

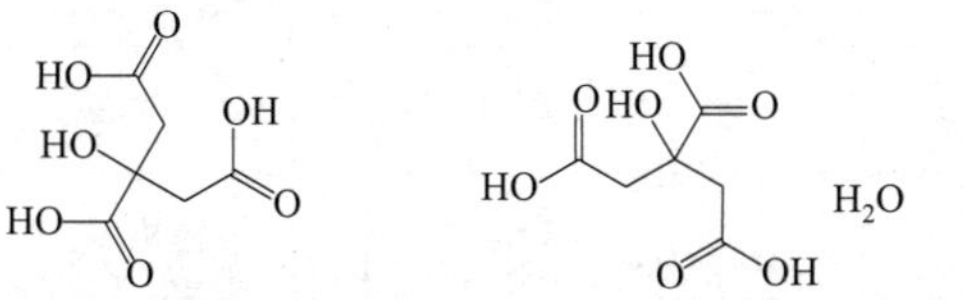

无水柠檬酸　　一水柠檬酸

理化性质：为无色或白色结晶状颗粒或粉末，无臭。极易溶于水及乙醇。可以抑制细菌繁殖，螯合金属离子，具有增效抗氧化剂、稳定色素等作用。柠檬酸是食品酸度的标准物。其酸味圆润滋美、爽快可口，最强酸感来得快，后味时间短，有柠檬的风味。

② 乳酸（lactic acid），化学名为 α-羟基丙酸，分子式 $C_3H_6O_3$，分子量 90.08。结构式为：

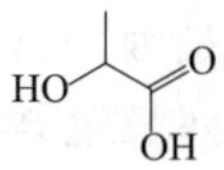

理化性质：为无色至淡黄色透明液体，无臭或略带特征气味。极易溶于水、乙醇和丙酮，不溶于氯仿。可以随水蒸气蒸发，具有杀菌作用，抑制异常发酵。酸味柔和，有后酸味，有特异收敛性酸味。

③ 苹果酸（malic acid），分子式 $C_4H_6O_5$，分子量 134.09。结构式为：

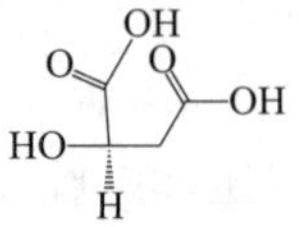

理化性质：为白色结晶或结晶性粉末，略带酸味。易溶于水，有吸湿性。1%水溶液 pH 值为 2.4。酸味较柠檬酸强，别致爽口，略带刺激性，稍有苦涩感，呈味时间长。

④ 富马酸（fumaric acid），分子式 $C_4H_4O_4$，分子量 116.07。结构式：

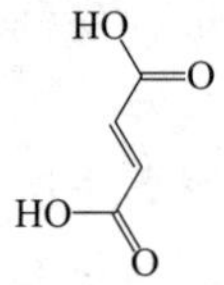

理化性质：为白色结晶粉末，有水果酸味，无臭。在空气中稳定，可燃。易溶于热水，溶于乙醇，微溶于乙醚和苯，微溶于冷水。酸味强，约为柠檬酸的 1.5 倍，有强缓冲作用，可保持水溶液的 pH 值在 3.0 左右。

5.2.3.2 无机酸味调节剂

① 氢氧化钙（calcium hydroxide），分子式 $Ca(OH)_2$，分子量 74.09。

理化性质：氢氧化钙为细腻的白色粉末，溶于酸、铵盐、甘油，微溶于水，不溶于醇，有强碱性（碱性比氢氧化钠强），对皮肤、织物有腐蚀作用，相对密度 2.24，加热至 580℃，脱水成氧化钙，在空气中吸收二氧化碳而成碳酸钙。

② 食用磷酸（phosphoric acid），分子式 H_3PO_4，分子量 98.00。

理化性质：无色透明黏稠溶液，无臭。85%磷酸相对密度为 1.59，易吸水，极易溶于水和乙醇，若加热到 150°C 时则成为无水物，200°C 时缓慢变成焦磷酸，300°C 以上变成偏磷酸。有强烈的收敛味和涩味。

5.3 食品增味剂

5.3.1 定义和分类

食品增味剂是指补充或增强食品原有风味的物质（表 5-3）。可按来源分成动物性增味剂、植物性增味剂、微生物增味剂和化学合成增味剂等，也可按化学成分分成氨基酸类、核苷酸类、正羧酸类及天然提取物类增味剂等。

食品增味剂主要增加的是食品中鲜的味感。鲜味是东方文明独有的一种味感，是一种复杂的综合味道，也是基本味之一，用其他基本味调配不出鲜味。人们喜欢用煮肉或煮骨头的汤烹菜肴，因为可以使菜、汤味道鲜美。肉汤和鱼汁的鲜味是由肌苷酸产生的，海带汤鲜味是由谷氨酸产生的，香菇鲜味是由鸟苷酸产生的，海贝类的鲜味是由琥珀酸产生的。

表 5-3　GB 2760—2024 中允许使用的增味剂

序号	中文名称	英文名称	CNS 号	INS 号
1	氨基乙酸(又名甘氨酸)	glycine	12.007	640
2	L-丙氨酸	L-alanine	12.006	—
3	琥珀酸二钠	disodium succinate	12.005	364(ii)
4	辣椒油树脂	paprika oleoresin	0.012	160c(i)
5	糖精钠	sodium saccharin	19.001	954(iv)
6	5′-呈味核苷酸二钠(又名呈味核苷酸二钠)	disodium 5′-ribonucleotide	12.004	635
7	5′-肌苷酸二钠	disodium 5′-inosinate	12.003	631
8	5′-鸟苷酸二钠	disodium 5′-guanylate	12.002	627
9	谷氨酸钠	monosodium glutamate	12.001	621
10	氯化镁	magnesium chloride	18.003	511

5.3.2　常见的食品增味剂

5.3.2.1　氨基酸类增味剂

① 谷氨酸钠（monosodium L-glutamate，MSG）又名味精。分子式 $C_5H_8O_4NNa$，分子量 169.11，结构式为：

$Na^+ \ ^-O$　O　O　O^-　NH_3^+

理化性质：无色至白色结晶状颗粒或粉末，无臭或具有特殊鲜味，易溶于水，微溶于乙醇，不溶于乙醚。无吸湿性，耐光性好。其用水稀释 3000 倍仍能感到这种特殊的口味，鲜味阈值为 0.014%，鲜味在 pH 值 3.2 以下时最弱，pH 值为 6～7 时呈味最强，此时谷氨酸钠全部解离。

② L-丙氨酸（L-alanine），分子式 $C_3H_7NO_2$，分子量 89.09。结构式为：

H_2N　O　OH

理化性质：白色结晶或结晶性粉末，无臭。易溶于水，微溶于乙醇，不溶于乙醚，200℃以上开始升华。基本味感是甜稍酸，甜度约为蔗糖的 70%。

③ 甘氨酸（glycine），化学名称氨基乙酸，分子式 $C_2H_5NO_2$，分子量 75.07，结构式为：

O　OH　H_2N

理化性质：白色结晶性颗粒或结晶性粉末，无臭。易溶于水，极难溶于乙醇。有较高的沸点和熔点。基本味感是甜稍酸。

5.3.2.2　核苷酸类增味剂

① 5′-鸟苷酸二钠（disodium 5′-guanylate，GMP），分子式 $C_{10}H_{12}N_5Na_2O_8P$，分子量 407.19，结构式为：

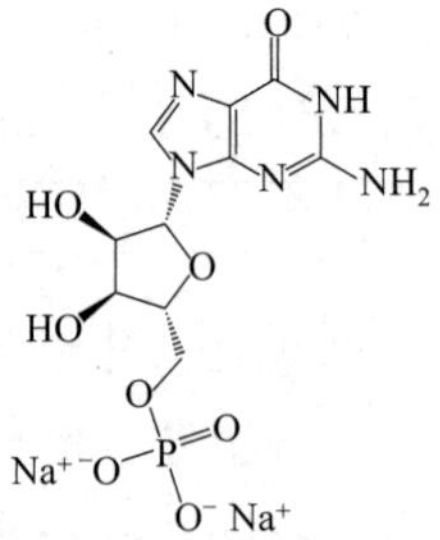

理化性质：为无色、白色结晶，或结晶性粉末，无臭，具有特殊鲜味。易溶于水，微溶于乙醇，难溶于乙醚。吸湿性较强。耐酸、耐碱、耐盐，且耐热性良好。与谷氨酸钠合用有十分强的相乘作用。有特殊的类似香菇的鲜味，其鲜味阈值 0.0035%。核苷酸类增味剂需与氨基酸类鲜味物质同时使用，才能充分发挥其呈鲜效果。鲜味强度高于肌苷酸。

② 5′-肌苷酸二钠（disodium 5′-inosinate，IMP），分子式 $C_{10}H_{11}N_4Na_2O_8P$，分子量 392.17，结构式为：

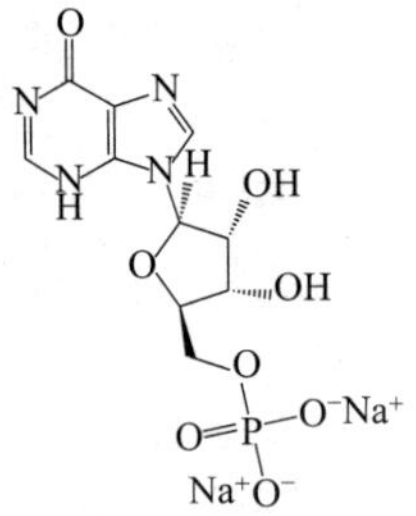

理化性质：无色结晶或白色粉末，无臭。易溶于水，微溶于乙醇，不溶于乙醚。稍有吸湿性。对酸、碱、盐和热均稳定，可被动植物组织中的磷酸酯酶分解而失去鲜味。与谷氨酸有协同作用。有特殊的类似鱼肉的鲜味，其鲜味阈值 0.012%。核苷酸类增味剂需与氨基酸类鲜味物质同时使用，才能充分发挥其呈鲜效果，而且是倍增的呈鲜效果。

③ 5′-呈味核苷酸二钠（disodium 5′-ribonucleotide），主要是由 5′-鸟苷酸二钠、5′-肌苷酸二钠组成的混合物。

理化性质：为白色结晶或结晶性粉末，无臭。溶于水，微溶于乙醇和乙醚。呈味阈值为 0.0063%。与谷氨酸钠合用时，鲜味得到显著提升。

5.3.2.3 正羧酸类增味剂

琥珀酸二钠（disodium succinate），分子式 $C_4H_4Na_2O_4$，分子量 162.05。

理化性质：无色或白色结晶或粉末，无臭。易溶于水，微溶于乙醇，不溶于乙醚。在空气中稳定。有特殊贝类滋味。

第6章 调质类食品添加剂的特性

质构是食品风味的四大指标之一。质构是指与食品口感相关的特性，是口腔和舌对食品的感知，与食品的密度、黏度、表面张力、塑性、弹性和温度等物理性质有关，涉及食品中各组分之间的相互作用和各组分的物理性质。调质即食品质构的调配，是食品调味的重要组成部分。食品添加剂作为食品调质的关键性原料，具有不可替代的作用。调质类食品添加剂包括食品增稠剂、食品乳化剂、稳定和凝固剂、水分保持剂、抗结剂、膨松剂、面粉处理剂等。

6.1 食品增稠剂

6.1.1 定义

食品增稠剂通常是指能溶解于水中，并在一定条件下充分水化形成黏稠、滑腻溶液的大分子物质，又称食品胶或水溶胶。增稠剂可提高食品的黏稠度或形成凝胶，从而改变食品的品质和性状，赋予食品黏润爽滑的口感，并兼有稳定、乳化或使食品呈悬浮状态的作用，是在食品工业中有广泛用途的一类食品添加剂。

6.1.2 分类

列入GB 2760—2024《食品安全国家标准 食品添加剂使用标准》中的食品增稠剂共有44种（表6-1），根据其来源，主要分为天然和化学合成两大类。

天然食品增稠剂根据其来源不同，可分为以下四类：①由海藻制取的食品增稠剂，此类增稠剂是从海藻中提取的一类食品胶，如来自红藻的卡拉胶、红藻胶、琼脂和来自褐藻的海藻酸及其盐类。不同的海藻品种所含的亲水胶体结构和成分不同，功能、性状及用途也不尽相同。②由植物渗出液、种子、果皮和茎等制取的增稠剂，如阿拉伯胶、瓜尔胶、罗望子多糖胶、槐豆胶、可溶性大豆多糖、决明胶等。③由动物性原料制取的增稠剂，这类增稠剂是从动物的皮、骨、筋、乳等中提取的蛋白质类，如明胶、酪蛋白等。④由微生物代谢制取的增稠剂，该类增稠剂由真菌或细菌产生，如黄原胶、结冷胶、聚葡萄糖等。

化学合成食品增稠剂一般是以来源丰富的纤维素、淀粉等天然物质为原料，在酸、碱、盐等化学原料作用下经过水解、缩合、化学修饰等反应在分子链上加入或者去除某些基团而制成的糖类衍生物，如羧甲基纤维素钠、羟丙基淀粉、氧化淀粉、磷酸化二淀粉磷酸酯、羟丙基二淀粉磷酸酯等。

表 6-1　GB 2760—2024 中允许使用的增稠剂

序号	中文名称	英文名称	CNS 号	INS 号
1	琼脂	agar	20.001	406
2	明胶	gelatin	20.002	428
3	羧甲基纤维素钠	sodium carboxy methyl cellulose	20.003	466
4	海藻酸钠	sodium alginate	20.004	401
5	海藻酸钾	potassium alginate	20.005	402
6	果胶	pectins	20.006	440
7	卡拉胶	carrageenan	20.007	407
8	阿拉伯胶	arabic gum	20.008	414
9	黄原胶	xanthan gum	20.009	415
10	海藻酸丙二醇酯	propylene glycol alginate	20.010	405
11	罗望子多糖胶	tamarind polysaccharide gum	20.011	—
12	羧甲基淀粉钠	sodium carboxy methyl starch	20.012	—
13	淀粉磷酸酯钠	sodium starch phosphate	20.013	1410
14	羟丙基淀粉	hydroxypropyl starch	20.014	1440
15	乙酰化二淀粉磷酸酯	acetylated distarch phosphate	20.015	1414
16	羟丙基二淀粉磷酸酯	hydroxypropyl distarch phosphate	20.016	1442
17	磷酸化二淀粉磷酸酯	phosphated distarch phosphate	20.017	1413
18	甲壳素	chitin	20.018	—
19	亚麻籽胶	linseed gum	20.020	—
20	田菁胶	sesbania gum	20.021	—
21	聚葡萄糖	polydextroses	20.022	1200
22	槐豆胶	carob bean gum	20.023	410
23	β-环状糊精	beta-cyclodextrin	20.024	459
24	瓜尔胶	guar gum	20.025	412
25	脱乙酰甲壳素	deacetylated chitin	20.026	—
26	结冷胶	gellan gum	20.027	418
27	羟丙基甲基纤维素	hydroxypropyl methyl cellulose	20.028	464
28	皂荚糖胶	gleditsia sinenis lam gum	20.029	—
29	氧化淀粉	oxidized starch	20.030	1404
30	乙酰化双淀粉己二酸酯	acetylated distarch adipate	20.031	1422
31	酸处理淀粉	acid treated starch	20.032	1401
32	氧化羟丙基淀粉	oxidized hydroxypropyl starch	20.033	—
33	磷酸酯双淀粉	distarch phosphate	20.034	1412
34	聚丙烯酸钠	sodium polyacrylate	20.036	—
35	沙蒿胶	rtemisia gum	20.037	—
36	醋酸酯淀粉	starch acetate	20.039	1420
37	海萝胶	funoran	20.040	—
38	刺云实胶	tara gum	20.041	417
39	可得然胶	curdlan	20.042	424
40	甲基纤维素	methyl cellulose	20.043	461
41	可溶性大豆多糖	soluble soybean polysaccharide	20.044	—
42	决明胶	cassia gum	20.045	427
43	海藻酸钙	calcium alginate	20.046	404
44	三赞胶	sanzan gum	20.047	—

6.1.3 作用机理

在食品加工中，增稠剂能有效改善食品的质构，具体来说，增稠剂能为食品提供一定的黏稠度，具有成胶特性、乳化稳定性、悬浊分散性、持水性、控制结晶等作用，使食品获得所需的各种形状和硬、软、脆、黏、稠等各种口感，这些作用与它的独特功能特性是分不开的。食品增稠剂具有多种功能，这些重要功能已在食品加工工业中得到了广泛应用。食品增稠剂主要功能如下：

(1) 增稠作用

食品增稠剂一般是水溶性高分子，具有非牛顿流体的性质，能溶解或分散在水中增稠或提高流体黏度，从而使食品体系具有稠厚感。增稠剂可用于果酱、罐头、人造奶油等食品中，可使其具有令人满意的稠度。

(2) 胶凝作用

明胶、琼脂、果胶等食品增稠剂，在温热条件下为黏稠流体，当温度降低时，溶液分子会连接成网状结构，将溶剂和其他分散介质全部包含在网状结构之中，整个体系变成失去流动性的半固体。只有部分食品增稠剂具有凝胶特性，并且其成胶性也各不相同。在利用增稠剂的成胶特性时，不同增稠剂一般不能相互替代，也就是说一种能成胶的增稠剂在某种食品中应用时不能用其他增稠剂来替代其成胶性，因为各种增稠剂的成胶模式、质量、稳定性、口感及可接受性等特性都不一样。增稠剂的成胶特性使部分食品增稠剂成为制作果冻、奶冻、奶糖、仿生食品等食品的良好胶凝剂。

(3) 乳化和稳定作用

增稠剂添加到食品中后，体系黏度增加，体系中的分散相不容易聚集和凝聚，从而使分散体系稳定。在食品中能起乳化作用的食品增稠剂并不是一般意义的乳化剂，增稠剂的单分子并不具有乳化剂所特有的亲水亲油性，其作用方式也不是按照一般乳化剂的亲水亲油平衡机制来实现的，一般是通过增稠或增加水相黏度以阻止或减弱分散的油粒小球发生迁移和聚合倾向的方式使乳化液得以稳定。

增稠剂乳化特性可使制品均匀稳定，其在酸奶中可防止酸奶水分析出，在粒粒橙、乳品饮料等中能解决分层现象，还可以提高蛋糕、啤酒、面包、冰淇淋等食品泡沫表面黏性。

(4) 控制结晶作用

食品增稠剂可以赋予食品较高的黏度，从而使体系不易结晶或结晶细小，用于糖果、冷冻食品等能提高其膨胀率，降低冰晶析出的可能性，使食品口感细腻。

(5) 保水作用

增调剂都是亲水性物质，本身有较强的吸水性，将其施加于食品后，可使食品保持一定的水分含量，从而使其保持良好的口感，另外，食品增稠剂还可以加速水分向蛋白质分子和淀粉颗粒渗透的速度，从而改善肉制品、面制品等食品品质。

(6) 凝聚澄清作用

增稠剂是高分子物质，在一定条件下，可以同时吸附于多个分散介质上，使其凝聚而达到净化的目的。如在果汁中加入少量明胶，可使果汁澄清。

(7) 成膜、保鲜作用

增稠剂可以在食品表面形成一层保护膜，使食品隔绝氧气、微生物等，还可防止冰冻食品、固体粉末食品表面吸湿而导致的食品质量下降。当食品增稠剂与食品表面活性剂并用时，可用于水果、蔬菜的保鲜。

食品增稠剂除上述作用外，还具有脱模、润滑、增筋等作用，人们往往为了不同的目的而需要在其中加入不同的食品增稠剂，以赋予食品在质构上的变化，满足人们的不同需求，因此，在使用食品增稠剂时，需根据食品特性选择不同的食品增稠剂。

6.1.4 影响食品增稠剂作用效果的因素

影响食品增稠剂黏度的因素是多方面的，既有增稠剂自身的原因也有外在的影响因素。增稠剂在食品体系中的黏度特性，首先取决于增稠剂的来源、结构、分子量和浓度等本身特性，其次取决于食品体系的温度、pH 值、切变力、其他增稠剂、溶剂、储藏时间等外部因素。

(1) 增稠剂结构、分子量对其黏度的影响

食品增稠剂在溶液中易形成网状结构或具有较多亲水基团的物质，具有较高的黏度。不同分子结构的食品增稠剂，由于单糖组成不同，在浓度和其他条件相同的情况下，其黏度是不同的。一般情况下，增稠剂的分子量越大，黏度也越大，因为随着增稠剂分子量增加，形成网状结构的可能性相应增大。食品在生产和储藏中黏度下降，其主要原因是增稠剂降解导致分子量变小。不同来源的同种增稠剂，其分子量也可能不同，因此黏稠度也可能不同。即使来源相同的增稠剂，由于生产工艺的不同或生产条件的不稳定，其黏度也可能差别较大。

(2) 增稠剂浓度对其黏度的影响

食品增稠剂在较低浓度下就能产生较高的黏度。食品增稠剂随着浓度增大，相互作用可能性增加，吸附的水分子增多，故黏度增大。但对不同的食品增稠剂，浓度对黏度的影响存在差异。

(3) 温度对其黏度的影响

一般而言，随着温度升高，分子运动加快，溶液的黏度降低，而且，随着温度升高，大部分胶体水解速度加快，在强酸条件下尤其明显。高分子胶体解聚时，黏度下降且是不可逆的，为避免增稠剂黏度不可逆下降，应尽量避免胶体溶液长时间高温受热。多数增稠剂溶液，温度每升高 5℃，黏度约降低 15%，但也有例外，当有少量氯化钠存在时，黄原胶的黏度在 4～93℃范围内变化很小。

(4) pH 值对其黏度的影响

介质的 pH 值与增稠剂的黏度及其稳定性的关系密切，pH 值对不同食品增稠剂的黏度影响不同。增稠剂的黏度通常随 pH 值不同发生变化，如海藻酸钠在 pH5～10 时，黏度稳定，pH 值小于 4.5 时，黏度明显增加。在 pH 值为 2～3 时，海藻酸丙二醇酯呈现最大的黏度，而海藻酸钠则呈沉淀析出。明胶在等电点时黏度最小，而黄原胶（特别在少量存在时）的 pH 值变化对黏度影响最小，在 pH2～12 范围内黏度几乎不变。酸对多糖类糖苷键有催化作用，故在强酸介质的食品中，直链的海藻酸钠和侧链较小的羧甲基纤维素钠易发生降解，导致其黏度下降。

(5) 切变力对增稠剂溶液黏度的影响

当增稠剂溶液浓度一定时，增稠剂的黏度会随搅拌、泵压等加工方式而发生变化。

(6) 增稠剂之间的相互影响

增稠剂混合使用时，增稠剂之间会发生黏度叠加效应，这种叠加效应可以是增效的，即混合溶液的黏度大于各组分黏度之和，比如羧甲基纤维素和明胶、黄原胶和刺槐豆胶等。此外，这种叠加效应也可能是减效的，即混合溶液的黏度小于各组分黏度之和，例如阿拉伯胶可降低黄原胶的黏度。

除以上影响因素外，食品增稠剂黏度的影响因素还有多种。如在海藻酸钠溶液中添加非水溶剂或增加能与水相混溶的溶剂，溶液的黏度会提高。而高浓度的表面活性剂会使海藻酸钠溶液的黏度降低，最终使海藻酸盐从溶液中析出来，单价盐也会减弱低浓度海藻酸钠的黏度。

6.1.5 常用食品增稠剂的理化性质

6.1.5.1 海藻酸盐

海藻酸盐又称海带胶、褐藻酸盐、褐藻胶。海藻酸盐主要成分为海藻酸钠和海藻酸钾，海藻酸钠分子式为 $(C_6H_7O_6Na)_n$，海藻酸钾分子式为 $(C_6H_7O_6K)_n$，海藻酸钠分子量在10000～600000之间，主要成分为直链糖醛酸聚糖。可从海带或马尾藻中提取。

海藻酸盐为白色至浅黄色纤维状或颗粒状粉末，几乎无臭、无味，溶于水形成黏稠糊状胶体溶液。不溶于乙醇、乙醚或氯仿等。海藻酸盐溶液呈中性。

6.1.5.2 琼脂

琼脂别名琼胶、洋菜、冻粉，分子式为 $(C_{12}H_{18}O_9)_n$，主要成分为聚半乳糖苷，其中，90%的半乳糖分子为D型，10%为L型。

琼脂为无色透明或类白色至淡黄色半透明细长薄片，或为鳞片状无色或淡黄色粉末，无臭，味淡，口感黏滑，不溶于冷水，溶于沸水。含水时柔软而带韧性，不易折断，干燥后发脆而易碎。在冷水中浸泡，琼脂缓缓吸水膨胀软化，吸水率可达自身体积的20倍。在沸水中极易分散成溶胶，溶胶呈中性。0.5%低浓度的溶胶即可形成坚实的凝胶。1%琼脂形成的溶胶在42℃固化，其凝胶即使在94℃也不熔化，有很强的弹性。

6.1.5.3 阿拉伯胶

阿拉伯胶又名阿拉伯树胶、金合欢胶，是由金合欢树的树皮伤痕渗出液制得的无定形琥珀色干粉，是工业用途最广泛的水溶性胶。主要成分为高分子多糖类及其钙、镁和钾盐。约含有98%的多糖和2%的蛋白质。分子量约25万～100万。

阿拉伯胶为白色至棕黄色颗粒状或粉状，无味无臭，密度为1.35～1.49 g/cm^3。极易溶于水，呈弱酸性，可配制成50%浓度的水溶液，不溶于乙醇等大多数有机溶剂。阿拉伯胶溶液pH值一般为4～5，pH5～5.5时溶液的黏度最大，但pH值在4～8范围内变化对阿拉伯胶影响不大。

6.1.5.4 果胶

果胶是一种亲水性植物胶，主要成分为部分甲酯化的α-1,4-D-聚半乳糖醛酸。残留的羧基单元以游离酸的形式存在或形成铵、钾、钠和钙等盐。果胶为非淀粉多糖，属于膳食纤维。分子量在50万～300万之间。

果胶为白色、淡黄色、浅灰色或浅棕色粉末，几乎无臭，在20倍水中溶解成黏稠胶体溶液，呈弱酸性，耐热性强，但在强酸强碱下，果胶容易分解成小分子，不溶于乙醇、乙醚等有机溶剂。一般来说，果胶在水中的溶解度与其自身的分子结构关系密切，其多聚半乳糖醛酸链越长，溶解度越小。

6.1.5.5 瓜尔胶

瓜尔胶又称瓜尔豆胶、胍胶，为一种聚半乳甘露糖。甘露糖和半乳糖比例为 1.8∶1。甘露糖构成主链，平均每隔两个甘露糖连接一个半乳糖。

瓜尔胶为白色或稍带黄褐色粉末，有的呈颗粒状或扁平状，无臭或稍有气味，保水性强，水溶液呈中性。有较好的耐碱和耐酸性，pH 值在 3.5～10 范围内对其黏度影响不大。瓜尔胶具有良好的耐一价盐特性，但高价盐的存在会降低其溶解度。

6.1.5.6 黄原胶

黄原胶又称汉生胶、黄胶，是一种多功能的生物高分子，是黄单胞菌以玉米淀粉、蔗糖等为主要原料，经好氧发酵产生的一种高黏度水溶性微生物胞外多糖。分子量 2×10^6～5×10^7。

黄原胶为乳白、淡黄至浅褐色颗粒或粉末状固体，微臭。易溶于水，水溶液呈中性，为半透明体。黏度不受盐、蛋白酶、纤维素酶、果胶酶的影响。低浓度水溶液的黏度也很高，搅拌可使溶胶的黏度下降，静置则又升高（牛顿塑性）。黄原胶能溶于多种酸溶液，如 5%的硫酸、5%的硝酸、5%的乙酸、10%的盐酸和 25%的磷酸，且这些黄原胶酸溶液在常温下相当稳定，数月之久仍保持稳定。黄原胶也能溶于氢氧化钠溶液，并具有增稠特性，所形成的溶液在室温下十分稳定。黄原胶可被强氧化剂，如过氯酸、过硫酸降解，随温度升高，降解加速。黄原胶水溶液的黏度几乎不受温度、酸碱度和盐类的影响，因此它是食品的良好增稠剂。

6.1.5.7 结冷胶

结冷胶又称凯可胶，是由少动鞘脂单胞菌产生的胞外多糖，主要成分由葡萄糖、葡萄糖醛酸和鼠李糖按 2∶1∶1 的比例混合，分子量在 100 万左右。结冷胶干粉呈米黄色，无特殊的滋味和气味，约于 150℃不经熔化而分解。耐热、耐酸性能良好，对酶的稳定性高。不溶于非极性有机溶剂，溶于热水及去离子水，水溶液呈中性。在一价或多价离子存在时经加热和冷却后形成凝胶。

6.1.5.8 明胶

明胶又称食用明胶，是动物胶原蛋白经部分水解衍生的多肽物质。明胶胶原蛋白质是以三螺旋结构肽链为单位，相互连接成的网状结构。明胶的分子式为 $C_{102}H_{151}O_{39}N_{31}$，分子量在 10000～100000 之间。

明胶为白色或淡黄色透明至半透明带有光泽的脆性薄片、颗粒或粉末，无臭，无味，不溶于冷水、乙醚、乙醇、氯仿，可溶于热水、甘油、乙酸、水杨酸、苯二甲酸、尿素、硫脲、硫氰酸盐、溴化钾等溶液。溶于热水，冷却后形成凝胶。密度 1.3～1.4g/cm^3，能缓慢地吸收 5～10 倍的冷水而膨胀软化。依来源不同，明胶的物理性状也有较大的差异，其中以猪皮明胶性状较优，透明度高，且具有可塑性。明胶的色泽与其中所含的某些金属离子，如铁、铜的含量有关，金属离子含量增大，明胶色泽变深。

6.1.5.9 甲壳素

甲壳素又称甲壳质、几丁质、壳多糖，是一种线性多糖类生物大分子。化学结构为 2-

乙酰胺-2-脱氧葡萄糖单体通过 β-1,4-糖苷键连接起来的直链多糖。分子量在 $2\times10^6\sim3\times10^6$ 之间。

甲壳素为白色至灰白色片状，无臭，无味，含氮约7.5%。不溶于水、酸、碱和有机溶剂，但在水中经高速搅拌，能吸水胀润。在水中能产生比微晶纤维素更好的分散相，并具有较强吸附脂肪的能力。若脱去分子中的乙酰基就转变为壳聚糖，溶解性大为改善，常称之为可溶性甲壳素。

6.1.5.10 羧甲基纤维素钠

羧甲基纤维素钠又称纤维素胶、改性纤维素，是直链的阴离子水溶性高聚合纤维素醚，由多个纤维二糖构成，聚合度200～500，分子量在21000～50000之间，分子式为 $(C_{10}H_{15}O_7Na)_n$。

羧甲基纤维素钠为白色或淡黄色纤维状或颗粒状粉末，无臭，无味。加热至226～228℃时颜色变褐，至252～253℃时炭化。有吸湿性，易分散于水中成为溶胶。1%溶液的pH值为6.5～8.0。不溶于乙醇、乙醚、丙酮、氯仿等有机溶剂。其水溶液的黏度，随聚合度和溶液的pH值不同而发生变化。pH值大于3时，黏度随pH值增大而减小；pH值在5～9之间时，黏度变化较小；pH值在3以下时，羧甲基纤维素钠分解为游离酸。羧甲基纤维素钠溶液中因盐的存在黏度降低。高于80℃长时间加热，黏度降低并形成水不溶物。

6.1.5.11 β-环状糊精

β-环状糊精又称环麦芽七糖、环七糊精。β-环状糊精的环状空穴内呈疏水性，外侧呈亲水性，具有界面活性剂性质。分子式为 $(C_6H_{10}O_5)_7$，分子量为1135。β-环状糊精为白色结晶性粉末，无臭，稍甜，溶于水，难溶于甲醇、乙醚、丙酮，熔点290～305℃。β-环状糊精在碱性水溶液中稳定，遇酸则缓慢水解，其碘络合物呈黄色，结晶形状呈板状。可与多种化合物形成复合物，使其稳定、增溶、缓释、乳化、抗氧化、抗分解、保温、防潮，并具有掩蔽异味的作用，为新型分子包裹材料。

6.1.5.12 聚丙烯酸钠

聚丙烯酸钠为阴离子型电解质，是一种同时具有亲水和疏水基团的高分子化合物。聚丙烯酸钠为白色粉末，无臭无味，吸湿性极强，缓慢溶于水形成极黏稠的透明液体。加热处理、中性盐类、有机酸类对其黏性影响很小，溶液呈碱性时则黏性增大。不溶于乙酸、丙酮等有机溶剂。强热至300℃不分解。久存黏度变化极小，不易腐败。易受酸及金属离子的影响，黏度降低。遇二价以上金属离子形成不溶性盐，引起分子交联而凝胶化沉淀。pH值4.0以下时聚丙烯酸钠产生沉淀。

6.2 食品乳化剂

6.2.1 定义

乳化剂指能改善乳化体系中各种构成相之间的表面张力，形成均匀分散的乳浊液的物质，是一种同时具有亲水基和疏水基的表面活性剂。食品乳化剂只需要添加少量即可使之形成均匀稳定的分散体。不仅如此，乳化剂还能稳定食品的物理性质，改进食品组织结构，简化和控制食品加工过程，改善风味、口感，提高食品质量，延长货架期，等。

6.2.2 分类

食品乳化剂是消耗量较大的一类食品添加剂，各国许可使用的品种很多，GB 2760—2024《食品安全国家标准 食品添加剂使用标准》批准使用的食品乳化剂有 34 种（表 6-2），食品乳化剂分类方法很多，具体分类如下：

① 按其来源可分为天然乳化剂和人工合成乳化剂。如大豆磷脂和酪蛋白酸钠属于天然乳化剂，单甘酯、蔗糖脂肪酸酯和硬脂酰乳酸钙都属于人工合成乳化剂。

② 按其是否带有电荷可分为离子型乳化剂和非离子型乳化剂。离子型乳化剂又可按其在水中电离形成离子所带电性分为阴离子型、阳离子型和两性离子型乳化剂。离子型乳化剂品种较少，主要有硬脂酰乳酸钠、磷脂和改性磷脂，以及一些离子型高分子，如黄原胶、羧甲基纤维素等。大多数食品乳化剂属非离子型乳化剂，如甘油酯类、山梨醇酯类、木糖醇酯类、蔗糖酯类和丙二醇酯类等。

③ 按其分子量大小可分为小分子乳化剂和高分子乳化剂。小分子乳化剂乳化效力高，常用的乳化剂均属此类，如各种脂肪酸酯类乳化剂。高分子乳化剂稳定效果好，主要是一些高分子，如纤维素醚、海藻酸丙二醇酯、淀粉丙二醇酯等。

④ 按其亲油亲水性可分为亲水型、亲油型和中间型。此分类方法可与亲水亲油平衡值（HLB 值）分类方法结合起来，根据“HLB 标度”，以 HLB 值 10 为亲水亲油性的转折点：HLB 值小于 10 的乳化剂可归为亲油型，如脂肪酸甘油酯类乳化剂、山梨醇酯类乳化剂等，易形成油包水型乳浊液；HLB 值大于 10 的乳化剂可归为亲水型，如低酯化度的蔗糖酯、吐温系列乳化剂、聚甘油酯类乳化剂等，易形成水包油型乳浊液；在 HLB 值 10 附近的可归为中间型乳化剂。

⑤ 其他分类方法。除以上分类方法外，乳化剂还有很多分类方法，如可根据乳化剂状态分为液体状、黏稠状和固体状。此外，还可按乳化剂晶型、与水相互作用时乳化剂分子的排列情况等进行分类。

表 6-2 GB 2760—2024 中允许使用的乳化剂

序号	中文名称	英文名称	CNS 号	INS 号
1	蔗糖脂肪酸酯	sucrose esters of fatty acids	10.001	473
2	酪蛋白酸钠	sodium caseinate	10.002	—
3	山梨醇酐单硬脂酸酯	sorbitan monostearate	10.003	491
4	山梨醇酐三硬脂酸酯	sorbitan tristearate	10.004	492
5	山梨醇酐单油酸酯	sorbitan monooleate	10.005	494
6	单、双甘油脂肪酸酯	mono- and diglycerides of fatty acids	10.006	471
7	木糖醇酐单硬脂酸酯	xylitan monostearate	10.007	—
8	山梨醇酐单棕榈酸酯	sorbitan monopalmitate	10.008	495
9	硬脂酰乳酸钙	calcium stearoyl lactylate	10.009	482i
10	双乙酰酒石酸单双甘油酯	diacetyl tartaric acid ester of mono (di) glycerides	10.010	472e
11	硬脂酰乳酸钠	sodium stearoyl lactylate	10.011	481i
12	氢化松香甘油酯	glycerol ester of hydrogenated rosin	10.013	—
13	聚氧乙烯山梨醇酐单硬脂酸酯	polyoxyethylene sorbitan monostearate	10.015	435

续表

序号	中文名称	英文名称	CNS 号	INS 号
14	聚氧乙烯山梨醇酐单油酸酯	polyoxyethylene sorbitan monooleate	10.016	433
15	辛，癸酸甘油酯	octyl and decyl glycerate	10.018	—
16	改性大豆磷脂	modified soybean phospholipid	10.019	—
17	丙二醇脂肪酸酯	propylene glycol esters of fatty acid	10.020	477
18	聚甘油脂肪酸酯	polyglycerol esters of fatty acids	10.022	475
19	山梨醇酐单月桂酸酯	sorbitan esters of fatty acids sorbitan monolaurate	10.024	493
20	聚氧乙烯山梨醇酐单月桂酸酯	polyoxyethylene sorbitan monolaurate	10.025	432
21	聚氧乙烯山梨醇酐单棕榈酸酯	polyoxyethylene sorbitan monopalmitate	10.026	434
22	乙酰化单、双甘油脂肪酸酯	acetylated mono- and diglyceride	10.027	472a
23	硬脂酸钾	potassium stearate	10.028	470
24	聚甘油蓖麻醇酸酯	polyglycerol esters of interesterified ricinoleic acid	10.029	476
25	辛烯基琥珀酸淀粉钠	starch sodium octenyl succinate	10.030	1450
26	乳酸脂肪酸甘油酯	lactic and fatty acid esters of glycerol	10.031	472b
27	柠檬酸脂肪酸甘油酯	citric and fatty acid esters of glycerol	10.032	472c
28	铵磷脂	ammonium phosphatide	10.033	442
29	琥珀酸单甘油酯	succinylated monoglycerides	10.038	472g
30	硬脂酸钙	calcium stearate	10.039	—
31	酶解大豆磷脂	enzymatically decomposed soybean phospholipid	10.040	—
32	木松香甘油酯	glycerol ester of wood rosin	10.041	445(iii)
33	皂树皮提取物	quillaia extract	10.042	999
34	达瓦树胶	ghatti gum	10.043	419

6.2.3 作用机理

乳化剂之所以能使食品中多相体系相互融合是因为其具有特殊分子结构，既有亲水基（易溶于水或被水所润湿的原子团，如—COOH、—OH 等），又有亲油基（亲油性基团如—R 等），这大大降低了不相容相界面的自由能，同时通过立体位阻或静电排斥防止分散粒子之间的凝聚，从而形成稳定均匀的形态，改善食品内部结构。

一般而言，食品加工系统都包含水和油两相体系。由于油水相界的相互强行接触，甚至是在均质过程中都只能形成不稳定的乳化状态。一个乳化体系由连续相和分散相组成，在水包油体系中，水为连续相，油为分散相，如牛奶。相反，在油包水体系中，油为连续相，水为分散相，如人造黄油。乳化剂分子结构中包含了亲水基团和疏水基团，这两部分分别处于分子的两端，形成不对称结构，使乳化剂具有两亲性特点，使油水两相产生水乳交融效果的特殊功能。在油脂和水分的混合体系中，乳化剂分子为保持自身的稳定状态，在油水两相的界面上，乳化剂分子亲油基渗入油相，亲水基伸入水相，这样不但乳化剂自身处于稳定状态，而且在客观上改变了油水界面原来的特性，使其中一相能在另一相中均匀地分散，从而使水油两相形成稳定的乳化液。乳化剂在食品加工中的作用主要概括为以下几个方面：

（1）乳化作用

食品中大多含有两类溶解性质不同的组分，乳化剂由于其两亲作用，在油水界面定向吸附，有助于体系中各组分均匀、稳定地分布，从而防止油水分离，防止糖和油脂起霜，防止蛋白质凝集或沉淀。此外，乳化剂可以提高食品耐盐、耐酸、耐热、耐冷冻保藏的性能，乳化后营养成分更易为人体消化吸收。

(2) 发泡和充气作用

食品加工过程中，有时需要形成良好的“泡沫”，良好的泡沫结构在蛋糕、冷冻甜食、食品上的饰品物等食品中是必要的。泡沫是气体分散在液体里产生的，而乳化剂可大大降低气液界面的表面张力，使气泡容易形成，并且乳化剂在气液界面的定向吸附能稳定液态泡沫。

(3) 破乳作用和消泡作用

在许多食品加工过程中需要破乳、消泡，而乳化剂中 HLB 值较小者在气液界面会优先吸附，但其吸附层不稳定，缺乏弹性，造成气泡破裂，从而起到消泡作用。

(4) 调节黏度的作用

乳化剂有降低黏度的作用，因此可做饼干、口香糖等食品的脱模剂，并使制品表面光滑。在巧克力加工过程中，乳化剂可降低其黏度、提高物料的流散性，便于生产操作；在口香糖加工过程中，乳化剂可促进各种成分向树脂中分散，在低温短时内易于混合均匀，并使产品不粘牙，具有增塑性和柔软性；在制糖工业中，乳化剂能降低糖的黏度，增加糖的回收率。

(5) 对淀粉、蛋白质的相互作用

食品乳化剂一般为脂肪酸酯，直链淀粉在水中形成 α 螺旋结构后，可与脂肪酸的长链形成复合物或络合物，因此淀粉制品冷却后直链淀粉难以结晶析出，这有助于延缓淀粉的老化、回生、沉凝，达到延长淀粉品质及食品保鲜的目的，可使面包、馒头、蛋糕等在较长时间内保持松软和良好的切片性。乳化剂能和面粉中的脂类和蛋白质的特定结构发生亲水相互作用、疏水相互作用、氢键作用和静电作用等，形成氢键或偶联络合物，起到面团调理剂的作用。通常离子型乳化剂比非离子型乳化剂与蛋白质的络合作用的强度要高 3～6 倍。乳化剂可以强化面团的网状结构，提高面团的弹性和吸水性，防止油水分离造成的硬化，增加韧性和抗拉伸性，以保持柔软性，抑制水分蒸发，增大体积，改善口感。

(6) 对结晶物质结构的改善作用

乳化剂对固体脂肪结晶的形成、晶型和析出有控制作用，可以此来控制以脂肪为基质的产品的组织结构和形状。乳化剂可以定向吸附于结晶体系的晶体表面，改变晶体表面张力，一般情况下会使晶粒变得细小。在巧克力中，乳化剂可促进可可脂的结晶变得微细和均匀；在冰淇淋等冷冻食品中，高 HLB 值的乳化剂可阻止糖类等产生结晶；而在人造奶油中，低 HLB 值的乳化剂则可阻止油脂产生结晶。

(7) 润湿、润滑作用

乳化剂通常具有润湿性，奶粉、速溶咖啡、粉末饮料和汤味料等食品中使用乳化剂，可提高其分散性、悬浮性和可溶性，有助于方便食品在冷水或热水中速溶和复水。乳化剂的润滑作用可使食品具有良好的润滑性，减少黏结力，利于淀粉制品挤压和糖果分切。

(8) 其他作用

除了以上作用外，乳化剂还有很多其他作用。如 HLB 值在 15 以上的乳化剂可作脂溶性色素、香料、强化剂的增溶剂。此外，很多水溶性乳化剂，对细菌有很强的抑制作用。还可用作蛋品、水果、蔬菜等保鲜涂膜剂的乳化剂。在果蔬表面涂膜，乳化剂定向吸附于果蔬表面，可以形成一层连续的保护膜，有抗氧化作用。

6.2.4 常用食品乳化剂的理化性质

6.2.4.1 蔗糖脂肪酸酯

蔗糖脂肪酸酯又称脂肪酸蔗糖酯，简称蔗糖酯，是蔗糖和脂肪酸酯化形成的化合物，可细分为单脂肪酸酯、双脂肪酸酯和三脂肪酸酯。其分子式为 $(RCOO)_nC_{12}H_{12}O_3(OH)_{8-n}$，分子量为 608.76，化学结构式为：

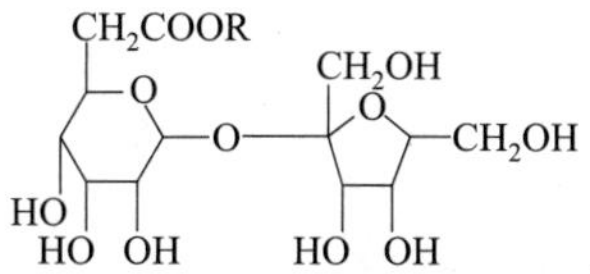

蔗糖脂肪酸酯为白色至微黄色粉末、蜡状或块状物，也有的呈无色至浅黄色的稠状液体或凝胶。无明显熔点，在 120℃以下稳定，加热至 145℃以上则分解。市售的蔗糖酯商品均为单酯、双酯和三酯的混合物，不同酯化程度的亲水亲油平衡值 HLB 差异较大。单酯含量越多，HLB 值越高，亲水性越强。HLB 值低的可用作油包水型乳化剂，HLB 高的可用作水包油型乳化剂。

6.2.4.2 硬脂酰乳酸钙

硬脂酰乳酸钙简称十八烷基乳酸钙，分子式为 $C_{48}H_{86}O_{12}Ca$，分子量 895.30，化学结构式为：

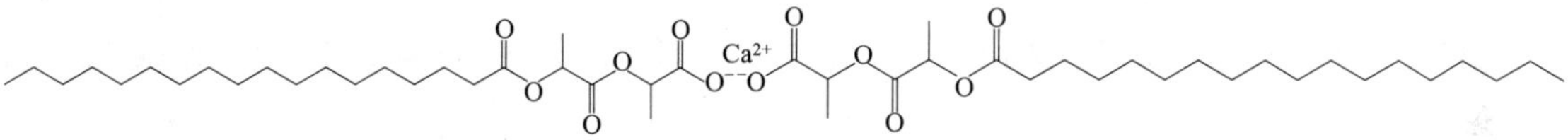

硬脂酰乳酸钙为白色至奶油色粉末、薄片或块状物，具有特殊的焦糖气味。熔点 44～51℃，难溶于冷水，微溶于热水，加水搅拌可分散，2%水悬浮液的 pH 值为 4.7，溶于乙醇、植物油、热猪油，在空气中稳定。为亲油性乳化剂，HLB 值为 5.1，具有 1～3 个乳酰基的制品在焙烤食品中作用效果最显著，而以平均具有 2 个乳酰基的最为适用。

6.2.4.3 山梨醇酐单油酸酯

山梨醇酐单油酸酯商品名称司盘 80，分子式 $C_{24}H_{44}O_6$，分子量 428.62，化学结构式为：

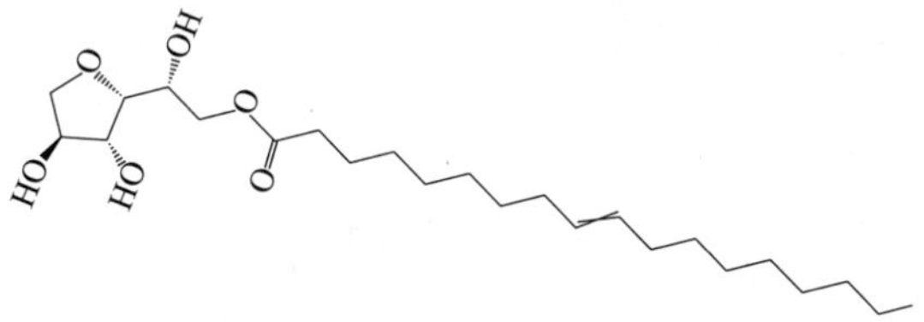

山梨醇酐单油酸酯为琥珀色黏性液体或浅黄色至棕色粒状或片状硬质蜡固体物，有特殊气味，味柔和。温度高于熔点时，能溶于乙醇、乙醚、乙酸乙酯、苯胺、甲苯、二噁烷、石油醚和四氯化碳，不溶于冷水，但能分散于热水。

6.2.4.4 双乙酰酒石酸单双甘油酯

双乙酰酒石酸单双甘油酯又称乙酸化脂肪酸甘油酯，分子式 $C_{29}H_{50}O_{11}$，分子量 574.71，化学结构式为：

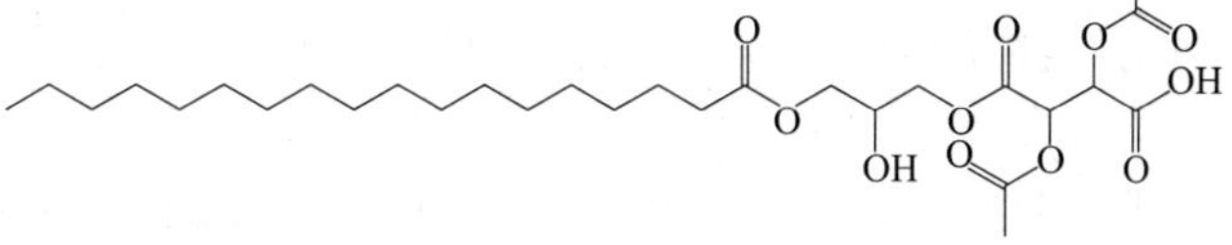

双乙酰酒石酸单双甘油酯为白色粉末状物，有微酸臭，能与油脂混溶。溶于甲醇、丙酮、乙酸乙酯，难溶于水、乙酸和其他醇，能分散于水中，有一定的抗水解性。3%的水溶液，pH 值为 2～3。具有良好的亲油性，为油包水型乳化剂，具有良好的发泡性能。

6.2.4.5 丙二醇脂肪酸酯

丙二醇脂肪酸酯为白色至浅黄褐色的粉末、薄片、颗粒或蜡状块体或为黏稠状液体。本品颜色和形态与构成的脂肪酸的种类有关，无气味或稍有香气和滋味，纯丙二醇单硬脂酸酯的 HLB 值为 3.4，为亲油性乳化剂，不溶于水，与热水剧烈搅拌混合可乳化，溶于乙醇、乙酸乙酯、氯仿等有机溶剂。化学结构式为：

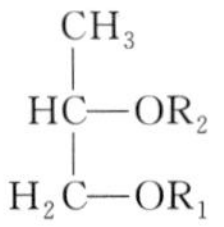

$$\begin{array}{l} \quad CH_3 \\ \quad | \\ HC—OR_2 \\ \quad | \\ H_2C—OR_1 \end{array}$$

R_1 和 R_2 代表 1 个脂肪酸基团和氢（单酯时），R_1 和 R_2 代表 2 个脂肪酸基团（双酯时）

6.2.4.6 山梨醇酐单棕榈酸酯

山梨醇酐单棕榈酸酯商品名为司盘 40，分子式 $C_{22}H_{42}O_6$，分子量 402.62，化学结构式为：

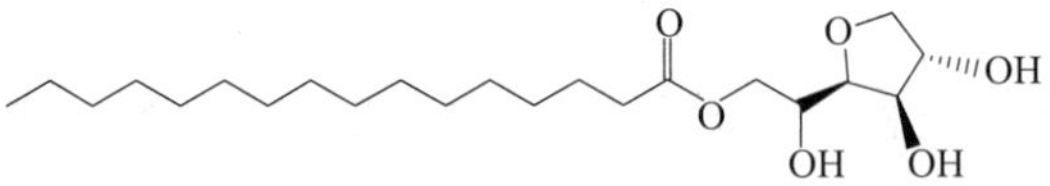

山梨醇酐单棕榈酸酯为浅黄色至棕黄色颗粒状、片状或珠状物，有异臭。凝固点 45～47℃。不溶于水，能分散于热水。溶于植物油、热的乙酸乙酯，微溶于热的乙醇、丙醇、甲苯和矿物油。HLB 值为 6.7。山梨醇酐单棕榈酸酯为亲油型乳化剂，可用于制造油包水型乳状液食品。

6.2.4.7 硬脂酸钙

硬脂酸钙的主要成分为不同比例的硬脂酸钙与棕榈酸钙的混合物。硬脂酸钙为白色或黄白色松散粉末，微有特异气味，细腻无砂粒感，不溶于水、醇、乙醛，微溶于热乙醇。化学结构式为：

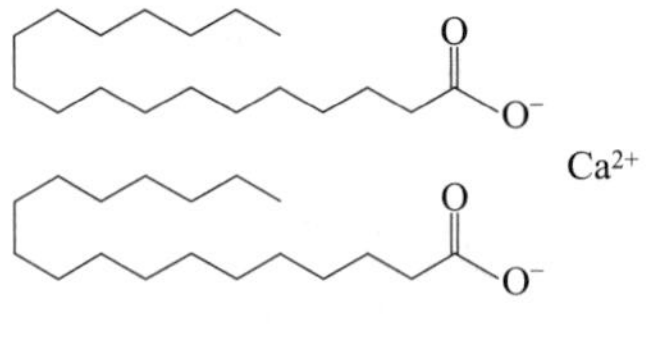

6.3 食品稳定和凝固剂

6.3.1 定义

食品稳定和凝固剂是使食品结构稳定或使食品组织结构不变，增强黏性固形物的一类食品添加剂，属结构改良类的食品添加剂。常见的有各种钙盐，如氯化钙、乳酸钙、柠檬酸钙等。它能使可溶性果胶成为凝胶状不溶性果胶酸钙，以保持果蔬加工制品的脆度和硬度。用低酯果胶可制造低糖果冻等。在豆腐生产中，则用盐卤、硫酸钙、葡萄糖酸-δ-内酯等蛋白质凝固剂以达到固化的目的。另外，金属离子螯合剂能与金属离子在其分子内形成内环，使金属离子成为此环的一部分，从而形成稳定而又能溶解的复合物，消除了金属离子的有害作用，从而提高食品的质量和稳定性。最典型的螯合剂为乙二胺四乙酸二钠。

6.3.2 分类

GB 2760—2024《食品安全国家标准 食品添加剂使用标准》批准使用的食品稳定和凝固剂共有12种（表6-3），按其用途差异可分为5类：凝固剂、果蔬硬化剂、螯合剂、保湿剂和罐头除氧剂。

（1）凝固剂

凝固剂的主要作用是使豆浆凝固为不溶性凝胶状的豆腐脑或用作果冻的凝固剂。包括钙盐凝固剂、镁盐凝固剂、酸内酯凝固剂。薪草提取物用在豆腐中也能起到胶凝剂的作用。

（2）果蔬硬化剂

果蔬硬化剂包括氯化钙等盐类物质。主要作用是使果蔬中的可溶性果胶酸与钙离子反应生成凝胶状不溶性果胶酸钙，加强了果胶分子的交联作用，从而保持了果蔬加工制品的脆度和硬度。

（3）螯合剂

螯合剂对稳定食品起着显著作用，它们与重金属离子和碱土金属离子形成络合物，从而改变离子的性质以及它们对食品的影响。很多金属在生物体中以天然的螯合状态存在，例如：叶绿素中的镁，各种酶中的铜、铁、锌和镁，蛋白质中的铁（如铁蛋白），肌红蛋白和血红蛋白的卟啉环中的铁。螯合剂能与多价金属离子结合形成可溶性络合物，从而提高了食品的质量和稳定性。乙二胺四乙酸二钠（EDTA-2Na）和葡萄糖酸-δ-内酯都可用作螯合剂。

（4）保湿剂

保湿剂丙二醇作为食品中许可使用的有机溶剂，主要用作难溶于水的食品添加剂的溶剂，可用于糕点、生湿面中，能增加食品的柔软性、光泽和保水性。

（5）罐头除氧剂

罐头除氧剂主要专指柠檬酸亚锡二钠，用于蘑菇等果蔬罐头中，能逐渐与罐中的残留氧发生作用，Sn^{2+}被氧化成Sn^{4+}，而表现出良好的抗氧化性能。可起到保护食品色泽、抗氧化、防腐蚀的作用，并且不影响罐头风味。

表6-3 GB 2760—2024中允许使用的稳定和凝固剂

序号	中文名称	英文名称	CNS号	INS号
1	硫酸钙	calcium sulfate	18.001	516
2	氯化钙	calcium chloride	18.002	509
3	氯化镁	magnesium chloride	18.003	511
4	丙二醇	propylene glycol	18.004	1520
5	乙二胺四乙酸二钠	disodium ethylene-diamine-tetra-acetate	18.005	386
6	柠檬酸亚锡二钠	disodium stannous citrate	18.006	—
7	葡萄糖酸-δ-内酯	glucono delta-lactone	18.007	575
8	刺梧桐胶	karaya gum	18.010	416
9	α-环状糊精	alpha-cyclodextrin	18.011	457
10	γ-环状糊精	gamma-cyclodextrin	18.012	458
11	谷氨酰胺转氨酶	glutamine transaminase	18.013	—
12	聚天冬氨酸钾	potassium polyaspartate	18.014	456

6.3.3 作用机理

食品稳定和凝固剂用于豆制品生产和果蔬深加工，以及凝胶食品的制造等，如钙盐是果胶、海藻酸钠的凝固剂。在低甲基果胶中，甲氧基的含量低（当低于7%时），甲酯化程度不足以使果胶形成凝胶，此种果胶中含有大量的果胶酸，若加入钙盐凝固剂，由于钙离子是多价螯合剂，可与果酸的羧基生成果胶酸盐，加强果胶分子的交联作用，形成具有弹性的凝胶。在果蔬加工制品中，采用这类稳定凝固剂，形成不溶性果胶酸钙而使制品具有一定脆度和硬度。

盐卤、硫酸钙、葡萄糖酸-δ-内酯等均为蛋白质稳定和凝固剂。蛋白质为两性化合物，其分子中既有碱性的氨基，又有酸性的羧基。在酸性介质中，蛋白质能形成带正电的离子；在碱性介质中，能形成带负电的离子。所以在非等电点，蛋白质溶液的质点均带有相同的电荷，电性相同，蛋白质质点彼此相互排斥而不会聚结在一起导致沉淀。此外，蛋白质质点的表面有很多亲水基，它们以氢键与水分子结合，形成一层水合膜，在此水合膜的保护下，即使在等电点时，蛋白质质点也不易发生凝聚造成沉淀。

蛋白质加热以后，其立体结构发生变化，从而引起蛋白质的物理化学、生物化学的性质发生变化，这种现象称为蛋白质热变性。大豆蛋白质热变性是：豆浆加热后，随着蛋白质分子内能升高，分子运动加快，在相互撞击下，构成蛋白质的多肽链的侧链断裂开来，变为开链状态，大豆蛋白质分子从原来有秩序的紧密结构变为疏松的无规则状态。这种加入凝固剂，使变性蛋白质分子相互凝聚、相互穿插结成网状的凝聚体，而水被包在网状结构的网眼中，转变成蛋白质凝胶的过程，在豆腐生产工艺中，称为点卤或点浆。

6.3.4 常用稳定和凝固剂的理化性质

6.3.4.1 硫酸钙

硫酸钙又称石膏、生石膏，分子式为 $CaSO_4 \cdot 2H_2O$，分子量 172.18。硫酸钙为白色晶体粉末，无臭，有涩味，密度 2.32g/cm^3，微溶于水，难溶于乙醇，溶于强酸，水溶液呈中性。加热至100℃以上，失去部分结晶水而成为煅石膏（$CaSO_4 \cdot 1/2H_2O$）；加热至194℃以上，失去全部结晶水而成为无水硫酸钙。石膏加水后形成可塑性浆状物，很快固化。

6.3.4.2 氯化钙

氯化钙，分子式 $CaCl_2$ 或 $CaCl_2 \cdot 2H_2O$，分子量分别为 110.99 和 147.02。氯化钙为白色坚硬的块状结晶或晶体颗粒，无臭，味微苦，密度为 2.152g/cm^3（无水物）、1.835g/cm^3（二水合物），熔点772℃。极易吸湿而潮解，易溶于水，易溶于乙醇。5%的水溶液的pH值为4.5～8.5。水溶液的冰点下降显著，可降至－55℃。加热至260℃脱水形成无水物。

6.3.4.3 氯化镁

氯化镁分子式为 $MgCl_2 \cdot 6H_2O$，分子量 203.30。食品添加剂氯化镁主要指以氯化镁为主的两种物质：盐卤和卤片。盐卤亦称苦卤、卤水，为淡黄色液体，味涩、苦。主要成分为氯化钠、氯化钾、氯化镁和氯化钙及硫酸镁和溴化镁等。卤片为无色单斜结晶，或小片状体或颗粒，无臭，味苦。常温下为六水合物，随温度升高逐渐失去水分，100℃时失去2分子结晶水，110℃时放出部分盐酸气体，高温下分解成含氧氯化镁。其密度 1.569g/cm^3，极易吸湿，极易溶于水，溶于乙醇。

6.3.4.4 葡萄糖酸-δ-内酯

葡萄糖酸-δ-内酯又叫葡萄糖内酯，简称内酯，是由葡萄糖氧化成葡萄糖酸或其盐类，经纯化脱盐、脱色、浓缩而制得的。分子式为 $C_6H_{10}O_6$，分子量为 178.14，化学结构式为：

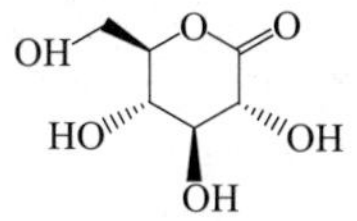

葡萄糖酸-δ-内酯为白色结晶或结晶性粉末，无臭，味先甜后苦，呈酸味。熔点 150～152℃。易溶于水，微溶于乙醇，不溶于乙醚。在水溶液中水解为葡萄糖酸和内酯的平衡溶液，新配制的 1%的水溶液 pH 值为 3.5，2h 后 pH 值变为 2.5。

6.3.4.5 乙二胺四乙酸二钠

乙二胺四乙酸二钠简称 EDTA 二钠，分子式 $C_{10}H_{14}N_2O_8Na_2$，分子量 336.20，化学结构式为：

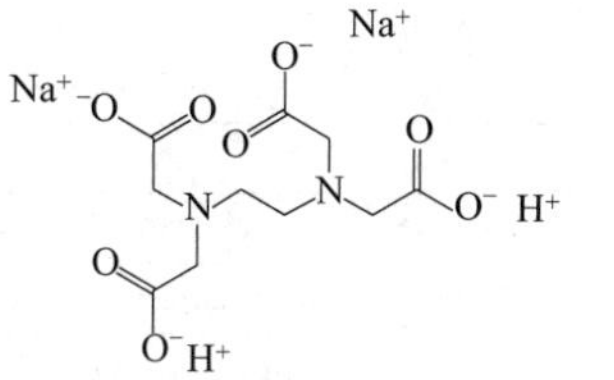

乙二胺四乙酸二钠为白色结晶性颗粒或粉末，无臭，无味。易溶于水，微溶于乙醇，不溶于乙醚。2%水溶液 pH 值为 4.7，常温下稳定，100℃时结晶水开始挥发，120℃时失去结晶水而成为无水物，有吸湿性，熔点 240℃。

6.3.4.6 刺梧桐胶

刺梧桐胶又称苹婆树胶，是略带酸味的天然大分子多糖，分子量 900 万。刺梧桐胶为白色至微黄色粉末。不溶于水，但用碱脱乙酰则成水溶液，在水中泡胀成凝胶，不溶于乙醇，于 60%乙醇中溶胀。1%悬浮液的 pH 值为 4.5～4.7，可受热分解，黏度下降，85℃以上时不稳定，可吸附本身容积 100 倍的水。在酸性条件下呈淡色，在碱性条件下色泽会加深。温度及电解质的存在均影响溶液的黏度，浓度在 2%～3%以上时，成为糊状物，更高时成为柔软的凝胶结构。

6.4 食品水分保持剂

6.4.1 定义和分类

水分保持剂指有助于维持食品中的水分稳定而加入的物质，常指用于肉类和水产品加工中增强水分稳定和有较高持水性的磷酸盐类。水分是食品必要的组分，在食品加工前及加工后，食品都需要合适的水分，控制食品中水分含量及其状态，是保障食品质量的关键。

水分保持剂加入食品后可以提高产品的稳定性，保持食品内部持水性，改善食品的形态、风味、色泽等。《食品安全国家标准 食品添加剂使用标准》（GB 2760—2024）批准使用的食品水分保持剂共有 17 种（表 6-4），按照功能用途不同可分为持水剂和湿润剂，前者如磷酸盐类，后者如甘油。

表 6-4 GB 2760—2024 中允许使用的水分保持剂

序号	中文名称	英文名称	CNS 号	INS 号
1	磷酸三钠	trisodium orthophosphate	15.001	339iii
2	六偏磷酸钠	sodium polyphosphate	15.002	452i
3	三聚磷酸钠	sodium tripolyphosphate	15.003	451i
4	焦磷酸钠	tetrasodium pyrophosphate	15.004	450iii
5	磷酸二氢钠	sodium dihydrogen phosphate	15.005	339i
6	磷酸氢二钠	sodium phosphatedibasic	15.006	339ii
7	磷酸二氢钙	calcium dihydrogen phosphate	15.007	341i
8	焦磷酸二氢二钠	disodium dihydrogen pyrophosphate	15.008	450i
9	磷酸氢二钾	dipotassium hydrogen phosphate	15.009	340ii
10	磷酸二氢钾	potassium dihydrogen phosphate	15.010	340i
11	乳酸钾	potassium lactate	15.011	326
12	乳酸钠	sodium lactate	15.012	325
13	焦磷酸一氢三钠	trisodium monohydrogen diphosphate	15.013	450(ii)
14	甘油	glycerine	15.014	422
15	聚偏磷酸钾	potassium polymetaphosphate	15.015	452(ii)
16	酸式焦磷酸钙	calcium acid pyrophosphate	15.016	450(vii)
17	焦磷酸四钾	tetrapotassium pyrophosphate	15.017	450(v)

6.4.2 作用机理

食品工业中用到的水分保持剂主要是一些磷酸盐类，水分保持剂用于肉类和水产品加工以增强其水分的稳定，具有较高的持水性。

磷酸盐在肉类制品中可保持肉的持水性，增进结着力，保持肉的营养成分及柔嫩性。其提高肉的持水性的机理为：①提高肉的 pH 值，当肉蛋白质的 pH 值处于等电点时，肉的持水力最低，加入磷酸盐提高肉的 pH 值，从而增强肉的持水力。②螯合肉中的金属离子，肌肉组织中原与肌肉蛋白质结合的钙、镁离子被磷酸盐螯合，从而破坏肌肉蛋白质的网状结构，使包在结构中的可与水结合的极性基团暴露出来，从而使持水性提高。③增加肉的离子强度。肉在一定的离子强度范围内，肌球蛋白的溶解性增加而成溶胶状态。加入聚磷酸盐有利于增加肌肉的离子强度，使肌球蛋白转变为溶胶状态，提高持水力。④解离肌肉蛋白质中肌动球蛋白。焦磷酸盐和三聚磷酸盐可将肌肉蛋白质中的肌动球蛋白解离为肌动蛋白和肌球蛋白，而肌球蛋白的持水力强，因而提高了肉的持水力。

在乳制品中，磷酸盐类的作用机理与之在肉制品中的应用有相似之处，作为一种离子强度较高的弱酸盐类，添加到乳类制品中可起到缓冲和稳定 pH 作用，并提高离子强度。pH 值的提高，使溶液的 pH 偏离蛋白质的等电点，一方面增加了蛋白质与水分子的相互作用，另一方面是蛋白质链之间相互排斥，使更多的水溶入，增加保水性和乳化性。

在淀粉类食品中，作为高离子强度的弱酸盐磷酸盐，能增加淀粉吸水能力，加速淀粉糊化。磷酸盐在水中能与可溶性金属盐类生成复盐，会产生对葡萄糖基团的“架桥”作用，而使支链淀粉碳链增长，形成淀粉分子的交联作用，从而增强面团的黏弹性；磷酸盐还可增强面团的可塑性，使面片在压延时表面光洁，色泽白而细腻。

磷酸盐的持水性除用于以上食品中外，还具有防止啤酒、饮料浑浊的作用；还可用于鸡蛋清洗，防止鸡蛋因清洗而变质；在蒸煮果蔬时，可用来稳定果蔬中的天然色素。使用磷酸盐时，应注意钙磷比例，一般为 11∶2 较好。

6.4.3 常用水分保持剂的理化性质

6.4.3.1 磷酸二氢钙

磷酸二氢钙又称磷酸钙、二磷酸钙、酸性磷酸钙，分子式 $Ca(H_2PO_4)_2 \cdot nH_2O$，分子量 257.07（一水合物）和 234.05（无水物）。磷酸二氢钙为无色或白色结晶性粉末，相对密度 2.22。有吸湿性，略溶于水，溶液呈酸性（pH=3）。加热至 105℃失去结晶水，203℃分解成偏磷酸盐。

6.4.3.2 磷酸氢二钠

磷酸氢二钠分子式为 $Na_2HPO_4 \cdot nH_2O$（n = 12、10、8、7、5、2、0），分子量 358.14（十二水合物）和 141.96（无水物）。磷酸氢二钠十二水合物为无色至白色结晶或结晶性粉末，密度 1.52g/cm^3，熔点 34.6℃，在空气中迅速风化成七水盐。易溶于水，不溶于乙醇，3.5%水溶液 pH 值为 9.0～9.4。在 250℃时分解成焦磷酸钠。无水物为白色粉末，具吸湿性，置空气中可逐渐成为七水合盐。

6.4.3.3 磷酸二氢钠

磷酸二氢钠又称酸性磷酸钠，分子式为 $NaH_2PO_4 \cdot nH_2O$（n=0、1、2）。二水磷酸二氢钠为无色至白色结晶或结晶性粉末，无水磷酸二氢钠为白色粉末或颗粒。易溶于水，几乎不溶于乙醇，水溶液呈酸性，1%水溶液的 pH 值约为 4.1～4.7。100℃失去结晶水后继续加热，生成酸性焦磷酸钠。

6.4.3.4 六偏磷酸钠

六偏磷酸钠又称偏磷酸六钠、磷酸钠玻璃、格兰汉姆盐，分子式 $(NaPO_3)_6$，分子量 611.77。六偏磷酸钠为无色透明的玻璃片状或粒状或粉末。潮解性强，能溶于水，不溶于乙醇及乙醚等有机溶剂。水溶液可与金属离子形成络合物。二价金属离子的络合物较一价金属离子的络合物稳定，在温水、酸或碱溶液中易水解为正磷酸盐。

6.4.3.5 焦磷酸钠

焦磷酸钠又称二磷酸四钠，分子式为 $Na_4P_2O_7 \cdot nH_2O$，分子量 265.90（无水物），446.05（十水合物）。焦磷酸钠有无水物与十水合物之分。十水焦磷酸钠为无色或白色结晶或结晶性粉末，无水焦磷酸钠为白色粉末。熔点 988℃，密度 1.82g/cm^3，溶于水，水溶液呈碱性，1%水溶液 pH 值为 10.0～10.2，不溶于乙醇及其他有机溶剂。与 Cu^+、Fe^{3+}、Mn^{2+} 等金属离子络合能力强，水溶液在 70℃以下尚稳定，煮沸则水解成磷酸氢二钠。

6.4.3.6 磷酸三钠

磷酸三钠又称磷酸钠、正磷酸钠。分子式 Na_3PO_4，分子量 163.94。磷酸三钠为无水物或含 1～12 分子结晶水的物质。无色至白色晶体颗粒或粉末。易溶于水，不溶于乙醇，1%水溶液 pH 值为 11.5～12.0。十二水磷酸三钠加热至 55～65℃失去两个结晶水，加热至 65～100℃成六水磷酸三钠，加热至 100～212℃成半水磷酸三钠，加热至 212℃以上成无水磷酸三钠。

6.4.3.7 甘油

甘油又称丙三醇，是一种无色、无臭、味甘的黏稠液体，甜度约为蔗糖的 50%。熔点 20°C，沸点 182℃，密度 1.26g/cm^3，有较强的吸湿性，水溶液呈中性，溶于水和乙醇，不溶于氯仿、醚、油类。

6.5 食品抗结剂

6.5.1 定义

抗结剂又称抗结块剂，是用来防止颗粒或粉状食品聚集结块，保持其松散或自由流动的物质。其颗粒细微，松散多孔，吸附力强。易吸附导致形成结块的水分、油脂等，使食品保持粉末或颗粒状态。抗结剂有以下特点：①颗粒细（2～9μm），比表面积大（310～675m^2/g），比容高（80～465kg/m^2）。②一般情况下，抗结剂呈微小多孔性，具有极高的吸附能力，易吸附水分和其他物质而结块。③抗结剂应比较蓬松，产品流动性好。

6.5.2 分类

GB 2760—2024《食品安全国家标准 食品添加剂使用标准》批准使用的食品抗结剂目前有 10 种（表 6-5）。

表 6-5 GB 2760—2024 中允许使用的抗结剂

序号	中文名称	英文名称	CNS 号	INS 号
1	亚铁氰化钾	potasium ferrocyanide	02.001	536
2	磷酸三钙	tricalcium orthophosphate	02.003	341iii
3	二氧化硅	silicon dioxide	02.004	551
4	微晶纤维素	microcrystalline cellulose	02.005	460i
5	硬脂酸镁	magnesium stearate	02.006	470(iii)
6	亚铁氰化钠	sodium ferrocyanide	02.008	535
7	硅酸钙	calcium silicate	02.009	552
8	柠檬酸铁铵	ferric ammonium citrate	02.010	381
9	酒石酸铁	iron tartrate	02.011	—
10	纤维素	cellulose	02.012	460

6.5.3 常用抗结剂的理化性质

6.5.3.1 微晶纤维素

微晶纤维素又称纤维素胶或结晶纤维素，为部分解聚并纯化的纤维素，由自由流动的非纤维颗粒组成。分子式为（$C_6H_{10}O_5$）$_n$，化学结构式为：

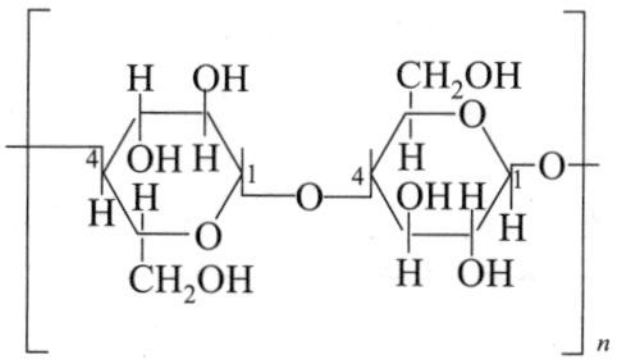

微晶纤维素为白色或几乎白色的细小粉末，无臭，无味，可压成自身黏合的小片，并可在水中迅速分散。不溶于水、稀酸、稀碱溶液和大多数有机溶剂。

6.5.3.2 二氧化硅

二氧化硅又称无定形二氧化硅或合成无定形硅。分子式为 SiO_2，分子量 60.08。供食品用的二氧化硅是无定形物质，依制法不同分胶体硅和湿法硅两种。胶体硅为白色、蓬松、吸湿且粒度非常精细的粉末。湿法硅为白色、蓬松粉末或白色微孔泡状颗粒。易从空气中吸收水分，无臭，无味，相对密度 2.2～2.6，熔点 1710℃，不溶于水、酸和有机溶剂，溶于氢氟酸和热的浓碱液。

6.5.3.3 硬脂酸镁

硬脂酸镁主要成分为不同比例的硬脂酸镁、棕榈酸镁的混合物。分子式 $C_{36}H_{70}MgO_4$，分子量 591.24。硬脂酸镁为细小、白色的松散粉末，稍有特异气味，细腻无砂粒感，不溶于水、醇、乙醚，溶于热乙醇。化学结构式为：

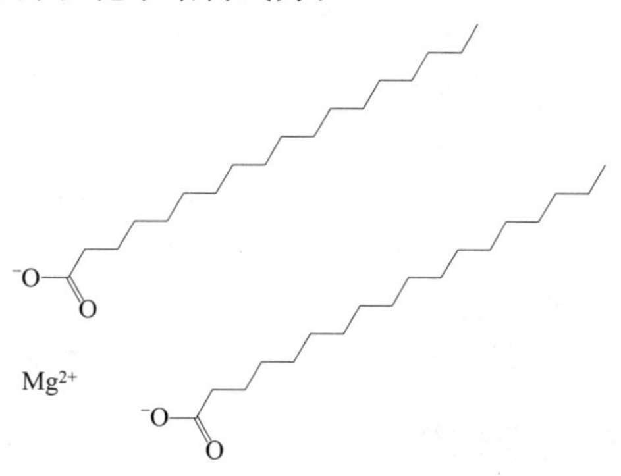

6.5.3.4 滑石粉

滑石粉又称硅酸氢镁，含天然含水硅酸镁及少量的硅酸铝，不得含有石棉。滑石粉为白色至灰白色细微结晶粉末，无臭、无味，细腻润滑。对酸、碱、热均十分稳定。不溶于水、苛性碱、乙醇，微溶于稀无机酸。滑石的化学式为：$Mg_3(Si_4O_{10})(OH)_2$。

6.6 食品膨松剂

6.6.1 定义

食品膨松剂又称膨胀剂或疏松剂，是在以小麦粉为主的糕点、面包、饼干等食品中添加，并在加工过程中受热分解，产生气体，使面坯起发，形成致密多孔组织，从而使制品具有膨松、柔软或酥脆感的一类物质。膨松剂不仅可以提高食品的感官质量，也有利于食品的水化吸收。GB 2760—2024 批准使用的膨松剂有 8 种（表 6-6）。

表 6-6　GB 2760—2024 中允许使用的膨松剂

序号	中文名称	英文名称	CNS 号	INS 号
1	碳酸氢钠	sodium hydrogen carbonate	06.001	500(ii)
2	碳酸氢铵	ammonium hydrogen carbonate	06.002	503(ii)
3	硫酸铝钾	aluminium potassium sulfate	06.004	522
4	硫酸铝铵	aluminium ammonium sulfate	06.005	523
5	磷酸氢钙	calcium hydrogen phosphate	06.006	341(ii)
6	酒石酸氢钾	potassium bitartarate	06.007	336
7	磷酸氢二胺	diammouium hydrogen phosphate	06.008	342(ii)
8	碳酸胺	ammonium carbonate	06.009	503(i)

6.6.2　分类和作用机理

膨松剂可分为无机膨松剂和有机膨松剂两类。有机膨松剂如葡萄糖酸-δ-内酯。无机膨松剂，又称化学膨松剂，常用的无机膨松剂有碳酸氢钠、碳酸氢铵、轻质碳酸钙、硫酸铝钾、硫酸铝铵。其作用机理是：当把膨松剂调和在面团中，在高温烘焙时受热分解，放出大量气体，使制品体积膨松，形成疏松多孔的组织。无机膨松剂主要用于饼干、糕点等食品生产。市售的自发面粉中也配有无机膨松剂。无机膨松剂应具有下列性质：①较低的使用量能产生较多的气体。②在冷面团里气体产生慢，而在加热时则能均匀持续产生多量气体。③分解产物不影响产品的食用品质。至今使用最多的无机膨松剂是碳酸氢钠和碳酸氢铵。

另外，无机膨松剂可进一步分为碱性膨松剂和复合膨松剂两类。前者主要是碳酸氢钠和碳酸氢铵等只有一种组分构成的膨松剂。后者则通常由三种组分构成，即碳酸盐、酸性物质和淀粉等其他物质。其中碳酸盐与酸性物质作用可产生二氧化碳，使面坯起发；酸性物质可中和在产生二氧化碳过程中所形成的碱性盐，以及调节二氧化碳产生的速度；而淀粉等则具有有利于膨松剂保存、调节气体产生速度、使气泡分布均匀的作用。

6.6.3　常用食品膨松剂的理化性质

6.6.3.1　碳酸氢钠

碳酸氢钠别名小苏打、碳酸氢钠、酸式碳酸钠。分子式 $NaHCO_3$，分子量 84.01。碳酸氢钠为白色晶体粉末，无臭，味咸，相对密度 2.20，熔点 270℃。加热自 50℃起开始失去 CO_2，加热至 270～300℃经 2h，转变为碳酸钠。在干燥空气中稳定，在潮湿空气中缓慢分解失去 CO_2。易溶于水，水溶液呈弱碱性，pH 值为 8.3，遇弱酸则强烈分解。水溶液放置稍久，或振摇，或加热，碱性则增强，不溶于乙醇。

6.6.3.2　硫酸铝钾

硫酸铝钾又称钾明矾、烧明矾、明矾、钾矾。分子式 $AlK(SO_4)_2 \cdot 12H_2O$，分子量为 474.3（十二水合物）和 258.21（无水物）。硫酸铝钾为无色透明结晶或白色结晶性粉末、片、块，无臭。密度 1.757g/cm^3，熔点 92.5℃，略有甜味和收敛涩味。在空气中可风化成不透明状，加热至200℃以上因失去结晶水而成为白色粉状的烧明矾。可溶于水，其溶解度随水温升高而显著增大。1%水溶液的pH值为4.2，在水中可水解生成氧化铝胶状沉淀。可缓慢溶于甘油，几乎不溶于乙醇。

6.6.3.3 磷酸氢钙

磷酸氢钙又称磷酸一氢钙，分子式$CaHPO_4 \cdot 2H_2O$，分子量分别为172.09（含2个水）和136.06（不含水）。磷酸氢钙为白色晶体粉末，无臭，无味，密度2.32g/cm^3，在空气中稳定不发生变化。它微溶于水，不溶于乙醇，易溶于稀盐酸、稀硝酸和柠檬酸铵溶液，微溶于稀乙酸。加热至75℃以上失去结晶水，成为无水盐，强热则变为焦磷酸盐。

6.6.3.4 酒石酸氢钾

酒石酸氢钾又名酒石、酸式酒石酸钾，分子式为$C_4H_5O_6K$，分子量为188.18。酒石酸氢钾为无色结晶或白色结晶性粉末，无臭，有清凉的酸味。强热后炭化，且具有砂糖烧焦气味。密度1.956g/cm^3，难溶于冷水，可溶于热水，饱和水溶液pH值为3.66，不溶于乙醇。

6.7 面粉处理剂

6.7.1 定义

面粉处理剂又称面粉改良剂，是促进面粉熟化和提高焙烤制品质量的一类食品添加剂。面粉处理剂有L-半胱氨酸盐酸盐、偶氮甲酰胺、碳酸镁等。具有还原作用的L-半胱氨酸盐酸盐，除可促进面筋蛋白质网状结构的形成，防止老化提高制品质量外，还可缩短发酵时间。

6.7.2 分类

GB 2760—2024《食品安全国家标准 食品添加剂使用标准》批准使用的面粉处理剂主要有3种（见表6-7），根据其功能的不同可分为漂白剂、增筋剂、减筋剂、填充剂。

（1）漂白剂、增筋剂

漂白剂、增筋剂可使面粉的筋力、延伸性、稳定性等指标满足高筋面制品生产的需要，同时具有强氧化作用，加快面粉的后熟，使面粉在常温下需要半个月的后熟时间缩短为3～5天，可以缓慢地氧化面粉中的叶黄素、胡萝卜素，使其由略带黄色变为白色，主要是偶氮甲酰胺。

（2）减筋剂

减筋剂可以降低面粉的面筋含量，使其可以用来生产饼干、桃酥等低筋力的食品，主要有L-半胱氨酸盐酸盐。

（3）填充剂

填充剂可使面包的内部组织结构细腻，气泡均匀，从而加工外观良好的面包，主要有碳酸镁、碳酸钙等。

表 6-7 GB 2760—2024 中允许使用的面粉处理剂

中文名称	英文名称	CNS 号	INS 号
L-半胱氨酸盐酸盐	L-cysteine hydrochlorides sodium and potassium salts	13.003	920
碳酸镁	magnesium carbonate	13.005	504(i)
碳酸钙	calcium carbonate	13.006	170(i)

6.7.3 常用面粉处理剂的理化性质

6.7.3.1 偶氮甲酰胺

偶氮甲酰胺分子式为 $C_2H_4N_4O_2$，分子量 116.08，偶氮甲酰胺为黄色至橙红色结晶性粉末，无臭，相对密度 1.65。几乎不溶于水和大多数有机溶剂，微溶于二甲基亚砜，在 180℃熔化并分解。化学结构式为：

$$H_2N-C(=O)-N=N-C(=O)-NH_2$$

6.7.3.2 碳酸钙

轻质碳酸钙为白色微细轻质粉末，无臭，无味，密度 2.5～2.7g/cm^3。在空气中稳定，不发生化学变化，易吸收臭气，有轻微吸湿性。强热至 825～896.6℃时发生分解，产生二氧化碳和氧化钙。几乎不溶于水和乙醇，如有铵盐或二氧化碳存在可提高溶解度。在含有二氧化碳的水溶液中，生成溶解性重碳酸钙。溶于稀酸，产生二氧化碳。

6.7.3.3 L-半胱氨酸盐酸盐

L-半胱氨酸盐酸盐的分子式为 $C_3H_8ClNO_2S$，分子量 157.62。L-半胱氨酸盐酸盐为无色至白色结晶或结晶性粉末，有轻微特异的酸味，熔点 175℃（分解）。溶于水，水溶液呈酸性，1%溶液的 pH 值约 1.7，可溶于醇、氨水和乙酸，不溶于乙醚、丙酮、苯等。具有还原性，有抗氧化和防止非酶褐变作用。无水物在约 175℃熔化并分解。化学结构式为：

$$HS-CH_2-CH(NH_2)-COOH \cdot HCl$$

6.7.3.4 碳酸镁

碳酸镁因结晶条件不同可有轻质和重质之分。一般为轻质，轻质的有 $MgCO_3 \cdot H_2O$。重质的有 $5MgCO_3 \cdot Mg(OH)_2 \cdot 3H_2O$、$5MgCO_3 \cdot 2Mg(OH)_2 \cdot 7H_2O$、$4MgCO_3$-$Mg(OH)_2$ 及 $3MgCO_3 \cdot Mg(OH)_2 \cdot 4H_2O$。常用的为三水碳酸镁。轻质碳酸镁为白色松散粉末或易碎块状，无臭，密度 2.2g/cm^3。熔点 350℃，在空气中稳定，加热至 700℃产生二氧化碳，生成氧化镁。几乎不溶于水，但在水中引起轻微碱性反应。不溶于乙醇，可被稀酸溶解并放出气泡。

第7章 防腐保鲜类食品添加剂的特性

7.1 防腐剂

7.1.1 食品防腐剂定义和分类

食品防腐剂（food preservatives）是指一类加入食品中能防止或延缓食品腐败的食品添加剂，其本质是具有抑制微生物增殖或杀死微生物作用的一类化合物（表7-1）。狭义的防腐剂主要指苯甲酸、山梨酸、链球菌素等直接加入食品的化学物质；广义的防腐剂还包括通常具有保藏作用的食盐、醋等物质，以及那些通常不加入食品，而在食品贮藏、加工过程中使用的消毒剂和防腐剂等。大部分防腐剂并不能在较短时间内（5～10min）杀死微生物，主要是起抑菌作用。本章的食品防腐剂主要指具有抗菌作用的化学物质或它们的混合物，而不指广义的食品保藏剂。

表7-1 GB 2760—2024中允许使用的防腐剂

序号	中文名称	英文名称	CNS号	INS号
1	苯甲酸及其钠盐	benzoic acid, sodium benzoate	17.001, 17.002	210, 211
2	丙酸及其钠盐、钙盐	propionic acid, sodium propionate, calcium propionate	17.029, 17.006, 17.005	280, 281, 282
3	单辛酸甘油酯	capryl monoglyceride	17.031	—
4	对羟基苯甲酸酯类及其钠盐(对羟基苯甲酸甲酯钠,对羟基苯甲酸乙酯及其钠盐)	p-hydroxy benzoates and its salts (sodium methylp-hydroxy benzoate, ethylp-hydroxy benzoate, sodiumethylp-hydroxybenzoate)	17.032, 17.007, 17.036	219, 214, 215
5	二甲基二碳酸盐（又名维果灵）	dimethyl dicarbonate	17.033	242
6	二氧化硫,焦亚硫酸钾,焦亚硫酸钠,亚硫酸钠,亚硫酸氢钠,低亚硫酸钠	sulfur dioxide, potassium metabisulphite, sodium metabisulphite, sodiumsulfite, sodium hydrogen sulfite, sodiumhypo sulfite	05.001, 05.002, 05.003, 05.004, 05.005, 05.006	220, 224, 223, 221, 222, —
7	二氧化碳	carbon dioxide	17.014	290
8	ε-聚赖氨酸	ε-polylysine	17.037	—
9	ε-聚赖氨酸盐酸盐	ε-polylysine hydrochloride	17.038	—
10	联苯醚(又名二苯醚)	diphenyl ether(diphenyl oxide)	17.022	—

续表

序号	中文名称	英文名称	CNS 号	INS 号
11	硫磺	sulfur(sulphur)	05.007	—
12	纳他霉素	natamycin	17.030	235
13	溶菌酶	lysozyme	17.035	1105
14	肉桂醛	clnnamaldehyde	17.012	—
15	乳酸链球菌素	nisin	17.019	234
16	山梨酸及其钾盐	sorbic acid,potassium sorbate	17.003,17.004	200,202
17	双乙酸钠(又名二醋酸钠)	sodium diacetate	17.013	262(ii)
18	脱氢乙酸及其钠盐(又名脱氢醋酸及其钠盐)	dehydroacetic acid,sodium dehydroacetate	17.009(i),17.009(ii)	265,266
19	稳定态二氧化氯	stabilized chlorine dioxide	17.028	926
20	硝酸钠,硝酸钾	sodium nitrate,potassium nitrate	09.001,09.003	251,252
21	亚硝酸钠,亚硝酸钾	sodium nitrite,potassium nitrite	09.002,09.004	250,249
22	乙二胺四乙酸二钠	disodium ethylene-diamine-tetra-acetat	18.005	386
23	液体二氧化碳(煤气化法)	carbon dioxide	17.034	—
24	乙酸钠(又名醋酸钠)	sodium acetate	00.013	262(i)
25	乙氧基喹	ethoxy quin	17.010	324

食品防腐剂应具备如下特征：性质稳定，在一定的时间内有效；使用过程中或分解后无毒，不阻碍胃肠道酶类的正常作用，亦不影响有益的肠道正常菌群的活动；在较低浓度下有抑菌或杀菌作用；本身无刺激味和异味；使用方便等。

7.1.2 食品防腐剂作用机理

开发与选用食品防腐剂的标准是“高效低毒”，高效是指对微生物的抑制效果特别好，而低毒是指对人体不产生可观察到的毒害。

防腐剂抑制与杀死微生物的机理十分复杂，目前使用的防腐剂的作用机制一般认为对微生物具有以下几方面的作用。

① 破坏微生物细胞膜的结构或者改变细胞膜的渗透性，使微生物体内的酶类和代谢产物逸出细胞外，导致微生物正常的生理平衡被破坏而失活。

② 防腐剂与微生物的酶作用，如与酶的巯基作用，破坏多种含硫蛋白酶的活性，干扰微生物的正常代谢，从而影响其生长和繁殖。通常防腐剂作用于微生物的呼吸酶系，如乙酰辅酶 A 缩合酶、脱氢酶、电子转递酶系等。

③ 其他作用：包括防腐剂作用于蛋白质，导致蛋白质部分变性、蛋白质交联而使其他的生理作用不能进行等。

7.1.3 常用食品防腐剂化学结构及其性质

美国允许使用的食品防腐剂有 50 余种，日本有 40 余种。我国《食品安全国家标准 食品添加剂使用标准》（GB 2760—2024）公布的食品防腐剂有以下几类：苯甲酸及其钠盐、山梨酸及其钾盐、丙酸及其钠盐和钙盐、硝酸钠、硝酸钾、亚硝酸钠、亚硝酸钾、对羟基苯甲酸酯类及其钠盐、纳他霉素、乳酸链球菌素、ε-聚赖氨酸及其盐酸盐、溶菌酶、双乙酸钠、脱氢乙酸及其钠盐、乙酸钠、硫磺及 SO_2、焦亚硫酸钠、2,4-二氯苯氧乙酸、单辛酸甘油酯、二甲基二碳酸盐、乙二胺四乙酸二钠等。

(1) 苯甲酸及其盐类

苯甲酸（benzoic acid；CNS：17.001；INS：210）及其盐类（benzoate；CNS：17.002；INS：211）是最常用的防腐剂之一。苯甲酸，别名安息香酸，分子式 $C_7H_6O_2$，分子量 122.12；苯甲酸钠（sodium benzoic），又名安息香酸钠，分子式 $C_7H_5O_2Na$，分子量 144.11。结构式如下：

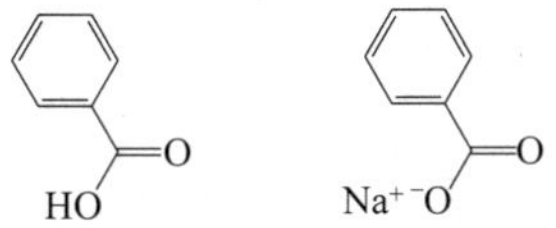

苯甲酸　　苯甲酸钠

性状与性能：苯甲酸的相对密度为 1.2659，沸点 249.2℃，熔点 121～123℃，100℃开始升华。为白色有荧光的鳞片状结晶或针状结晶，或单斜棱晶，质轻无味或微有安息香或苯甲醛的气味。25%饱和水溶液的 pH 值为 2.8。在热空气中或酸性条件下容易随水蒸气挥发。化学性质稳定，有吸湿性，在常温下难溶于水，微溶于热水，溶于乙醇、氯仿、丙酮、二氧化碳和挥发性、非挥发性油中。

苯甲酸钠为白色颗粒或结晶性粉末，无臭或微带安息香气味，味微甜，有收敛性，在空气中稳定，极易溶于水，其水溶液的 pH 值为 8，溶于乙醇。

由于苯甲酸难溶于水，因而多使用其钠盐。苯甲酸钠的防腐作用与苯甲酸相同，只是使用初期是盐的形式，要有防腐效果，最终要酸化转变为苯甲酸，因而苯甲酸钠要消耗食品中的部分酸。

苯甲酸对酵母菌、部分细菌效果很好，对霉菌的效果差一些，但在允许使用的最大范围内（2g/kg），在 pH 值 4.5 以下，对各种菌都有效。

苯甲酸类防腐剂是以其未离解的分子发生作用的，未离解的苯甲酸亲油性强，易透过细胞膜，进入细胞内，能大范围地抑制微生物细胞的呼吸酶系的活性，特别具有很强的阻碍乙酰辅酶 A 缩合反应的作用。

苯甲酸对大鼠经口 LD_{50} 为 2.7～4.44g/kg（以体重计），MNL 为 0.5g/kg（以体重计），ADI 值 0～5mg/kg（以体重计）（苯甲酸及其盐的总量，以苯甲酸计）。犬经口 LD_{50} 为 2.0g/kg（以体重计）。

苯甲酸被人体吸收后，大部分在 9～15h 之间，在酶的催化下与甘氨酸化合成马尿酸从尿中排出，剩余部分与葡萄糖化合形成葡萄糖醛酸而解毒。因而苯甲酸是比较安全的防腐剂。按添加剂使用卫生标准使用，目前还未发现任何毒副作用。由于苯甲酸解毒过程在肝脏中进行，因此苯甲酸对肝功能衰弱的人可能不适宜。总的来说，目前广泛认为苯甲酸及其盐是比较安全的防腐剂，以小剂量添加于食品中，未发现任何毒性作用。但因有叠加中毒现象的报道，在使用上有争议，因此，虽然为各国允许使用，但应用面越来越窄。如在日本、新加坡进口食品中受限制，甚至部分禁用。

使用及使用建议：GB 2760—2024 规定，苯甲酸及钠盐可于 21 类食品中应用，以苯甲酸计其最大使用量在浓缩果蔬汁中限量为 2.0g/kg，在胶基糖果中为 1.5g/kg，风味冰、冰棍类、果酱（罐头除外）、腌渍的蔬菜、调味糖浆、酱油、醋、半固体复合饮料、液体复合调味料、果蔬汁（肉）饮料、蛋白饮料、风味饮料、茶、咖啡和植物饮料为 1.0g/kg，除胶基糖果外的其他糖果、果酒为 0.8g/kg，复合调味料 0.6g/kg，蜜饯凉果 0.5g/kg，配制酒 0.4g/kg，碳酸饮料 0.2g/kg。苯甲酸与苯甲酸钠同时使用时，以苯甲酸计，不得超过最大使用量。

苯甲酸在常温下难溶于水，实际应用时大部分为其钠盐，1.18g苯甲酸钠的防腐效果相当于1.0g苯甲酸，1g苯甲酸钠的防腐效果相当于0.847g苯甲酸。使用时应根据食品特点选用热水溶解或乙醇溶解，因此对不宜有酒味的食品不能用乙醇溶解。另一种方法是加适量的碳酸氢钠或碳酸钠，用90℃以上的热水溶解，使其转化成苯甲酸钠后应用，但此法不适合用于醋等酸性食品。因苯甲酸易随水蒸气挥发，加热溶解时要戴口罩，避免操作工长期接触，对身体产生不良影响。

(2) 山梨酸及其盐类

山梨酸（sorbic acid；CNS：17.003；INS：200）的化学名称为2,4-己二烯酸，又名花楸酸，分子式$C_6H_8O_2$，分子量112.13，结构式$CH_3CH{=}CHCH{=}CHCOOH$。山梨酸钾（potassium sorbate；CNS：17.004；INS：202）分子式$C_6H_7O_2K$，分子量150.22。

O
OH
O
O^-
K^+

山梨酸　　山梨酸钾

性状与性能：山梨酸为无色针状结晶性粉末，无臭或微带刺激性臭味，熔点132～135℃，沸点228℃（分解），饱和水溶液的pH 3.6。耐热性好，在140℃下加热3h无变化。由于山梨酸是不饱和脂肪酸，长期暴露在空气中则易被氧化而失效。山梨酸难溶于水，溶于乙醇、乙醚、丙二醇、植物油等（见表7-2）。

山梨酸钾为白色至浅黄色鳞片状结晶或结晶性粉末，无臭或微有臭味。相对密度1.363，熔点270℃（分解），长期暴露在空气中易吸潮、易氧化分解。1%水溶液的pH值为7～8。易溶于水，溶于丙二醇、乙醇（见表7-2）。

表7-2　山梨酸及山梨酸钾的溶解度

溶剂	温度/℃	山梨酸/%	山梨酸钾/%
水	20	0.16	67.6
水	100	3.8	—
乙醇(95%)	20	14.8	6.2
丙二醇	20	5.5	5.8
乙醚	20	6.2	0.1
植物油	20	0.52～0.95	—

山梨酸及其盐类是目前使用最多的防腐剂之一，目前的生产量和应用量快速增加。在应用上，由于普遍认为其毒性小于苯甲酸钠，当成品价格和成本进一步下降时，有可能逐步取代苯甲酸钠成为最主要的酸型防腐剂。

山梨酸具有良好的防霉性能，对霉菌、酵母菌和好气性细菌的生长发育起抑制作用，而对厌氧性芽孢形成菌几乎无效，对嗜酸乳杆菌等效果较差。

山梨酸的抑菌作用机理是与微生物有关酶的巯基相结合，从而破坏许多重要酶的作用。此外还能干扰传递机能，如细胞色素C对氧的传递，以及细胞膜表面能量传递的功能，抑制微生物繁殖，达到防腐的目的。

山梨酸属于酸型防腐剂，在酸性介质中对微生物有良好的抑制作用，随pH值增大，防腐效果减小，pH值为8时丧失防腐作用，适用于pH5～6以下的食品防腐，使用的pH值范围比苯甲酸类防腐剂要宽。山梨酸钾要转化为未离解的山梨酸后，才具有防腐性能。两者在 pH 值 4.5、5.5、6.0 时完全抑制绝大多数微生物种类生长的最低含量分别为 0.05%、0.1%、0.2%。食品中的其他成分对防腐作用影响不大。

山梨酸大鼠经口 LD_{50} 为 10.5g/kg（以体重计），MNL 为 2.5g/kg（以体重计）。山梨酸钾的大鼠经口 LD_{50} 为 4.92g/kg（以体重计）。山梨酸及其盐的 ADI 为 0～25mg/kg（以体重计）（以山梨酸计）。

使用及使用建议：GB 2760—2024 规定，山梨酸及其钾盐可于 39 类食品中应用，以山梨酸计的最大使用量在浓缩果蔬汁中限量为 2.0g/kg，在胶基糖果、其他杂粮（仅限杂粮灌肠制品）、方便米面制品（仅限米面灌肠制品）、肉灌肠类、蛋制品（改变其物理性状）为 1.5g/kg，在干酪、氢化植物油、人造黄油及其类似制品、果酱、腌渍的蔬菜（仅限即食笋干）、豆干再制品、新型豆制品（大豆蛋白膨化食品、大豆素肉等）、除胶基糖果以外的其他糖果、面包、糕点、焙烤食品馅料及表面用挂浆、风干烘干压干等水产品、即食海蜜、调味糖浆、酱油、醋、复合调味料、乳酸菌饮料中为 1.0g/kg，果酒 0.6g/kg，在风味冰棍类、经表面处理的鲜水果、蜜饯、凉果、经表面处理的新鲜蔬菜、腌渍的蔬菜、加工食用菌和藻类、酱及酱制品、饮料类（包装饮用水除外）、果冻、胶原蛋白肠衣为 0.5g/kg，配制酒为 0.4g/kg，葡萄酒 0.2g/kg，熟肉制品和预制水产品（半成品）0.075g/kg。

① 山梨酸难溶于水，使用时先将其溶于乙醇或碳酸氢钠中，但此时，溶液呈碱性，不宜久放。

② 山梨酸钾较山梨酸易溶于水，且溶液在室温下相对稳定，使用方便，其 1%水溶液的 pH 值为 7～8，有可能引起食品 pH 值升高。同时，由于其高 pH 值，溶液本身易被杂菌污染，应随配随用。

③ 为防止氧化，溶解山梨酸时不得使用铜、铁等容器。

④ 山梨酸与苯甲酸、丙酸、丙酸钙等防腐剂可产生协同作用，提高防腐效果。

⑤ 1g 山梨酸相当于 1.33g 山梨酸钾，1g 山梨酸钾相当于 0.746 山梨酸。

⑥ 山梨酸较易挥发，应尽可能避免加热。

⑦ 山梨酸能严重刺激眼睛，在使用山梨酸或其盐时，要注意勿使其溅入眼中，一旦进入眼中尽快以水冲洗。

⑧ 山梨酸应避免在有生物活性的动植物组织中应用，因为有些酶可使山梨酸分解为 1,3-戊二烯，不仅使山梨酸丧失防腐性能，还产生不良气味。

⑨ 山梨酸也不宜长期与乙醇共存，因为乙醇与山梨酸作用生成具有特殊气味的物质，影响食品风味。

⑩ 山梨酸在储存时应注意防湿、防热（温度以低于 38℃为宜）。保持包装完整，防止氧化。

(3) 对羟基苯甲酸酯类

对羟基苯甲酸酯类（*p*-hydroxy benzoate），又称尼泊金酯类。用于食品防腐剂的对羟基苯甲酸酯类有对羟基苯甲酸甲酯、对羟基苯甲酸乙酯，为了改进其水溶性，有时使用其钠盐，如对羟基苯甲酸甲酯钠、对羟基苯甲酸乙酯钠等。其化学结构式如下：

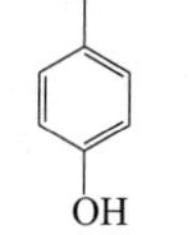

O=C—OR

OH

对羟基苯甲酸酯类对霉菌、酵母菌有广泛的抗菌作用，但对细菌特别是革兰氏阴性杆菌及乳酸菌的作用较差，一般认为其抗菌作用较苯甲酸和山梨酸要强。其烷链越长，抗菌作用越强，即对羟基苯甲酸乙酯防腐性能优于对羟基苯甲酸甲酯，对苹果青霉、黑根霉、啤酒酵母、耐渗压酵母有良好的抑制能力。

防腐机理：基本上与苯酚类似，可破坏微生物的细胞膜，使细胞内蛋白质变性，并抑制微生物细胞的呼吸酶系与电子传递酶系的活性。对羟基苯甲酸酯类的抑菌活性主要是分子态起作用，由于其分子内的羧基已经酯化，不再电离，所以它的抗菌作用在 pH 4～8 的范围内均有很好的效果。有些实验证明，在有淀粉存在时，对羟基苯甲酸酯类的抗菌力减弱。

① 对羟基苯甲酸甲酯（methylparaben）分子式 $C_8H_8O_3$，分子量 152.15。其化学结构式如下：

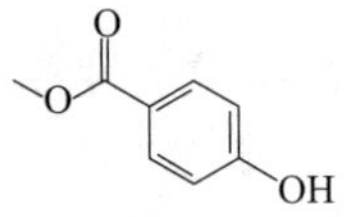

O
O
OH

性状与性能：无色细小结晶或白色晶体粉末，无臭或微有特殊气味，稍有焦煳味，熔点 125～128℃。难溶于水，溶解度 0.25g/100mL（25℃），难溶于甘油、非挥发性油、苯、四氯化碳。易溶于乙醇，溶解度 40g/100mL；乙醚，溶解度 14.29g/100mL；丙二醇，溶解度 25g/100mL。ADI 为 0～10mg/kg（以体重计）。

② 对羟基苯甲酸乙酯（ethyl *p*-hydroxybenzoate；ethylparaben；CNS：17.007；INS：214）分子式 $C_9H_{10}O_3$，分子量为 166.18。其化学结构式如下：

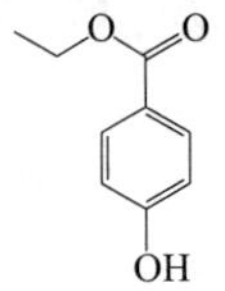

O O
OH

性状与性能：对羟基苯甲酸乙酯为无色细小结晶或白色晶体粉末，无臭，初感无味，稍后有麻舌感的涩味，耐光和热，熔点 116～118℃，沸点 297～298℃。不亲水，无吸湿性。微溶于水，溶解度 0.17g/100mL（25℃）。易溶于乙醇，溶解度 70g/100mL（室温）；丙二醇，溶解度 25g/100mL（室温）；花生油，溶解度 1g/100mL（室温）。小鼠经口 LD_{50} 为 5.0g/kg（以体重计），犬经口 5.0g/kg（以体重计）。ADI 为 0～10mg/kg（以体重计）。

(4) 丙酸及其盐类

丙酸（propionic acid）及丙酸盐（propionate）是重要的食品防腐剂。丙酸盐主要是指丙酸钙、丙酸钠，同其他防腐剂相比，丙酸及其盐类具有许多无可比拟的优越性，因而已成为食品和饲料中最广泛应用的防腐剂之一。

丙酸及丙酸盐发挥防腐防霉作用的有效成分均为丙酸分子。一般认为，丙酸通过以下途径发挥防腐防霉作用：①非解离的丙酸活性分子在霉菌或细菌等细胞外形成高渗透压，使霉菌细胞内脱水而失去繁殖能力。②丙酸活性分子可以穿透霉菌等的细胞壁，抑制细胞内的酶活性，阻碍微生物合成丙氨酸，进而阻止霉菌的繁殖。丙酸盐转变成丙酸的过程受到水分、pH 值等条件的影响。丙酸盐解离后形成的弱碱性也可能阻碍其进一步解离。

丙酸钠盐对霉菌有良好的效能，而对细菌抑制作用较小，对枯草杆菌、八叠球菌、变形杆菌等仍有一定的效果，能延迟它们的发育，对酵母菌则无作用。

丙酸进入人或动物体后，可以依次转变成丙酰 CoA、D-甲基丙二酸单酰 CoA、L-甲基丙二酸单酰 CoA 和琥珀酰 CoA。琥珀酰 CoA 既可以进入三羧酸循环彻底氧化分解，又可以进入糖异生途径合成葡萄糖或糖原。在动物的代谢途径中，某些反刍动物（如牛）瘤胃中的细菌能将糖类物质（如纤维素）发酵成丙酸，通过上述途径进入脂质代谢与糖代谢，因此并不对反刍动物健康造成损害。

丙酸盐具有不受食品中其他成分影响，腐蚀性低，刺激性小，适于长期贮存等优点。我国饲料中生产的克霉灵、霉敌、除霉净等主要成分均为丙酸盐。另外，由于丙酸盐不具有熏蒸作用，因此，对粮食类食品的混合均匀度要求较高。

① 丙酸（propionic acid；CNS：17.029；INS：280）分子式 CH_3CH_2COOH，分子量 74.08。其结构式如下：

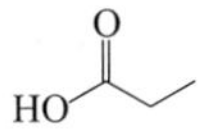

性状与性能：无色油状液体，有挥发性。略带辛辣刺激的油哈味。沸点 141℃，熔点 −22℃。相对密度 0.993～0.997。可溶于水、乙醇及其他有机溶剂。ADI 不作限制性规定，大鼠经口 LD_{50} 为 5.6g/kg（以体重计）。丙酸是人体正常代谢的中间产物，可被完全代谢和利用。

② 丙酸钠（sodium propionate；CNS：17.006；INS：281）分子式 CH_3CH_2COONa，分子量 96.06。

性状与性能：白色结晶或白色晶体性粉末或颗粒，无臭或微带丙酸臭味，易溶于水，溶解度 100g/100mL（15℃）；溶于乙醇，溶解度 4.4g/100mL；微溶于丙酮，溶解度 0.05g/100mL；在空气中易吸潮分解。在 10%的丙酸钠水溶液中加入同量的稀硫酸，加热后产生有丙酸臭味的气体。耐高温、不挥发。丙酸钠小鼠经口 LD_{50} 为 5.1g/kg（以体重计）。其 ADI 不作限制性规定。

③ 丙酸钙（calcium propionate；CNS：17.005；INS：282）分子式（$CH_3CH_2COO)_2Ca$，分子量 186.22（无水盐）。

性状与性能：白色结晶或白色晶体性粉末，无臭或微丙酸气味。用作食品添加剂的丙酸钙为一水盐，对光和热稳定。有吸湿性，易溶于水，溶解度 39.9g/100mL（20℃），不溶于醇、醚类。在 10%的丙酸钙水溶液中加入等量的稀硫酸，加热能释放出丙酸的特殊气体。丙酸钙呈碱性，其 10%水溶液的 pH 值为 8～10。大鼠经口 LD_{50} 为 5.16g/kg（以体重计）。ADI 不作限制性规定。

使用及使用建议：GB 2760—2024 规定，以丙酸计，在豆制品、面包、糕点、食醋、酱油中为 2.5g/kg；在生湿面制品（面条、饺子皮、馄饨皮、烧卖皮）中为 0.25g/kg；原粮中为 1.8g/kg。

丙酸钠、丙酸钙是瑞士干酪等产品中的天然产物，因此，国外常用于加工干酪，最大使用量为 3g/kg。在月饼中加入 0.25%丙酸钙可延长 30～40 天不长霉，番茄酱罐头开罐后易生霉，若加入 0.2%丙酸钙，可延长保存期。

由于丙酸盐的作用依靠其游离产生的丙酸，在酸性条件下有效，其抗菌作用比山梨酸弱，比乙酸强。

(5) 其他化学防腐剂

① 脱氢乙酸及钠盐［dehydroacetic acid；CNS：17.009（i），17.009（ii）］。脱氢乙酸系统命名是3-乙酰基-6-甲基-二氢吡喃-2,4-(3*H*)-二酮，分子式 $C_8H_8O_4$，分子量168.15。

性状与性能：无色至白色针状结晶或白色晶体粉末，无臭，几乎无味，无刺激性，熔点109～112℃。难溶于水（<0.1%）；溶于苛性碱溶液；溶于乙醇，溶解度2.86g/100mL；苯，溶解度16.67g/mL。其饱和水溶液（0.1%）pH值为4。无吸湿性，对热稳定，120℃下加热20min变化很小，能随水蒸气挥发。在光的直射下微变黄。

脱氢乙酸钠［sodium dehydroacetate；CNS：17.009（iii）；INS：266］分子式 $C_8H_7NaO_4 \cdot H_2O$，分子量208.15。

性状与性能：白色的结晶粉末，无臭、微有特殊气味，无刺激性。易溶于水，溶解度33g/100mL；甘油，溶解度14.3g/100mL；丙二醇，溶解度50g/100mL。微溶于乙醇，溶解度1g/100g；丙醇，溶解度0.2g/100g。其水溶液呈中性或微碱性。且耐光耐热效果好，在食品加工过程中不会分解和随水蒸气蒸发。在食品中使用也不产生不正常的异味。

脱氢乙酸具有较强的抗细菌能力，对霉菌和酵母的抗菌能力更强，0.1%的浓度即可有效地抑制霉菌，而抑制霉菌的有效含量为0.4%，为酸性防腐剂，对中性食品基本无效，pH值为5时抑制霉菌效果是苯甲酸的2倍。在水中逐渐降解为醋酸。其钠盐具有广谱的抗菌作用，受pH值的影响较少；在酸性、中性、碱性的环境下均有很好的抗菌效果，对霉菌的抑制力最强，有效含量0.05%～0.1%，抑制细菌的含量为0.1%～0.4%，在pH5的条件下与苯甲酸钠相比，其对酵母的抑制作用比苯甲酸钠高2倍，对霉菌的抑制作用比苯甲酸钠高25倍，有效使用浓度较低。脱氢乙酸大鼠经口 LD_{50} 为1.0g/kg（以体重计）。钠盐的大鼠经口 LD_{50} 为0.57g/kg（以体重计）。

使用及使用建议：GB 2760—2024规定以脱氢乙酸计，面包、糕点、焙烤食品馅料及表面挂浆、预制肉制品、复合调味料中为0.5g/kg；在黄油与浓缩黄油、腌渍的蔬菜、腌渍的食用菌和藻类、发酵豆制品、果蔬汁（浆）中为0.3g/kg。

在国外脱氢乙酸用于干酪、奶油和人造奶油，用量为0.5g/kg以下；由于脱氢乙酸难溶于水，通常使用其钠盐。用作干酪表面防霉时，以1%～2%的脱氢乙酸钠水溶液喷雾即可。

② 乙酸钠（sodium acetate）其分子式为 CH_3COONa，分子量为82.03。

性状与性能：无色无味的结晶体，在空气中可被风化，可燃。溶于水和乙醚，微溶于乙醇。三水醋酸钠的熔点58℃，相对密度1.45，自燃点607.2℃。于123℃时脱去3分子水。无水醋酸钠的熔点324℃，相对密度1.528。

该品作为调味料的缓冲剂，可缓和不良气味并防止变色，具有一定的防霉作用。可作为复合调味料及膨化食品的酸度调节剂。无毒，但不能直接食用，因为它是弱碱性的，会影响胃、肠功能。

使用及使用建议：按照GB 2760—2024《食品安全国家标准 食品添加剂使用标准》规定，乙酸钠主要在复合调味料和膨化食品中使用。最大使用量：复合调味料10.0g/kg，膨化食品1.0g/kg。

③ 双乙酸钠［sodium diacetate；CNS：17.013；INS：262（ii）］简称SDA，分子式 $C_4H_7NaO_4 \cdot xH_2O$。无水物分子量142.09，其化学结构式为：

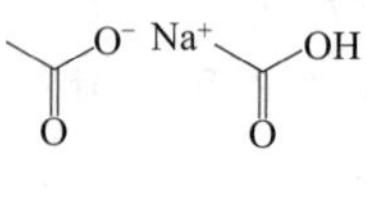

O^- Na^+ OH
O O

性状与性能：白色结晶粉末，有醋酸气味，易吸湿，易溶于水和醇，水中溶解度 100g/100mL。晶体结构为正六面体，熔点 96～97℃，加热至 150℃以上分解。10%水溶液的 pH4.5～5.5。

研究表明，双乙酸钠主要通过有效地渗透入霉菌的细胞壁而干扰酶的相互作用，可以使细胞内的蛋白质变性，从而抑制了霉菌的产生，达到高效防霉、防腐等功能。双乙酸钠对黑曲霉、黑根霉、黄曲霉、绿色木霉的抑制效果优于山梨酸。其溶于水时释放出 42.25%的乙酸而达到抑菌作用。防霉防腐效果优于苯甲酸盐类，一般使用量是 0.3～3g/kg。较少受食品本身 pH 值的影响。小鼠经口 LD_{50} 为 3.31g/kg（以体重计），大鼠经口 LD_{50} 为 4.97g/kg（以体重计），属低毒级。参与人体新陈代谢，产生 CO_2 和 H_2O，可看成食品的一部分，保持食品原有的色香味和营养成分。

使用及使用建议：GB 2760—2024 规定作为防腐剂，在复合调味料中可用 10.0g/kg；糕点 4g/kg；预制肉制品、熟肉制品 3g/kg；调味品 2.5g/kg；基本不含水的脂肪和油、豆干类、原粮、熟制水产品（可直接食用）、膨化食品 1.0g/kg。

另据研究，双乙酸钠适合于腌制蔬菜、泡菜、饲料防霉等。

④ 稳定态二氧化氯（stabilized chlorine dioxide；CNS：17.028；INS：926）分子量 67.45，其化学结构式如下：

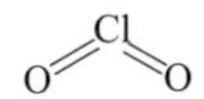

性状与性能：常温常压下，ClO_2 是一种黄绿色至橙色的气体，具有类似氯气的刺激性气味，空气中体积浓度超过 10%时有爆炸性，熔点－59.5℃，沸点 9.9℃。ClO_2 易溶于水，在水中低温下有各种水合物，对热、光敏感，需避光、低温保存。二氧化氯是一种强氧化剂，与无机和有机化合物发生剧烈氧化还原反应，有很强的腐蚀性。具有广谱抗微生物作用。

杀菌机理：释放次氯酸分子和新生态氧（即［O］）实现双重强氧化作用，使微生物机体内部组成蛋白质的氨基酸断链，破坏微生物的酶系统，从而杀灭病原微生物如致病菌、非致病菌、病毒、芽孢、各种异养菌、真菌、铁细菌、硫酸盐还原菌、藻类、原生动物、浮游生物等。对高等动物细胞结构基本无影响，具有高度的安全性，被世界卫生组织列为 A1 级广谱、安全、高效杀菌消毒剂，被推崇为第四代消毒剂。大鼠经口 LD_{50} 为 166mg/kg（以体重计）。ADI 为 0～30mg/kg（以体重计）（FAO/WHO，1994）。

使用及使用建议：GB 2760—2024 将其作为防腐剂，并列入食品工业用加工助剂名单，规定果蔬保鲜 0.01g/kg；水产品及其制品（包括鱼类、甲壳类、贝类、软体类、棘皮类等水产品及其加工制品）0.05g/kg，水溶液浸渍可控制微生物污染。

稳定性 ClO_2 大量用作消毒剂，用 0.08g/kg 稳定态 ClO_2 溶液浸泡可对食品加工设备管道、贮槽、混合槽进行消毒；用 1g/kg 的稳定态 ClO_2 可对奶牛的乳房、挤奶器、牛奶管道及贮罐消毒；在鱼类加工、家禽加工中可控制微生物污染。

水果、蔬菜在运输、贮存过程中易腐烂变质，使用粉末状 ClO_2 与缓释剂按等比例混合，置于水果纸箱、蔬菜仓库中，可杀灭致腐微生物，抑制细菌生长，而且与冷藏法相比价格低廉、使用方便，适用于大部分果蔬的保鲜保存。

⑤ 单辛酸甘油酯（capryl monoglyerid；CNS：17.031）化学式 $C_{11}H_{22}O_4$，分子量 218，化学结构式如下：

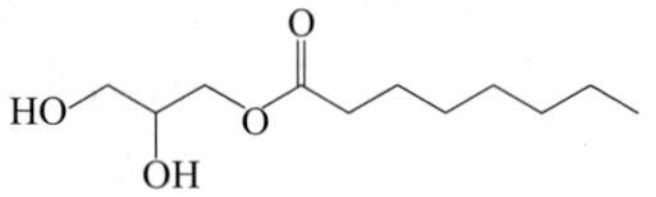

性状与性能：常温下呈固态，稍有芳香味，熔点40℃，难溶于冷水，加热后易溶，水溶液为不透明的乳状液，易溶于乙醇、丙二醇等有机溶剂中。

抑菌机理：对霉菌、细菌都有效，相比之下，对革兰氏阴性菌效果差。其抑菌机理目前仍是一些假设，如脂肪酸酯与微生物膜的关系假说，脂肪酸酯首先接近微生物细胞膜的表面，然后亲油部分的脂肪酸或其酯在细胞膜中多数呈刺入状态。这种状态下在物理方面细胞膜的脂质机能低下，结果其细胞机能终止。只有用一些方法使刺入的脂肪酸及其酯离开，细胞才能恢复机能。单辛酸甘油酯在体内与脂肪一样分解成甘油与脂肪酸，经β-氧化途径和TCA循环代谢，最后分解为CO_2和水，可供给身体能量，它不会因代谢不良而产生特别积蓄性和特异性反应，是安全性很高的化合物。ADI无需规定（单、双甘油酯）（FAO/WHO，1994）。大鼠经口LD_{50}为26.1g/kg（以体重计）。

使用及使用建议：GB 2760—2024规定，肉灌肠类0.5g/kg；生湿面制品（面条、饺子、馄饨皮、烧卖皮）、糕点、焙烤食品馅料及表面挂浆（限豆馅）1.0g/kg。WHO/FAO、日本规定用量不受限制。

⑥ 二甲基二碳酸盐（dimethyl dicarbonate，DMDC）分子式$C_4H_6O_5$，分子量134.09。化学上常用的为二甲基碳酸氢钠（dimethyl dicarbonate）或二甲基焦碳酸氢钠（dimethyl pyrocarbonate）。商品名为维果灵（Velcorin，朗盛德国有限公司）。在生化实验中DMDC取代焦碳酸二乙酯作为RNA干扰试剂。其化学结构式如下：

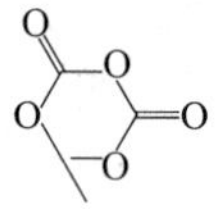

性状与性能：室温下为无色液体，稍有涩味，沸点172℃，低于17℃时凝固。20℃时相对密度1.25，闪点85℃，20℃时蒸气压0.07kPa。水中溶解度3.65%。目前商品纯度99.8%以上，如果不继续吸水，可在20～25℃下保存至少1年。

作用机理可能是抑制醋酸盐激酶（acetate kinase）和L-谷氨酸脱羧酶（L-glutamic acid decarboxylase）的活性，亦可能使乙醇脱氢酶和甘油醛-3-磷酸脱氢酶的组氨酸部分的甲氧羰基化（methoxycarbonylation）。FDA在1988年10月21日批准作为葡萄酒的酵母抑制剂，剂量200mg/L，但作为食品加工助剂，不需特殊标明。

使用及使用建议：GB 2760—2024规定，果蔬汁（肉）饮料、碳酸饮料、风味饮料（包括果味饮料、乳饮料以及茶味、咖啡味和其他味饮料）、茶饮料0.25g/kg。国外的经验表明其还可应用于等渗饮料和其他许多饮料中，它与玻璃、金属和塑料如聚对苯二甲酸乙二醇酯（PET）或聚氯乙烯（PVC）饮料包装都是兼容的。

使用效果与水的反应速率有关，加入之后与水的反应很快，可以生成二氧化碳和甲醇，pH2～6，水解速度依H^+浓度变化，21℃时货架寿命3min。在所有的水溶液中会发生水解，如在10℃时，260min后可完全水解，20℃ 80min，30℃ 50min即可完全水解。加入的96%以上均水解成二氧化碳和甲醇，每100份产品可生产65.7份二氧化碳和47.8份甲醇。虽然卫生部公告2011年第19号规定有成品和杂质的测定办法，但加入到饮料后无法确定此物含量。

⑦ 硫磺及亚硫酸类：包括硫磺（sulfur）和二氧化硫（sulfur dioxide）、焦亚硫酸钠（sodium metabisulphite）、焦亚硫酸钾（potassium metabisulphite）、亚硫酸钠（sodium sulfite）、亚硫酸氢钠（sodium hydrogen sulfite）、低亚硫酸钠（sodium hyposulfite）。

硫磺的性状与性能：硫磺的元素符号 S，原子量为 32.06。块状硫磺为淡黄色块状结晶体，粉末为淡黄色粉末，有特殊臭味，能溶于二硫化碳，不溶于水。密度、熔点及其在二硫化碳中的溶解度均因晶体不同而异，沸点约为 445℃，硫磺在空气中燃烧，燃烧时发出蓝色火焰，生成二氧化硫，粉末与空气或氧化剂混合易燃烧，甚至爆炸。

硫磺在熏蒸的过程中形成 SO_2，一些研究认为 SO_2 能与半胱氨酸结合形成硫酯，因此，可认为它能降解硫胺素和辅酶Ⅱ（NAD^+），从而抑制醋酸杆菌（*Acetobacter aceti*）的代谢。此外，它还能抑制某些酵母的代谢。但近来发现许多酵母菌属的种类对二氧化硫产生耐药性，此外许多霉菌对二氧化硫都有耐受性，在低浓度下某些霉菌仍能生长，高浓度下才能完全抑制其生长。

按 FAO/WHO（2001）规定，ADI 为 0～0.7mg/kg。兔经口 LD_{50} 为 0.6～0.7g/kg。二氧化硫有毒，吸入 SO_2 含量多于 0.2%，会使嗓子变哑、喘息，可因声门痉挛窒息而死亡。

使用及使用建议：按照 GB 2760—2024《食品安全国家标准 食品添加剂使用标准》规定，硫磺仅限于蜜饯凉果、干制蔬菜、经表面处理的鲜食用菌和藻类、水果干类加工时的熏蒸。最大用量：魔芋粉 0.9g/kg；经表面处理的鲜食用菌和藻类 0.4g/kg；蜜饯凉果 0.35g/kg；干制蔬菜 0.2g/kg；水果干类、食糖 0.1g/kg。

其他亚硫酸盐、焦亚硫酸盐和 SO_2 等在 GB 2760—2024《食品安全国家标准 食品添加剂使用标准》中在被归为防腐剂的同时还被归为漂白剂。需要指出的是，超量的 SO_2 能引起严重的过敏反应，因此，一定要遵守其相关的最大使用限量标准，尤其对哮喘患者，FDA 于 1986 年禁止其在新鲜果蔬中作为防腐剂使用。

⑧ 硝酸盐及亚硝酸盐：硝酸钠（sodium nitrate），分子式 $NaNO_3$，分子量为 84.99；硝酸钾（potassium nitrate），分子式 KNO_3，分子量为 101.10。

性状与性能：硝酸钾为无色透明棱晶，白色颗粒或白色结晶性粉末。硝酸钠为无色柱状结晶，或白色细小结晶或粉末。硝酸钾和硝酸钠均无臭，带咸味，在潮湿的空气中易吸潮或略微吸潮。易溶于水及甘油，高热时生成相应的亚硝酸盐。在肉中经硝酸盐还原菌的作用，形成亚硝酸盐，亚硝酸钾（钠）可与肌肉中的肌红蛋白形成亚硝基肌红蛋白，使肉制品保持稳定鲜艳的红色。故在之前我国食品添加剂使用标准中均将硝酸钠、硝酸钾及亚硝酸钠、亚硝酸钾归为发色剂。而在 GB 2760—2024《食品安全国家标准 食品添加剂使用标准》中将其同时归为护色剂和防腐剂。

硝酸钠与硝酸钾对厌气性细菌尤其是肉毒杆菌（*Clostridium botulinum*）生长具有明显的抑制作用。

硝酸钠大鼠经口的 LD_{50} 为 1100～2000mg/kg，硝酸钾为 236mg/kg。出生 6 个月内的婴儿对硝酸盐特别敏感，故不宜用于婴幼儿食品，HACSG（欧共体儿童保护集团）建议对婴幼儿食品限用。ADI 为 0～3.7mg/kg［以 NO_3^- 计，但不适用于 3 月龄以下的婴儿，FAO/WHO，（2001）规定］。

使用及使用建议：按照 GB 2760—2024《食品安全国家标准 食品添加剂使用标准》规定，硝酸钠、硝酸钾在各种肉制品中的最大使用量均为 0.5g/kg；残留量以亚硝酸钠（钾）

计小于 30mg/kg。

亚硝酸钠（sodium nitrite）分子式 $NaNO_2$，分子量 69.01；亚硝酸钾（potassium nitrite），分子式 KNO_2，分子量 85.11。

性状与性能：亚硝酸钾呈白色或微黄色晶体或棒状体，略带咸味。亚硝酸钠外观和滋味颇似食盐，二者均具有极强致癌性，必须注意误食导致的中毒。易吸潮，易溶于水，难溶于乙醇。

亚硝酸钠与亚硝酸钾对厌气性细菌尤其是肉毒杆菌（*Clostridium botulinum*）生长具有明显的抑制作用。

亚硝酸钠大鼠经口 LD_{50} 为 85mg/kg，亚硝酸钾大鼠经口 LD_{50} 为 200mg/kg。出生 6 个月内的婴儿对亚硝酸盐特别敏感，故不宜用于婴幼儿食品，HACSG（欧共体儿童保护集团）建议对婴幼儿食品限用。ADI 为 0～0.06mg/kg，[以 NO_2^- 计，但不适用于 3 月龄以下的婴儿，FAO/WHO（2001）规定]。因亚硝酸盐能形成强致癌物亚硝胺，故用量应严格控制，并宜用抗坏血酸等发色助剂以减少亚硝酸盐的用量。

使用及使用建议：按照 GB 2760—2024《食品安全国家标准 食品添加剂使用标准》规定，亚硝酸钠、亚硝酸钾在各种肉制品中的最大使用量均为 0.15g/kg；残留量以亚硝酸钠（钾）计，西式火腿小于 70mg/kg，肉类罐头小于 50mg/kg，其他肉类制品均应小于 30mg/kg。

（6）作为防霉剂、果蔬保鲜剂的化学防腐剂

① 乙氧基喹（ethoxyquin；CNS：17.010）化学名 1,2-二氢-6-乙氧基-2,2,4-三甲基喹啉。化学式 $C_{14}H_{19}NO$，分子量 217.3。其化学结构式为：

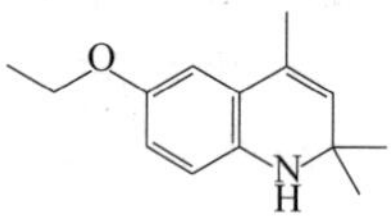

性状与性能：熔点小于 25℃，2mmHg（1mmHg＝133.3224Pa）大气压时沸点 123～125℃。外观为浅黄色或黄褐色黏稠液体，溶于油脂及多种有机溶剂。目前市场上主要用作饲料添加剂，常见的商品剂型主要有两种，一种是含量 90％以上的黄褐色黏稠液体，另一种是含量为 10％～66％的粉剂。

主要功能：①防止脂肪与油脂的酸败及变质，保持其能量与营养成分。②保存饲料或香辛料中的天然胡萝卜素、维生素 A、维生素 E 等脂溶性维生素的活性。③防止叶黄素以及色素原料的氧化与损耗。④有一定的防霉作用。⑤显著延长各种饲料、饲料原料香辛料的储存期。

乙氧基喹啉是世界上公认最有效、最经济实用的一种饲料抗氧化剂。它具有抗氧化效率高、安全无毒、使用方便、在动物体内不蓄积等特点，是保持饲料及其原料品质不可缺少的一种添加剂。规定饲料中最大限量 0.15g/kg。

使用及使用建议：GB 2760—2024 规定作为防腐剂，可用于苹果保鲜，按需要应用，但残留量不超过 1mg/kg。

② 肉桂醛（cinnamaldehyde；CNS：17.012）又名反式肉桂醛、桂醛、桂皮醛，化学名 3-苯基丙烯醛（3-phenyl-2-propenal）。分子式 C_9H_8O，分子量 132.16。其化学结构式如下：

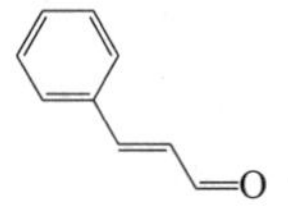

性状与性能：具有强烈的肉桂油气味，淡黄色油状液体。折射率（20℃）为1.621～1.623，相对密度1.0497。沸点248℃，熔点－8℃。微溶于水（溶解度0.143g/100mL），溶于乙醇、乙醚、氯仿、油脂。在空气中易被氧化，要求酸值≤1.0%。抑菌效果不太受pH值的影响，对于酸性或碱性的物质，对黄曲霉、黑曲霉、交链孢霉、白地霉、酵母菌等有强烈的抑菌作用，还可广泛应用于防腐防霉保鲜。大鼠经口LD_{50}为2220mg/kg（以体重计）；ADI，不能提出（FAO/WHO，1994）。GRAS：FDA-21CFR182.60。[1]

使用及使用建议：GB 2760—2024规定，可按生产需要适量用于水果保鲜，残留量低于0.3mg/kg。其他使用参考及要求：使用贮藏柑橘含肉桂醛的包果纸，在贮藏后的柑橘中肉桂醛残留量为橘皮≤0.6mg/kg，橘肉≤0.3mg/kg，也可配成乳液浸果保鲜，或将乳液涂在包果纸或直接熏蒸进行保鲜。可作为食用香料的成分使用。

研究表明，肉桂醛可能有一定的抗溃疡，加强胃、肠道运动，促进脂肪分解，抗病毒，抑制肿瘤的发生、抗诱变、抗辐射、扩张血管及降压作用等。

肉桂醛作为口香糖的原料，可以起到杀菌除臭作用，可在短期内对口腔卫生产生积极影响。可用来掩饰口臭，能清除引起口臭的细菌。

③ 联苯醚（diphenyl ether；diphenyl oxide；CNS：17.022）别名二苯醚，分子式$C_{12}H_{10}O$，分子量170.21。

性状与性能：无色结晶体或液体，类似天竺葵气味，蒸气压101.08kPa，闪点>110℃，熔点27℃，沸点259℃。不溶于水、无机酸、碱液，溶于乙醇、乙醚等。液体相对密度（水＝1）为1.07～1.08；气体相对密度（空气＝1）为1.0。性质较稳定。遇高热、明火或与氧化剂接触，有燃烧的危险。燃烧（分解）产物为一氧化碳、二氧化碳和成分未知的黑色烟雾。

对黏膜和皮肤有刺激作用。急性中毒引起头痛、头晕、恶心、呕吐、嗜睡，甚至有短暂的意识丧失。长期接触可引起皮炎和肝脏损伤，个别人皮肤过敏。侵入途径：吸入、食入、经皮吸收。急性毒性：LD_{50}为3.99g/kg（大鼠经口）。

使用及使用建议：GB 2760—2024规定可用于柑橘保鲜，用量3.0mg/kg，残留量低于12mg/kg。

（7）微生物防腐剂

有些微生物菌株在生长代谢过程中会分泌抑菌物质，这些物质是良好的天然防腐剂，目前已发现有许多已经商业化并被许多国家批准，如乳酸菌素、纳他霉素。另有ε-聚赖氨酸亦表现出很好的前景。

微生物防腐剂中最有前景和已商业化应用的为细菌素（bacteriocin），是由细菌代谢产生的，对同种或近源种有特异性抑制杀菌作用的蛋白质或多肽物质。细菌素的来源很广，革兰氏阳性菌、革兰氏阴性菌均可产生。主要用途是作为天然的食品防腐剂，但我国食品添加剂标准化技术委员会批准使用的由微生物产生的细菌素的防腐剂只有乳酸链球菌素。

---

[1] 美国FDA评价食品添加剂安全性指标Generally Recognized as Safe（GRAS）；美国食品药品管理局Food and Drug Administration（FDA）；《美国联邦管理法规》Code of Federal Regulations（CFR）；21 CFR：指《美国联邦管理法规》的第21章。

① 乳酸链球菌素（nisin；CNS：17.019；INS：234）别名尼生素、乳球菌肽，是一种由乳酸链球菌合成的多肽抗生素类物质，分子式为 $C_{143}H_{230}N_{42}O_{37}S_7$，分子量 3354。

性状与性能：溶解性随 pH 值上升而下降，pH 值 2.5 时为 12%，pH 值 5.0 时为 4%，中性、碱性时几乎不溶解。在酸性介质中具有较好的热稳定性，但随 pH 值的上升而下降。如 pH 值 2 时于 121℃下维持 30min 仍有活性，pH 值大于 4 时迅速分解。乳酸链球菌素的抑菌 pH 值为 6.5～6.8。可被肠道消化酶分解，具有很高的安全性。商品制剂常用国际单位（IU）表示，1IU 相当于 0.025mg 纯的乳酸链球菌素。

抑菌范围：抑制革兰氏阳性菌及其芽孢，如肉毒梭菌、金黄色葡萄球菌、溶血链球菌、李斯特菌、嗜热脂肪芽孢杆菌的生长和繁殖，对革兰氏阴性菌影响不大。可能是因为革兰氏阴性菌的细胞壁较复杂，仅能允许分子质量 60Da 以下的物质通过，乳酸链球菌素的分子质量远超此范围，因此无法到达细胞膜。

其抑菌机理仍在研究中，在多数情况下，乳球菌肽对细菌孢子的作用方式是抑菌而不是杀菌，当孢子萌发时，因对乳球菌肽敏感而被杀死，从而抑制了芽孢的萌发过程。乳酸链球菌素为天然的多肽物质，食用后可被体内的蛋白酶消化分解成氨基酸，无微生物毒性或致病作用，因此其安全性较高。ADI：0～300IU/kg（FAO/WHO，1994）。雄性小鼠经口 LD_{50} 为 9.26g/kg（以体重计），雌性小鼠经口 LD_{50} 为 6.81g/kg（以体重计）。雄性大鼠经口 LD_{50} 为 14.70g/kg（以体重计），雌性大鼠经口 LD_{50} 为 6.81g/kg（以体重计）。

使用及使用建议：GB 2760—2024 规定，乳及乳制品、预制肉制品、熟肉制品、可直接食用的熟制水产品 0.5g/kg；杂粮灌肠、米面灌肠、改变物理形状的蛋制品 0.25g/kg；食用菌及菌类罐头、八宝粥罐头、酱油、酱及酱制品、复合调味料、除水之外的饮料类 0.2g/kg；醋 0.15g/kg。其他国家和组织的规定见表 7-3。

表 7-3　批准使用乳酸链球菌素的国家和组织举例

国家	允许使用的食品	最大使用量/(IU/g)
澳大利亚	干酪，经加工的干酪、罐装番茄	无限制
比利时	干酪	100
塞浦路斯	干酪	无限制
欧盟	E234，作为天然防腐剂	视具体食品和加盟国而定
法国	经加工的干酪	无限制
意大利	—	500
墨西哥	允许使用	500
荷兰	干酪，经加工的干酪	800
秘鲁	允许使用	无限制
俄罗斯	干酪，罐装蔬菜	800
英国	凝结的干酪，干酪，罐装食品	无限制
美国	经加工的干酪	1000

② 纳他霉素（natamycin；CNS：17.030；INS：235）也称那他霉素、游链霉素、匹马霉素、纳塔霉素等。一种多烯大环内酯类抗真菌剂。1955 年 Struky 等首次从纳塔尔链霉菌（*Streptomyces natalensis*）中分离得到。分子式 $C_{33}H_{47}NO_{13}$，分子量 665.75，化学结构式为：

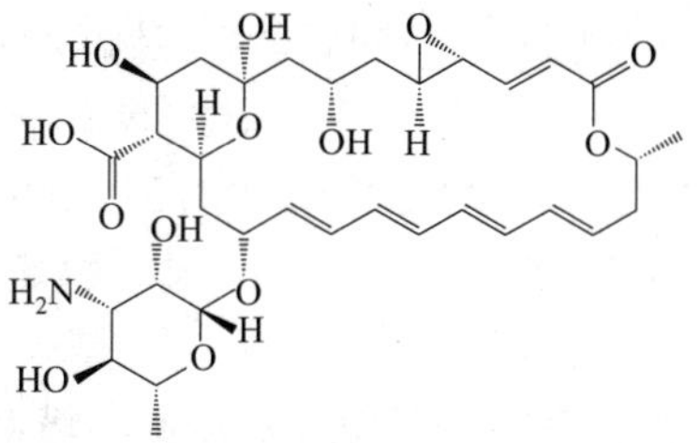

性状与性能：外观呈白色或奶油色，无味，结晶性粉末，纳他霉素是一种两性物质，分子中有一个碱性基团和一个酸性基团，等电点为 6.5，熔点为 280℃。水中和极性有机溶剂中溶解度很低，不溶于非极性溶剂，室温下在水中的溶解度为 30～100mg/L，且溶解度随 pH 值降低或升高而增加。在大多数食品的 pH 值（3～9）范围内，纳他霉素是非常稳定的。除 pH 值外，高温、紫外线、氧化剂及重金属等也会影响纳他霉素的稳定性。

纳他霉素对几乎所有的霉菌和酵母菌都有抑制作用，抑菌作用比山梨酸强 50 倍左右，但对细菌和病毒无效。因此它在以霉菌败坏的食品行业有着广泛的应用前景。研究表明，大多数霉菌被质量浓度为（1.0～6.0）$\times 10^{-3}$mg/L 的纳他霉素所抑制，极个别的霉菌在质量浓度为（1.0～2.5）$\times 10^{-2}$mg/L 下被抑制；大多数酵母菌在（1.0～5.0）$\times 10^{-3}$mg/L 时被抑制。

纳他霉素的作用机制是通过和细胞膜中的甾醇，尤其是麦角甾醇形成一种复合体，使细胞膜通透性发生改变从而杀死细胞。对细胞膜中无甾醇的有机体无效。FAO/WHO 在 1985 年的 ADI 为 0.3mg/kg。纳他霉素很难被消化吸收，因为纳他霉素难溶于水和油脂，大部分摄入的纳他霉素可能会随粪便排出。

目前纳他霉素已成为多个国家广泛使用的一种天然生物性食品防腐剂和抗菌添加剂。批准纳他霉素可用于乳酪防腐的国家有：中国、阿尔及利亚、巴林、比利时、保加利亚、加拿大、智利、法国、德国、希腊、匈牙利、以色列、意大利、科威特、墨西哥、新西兰、挪威、阿曼、菲律宾、葡萄牙、卡塔尔、沙特阿拉伯、南非、西班牙、瑞典、美国及委内瑞拉 27 国。

使用及使用建议：GB 2760—2024 规定可用于干酪、糕点、盐卤肉制品类、熏肉类、烧肉类、烤肉类、油炸肉类、西式火腿（熏烤、烟熏、蒸煮火腿类）、肉灌肠类、发酵肉制品、果蔬汁（浆），最大使用量为 0.3g/kg，上述产品采用表面使用、混悬液喷雾或浸泡时，残留量小于 10mg/kg；蛋黄酱、沙拉酱最大使用量为 0.02g/kg；发酵酒最大使用量为 0.01g/L。

据报道，其他的应用还包括在饮料生产中，添加于葡萄汁中，防止因酵母污染而导致的果汁发酵；在葡萄酒发酵中用于终止酵母发酵，控制葡萄酒的发酵度；在果汁生产中，用于苹果汁、橙汁防霉等；在水果方面的应用，包括一般水果如苹果、梨、柑橘等，软质水果如草莓、树莓、李子等，用悬浮液浸泡防腐；在其他方面的应用还包括人造奶油、水果糖浆、果浆、果冻、腌泡制品、鱼、禽、肉等食品的防霉。

③ ε-聚赖氨酸，一种含有 25～30 个赖氨酸单体残基的同型单体聚合物，它通过赖氨酸残基的 α-羧基和 ε-氨基形成的酰胺键连接而成，故称为 ε-聚赖氨酸。作为食品保鲜剂的典型产品，ε-聚赖氨酸具有 30 个赖氨酸单体。其单体化学结构式为：

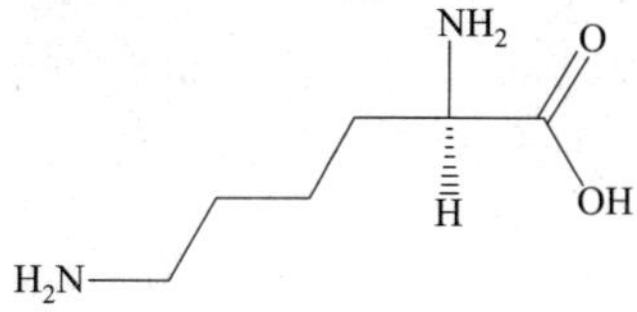

分子量根据其赖氨酸单体数（n）的不同，可按以下公式计算：分子量$=1461.19n-181.02(n-1)$。

性状与性能：纯品为淡黄色粉末，吸湿性强，水溶性好，微溶于乙醇，略有苦味。其理化性质稳定，对热（120℃，20min 或 100℃，30min）稳定，热处理后聚合物长度不变。$n=25\sim30$ 的 ε-聚赖氨酸其等电点为 pH9 左右。

ε-聚赖氨酸呈高聚合多价阳离子态，它能破坏微生物的细胞膜结构，引起细胞的物质、能量和信息传递中断，所有合成代谢受阻，活性的动态膜结构不能维持，代谢方向趋于水解，最后产生细胞自溶。还能与胞内的核糖体结合影响生物大分子的合成，最终导致细胞死亡。作为新型的营养型天然食品防腐剂，ε-聚赖氨酸已于 2003 年 10 月被 FDA 批准为安全食品保鲜剂。它对人体无毒无害，在肠道内可自动解聚为有一定营养作用的氨基酸。

使用及使用建议：日本规定在鱼片和寿司中的用量为 1000～5000mg/kg，在米饭（快餐盒）、面汤和其他汤类、面条、煮熟蔬菜等中的添加量为 10～500mg/kg，还可用于土豆色拉、日本牛排、蛋糕等食品中。美国规定在米饭和寿司食品中，ε-聚赖氨酸推荐使用量为 5～50mg/kg。ε-聚赖氨酸可单独使用，但若与其他的物质如甘氨酸、醋、乙醇等混用效果更好。

ε-聚赖氨酸最突出的特点在于其具有广谱抗菌性而用作食品保鲜剂，从肉类、家禽、海产品到面包、饼干等各种各样的食品，由于它天然又安全，符合消费者的健康需求，ε-聚赖氨酸在食品加工中作为保存剂，最早用于饭盒等食品，保存效果显著。在酱油加工的调味鸡饭的调味液中加 0.12%的 ε-聚赖氨酸，将鸡浸渍 20～30min 后油炸，即使 30℃保存也能大大地抑制酵母菌等增殖，延长保存期；ε-聚赖氨酸应用于糕点、面包等食品中，能有效抑制耐热性芽孢菌的繁殖；应用于低糖、低热量食品如乳蛋白冰淇淋、奶油制品可改善其保存性；在低温软罐头食品中加微量 ε-聚赖氨酸可防止杀菌后产生异味；在冷藏食品中添加能起到保证质量的效果。

7.2 抗氧化剂

7.2.1 食品抗氧化剂定义和分类

氧化是食品加工和保藏中所遇到的最普遍的变质现象之一。食品被氧化后，不仅色、香、味等方面会发生不良的变化，还可能会产生有毒有害的物质。抗氧化剂就是能够延迟或阻碍因氧化作用而引起的食品变质的物质（表 7-4）。虽然冷冻、真空包装等方法可延缓食品氧化变质，但使用抗氧化剂仍然是简便有效的手段，有些抗氧化剂还能赋予食品新功能。

抗氧化剂可按不同的标准进行分类。按其来源可分为合成抗氧化剂和天然抗氧化剂两大类；按其作用方式可分为自由基吸收剂、金属离子螯合剂、氧清除剂、氢过氧化物分解剂、酶抗氧化剂、紫外线吸收剂或单线态氧猝灭剂等。

表 7-4　GB 2760—2024 中允许使用的抗氧化剂

序号	中文名称	英文名称	CNS 号	INS 号
1	茶多酚(又名维多酚)	tea polyphenol(TP)	04.005	—
2	茶多酚棕榈酸酯	tea polyphenol palmitate	04.021	—
3	丁基羟基茴香醚(BHA)	butylated hydroxyanisole(BHA)	04.001	320
4	二丁基羟基甲苯(BHT)	butylated hydroxytoluene(BHT)	04.002	321
5	二氧化硫,焦亚硫酸钾,焦亚硫酸钠,亚硫酸钠,亚硫酸氢钠,低亚硫酸钠	sulfur dioxide,potassium metabisulphite, sodium metabisulphite,sodium sulfite,sodium hydrogen sulfite,sodium hyposulfite	05.001,05.002,05.003,05.004,05.005,05.006	220,224,223,221,222,—
6	甘草抗氧化物	antioxidant of glycyrrhiza	04.008	—
7	4-己基间苯二酚	4-hexylresorcinol	04.013	586
8	抗坏血酸(又名维生素 C)	ascorbic acid (vitamin C)	04.014	300
9	抗坏血酸钙	calcium ascorbate	04.009	302
10	抗坏血酸钠	sodiuma scorbate	04.015	301
11	抗坏血酸棕榈酸酯	ascorbyl palmitate	04.011	304
12	磷脂	phospholipid	04.010	322
13	没食子酸丙酯(PG)	propyl gallate(PG)	04.003	310
14	迷迭香提取物	rosemary extract	04.017	392
15	迷迭香提取物(超临界二氧化碳萃取法)	rosemary extract	04.017	392
16	羟基硬脂精(又名氧化硬脂精)	oxystearin	00.017	387
17	乳酸钙	calcium lactate	01.310	327
18	乳酸钠	sodium lactat	15.012	325
19	山梨酸及其钾盐	sorbic acid,potassium sorbate	17.003,17.004	200,202
20	特丁基对苯二酚(TBHQ)	tertiary butylhydroquinone(TBHQ)	04.007	319
21	维生素 E(*dl*-*α*-生育酚,*d*-*α*-生育酚,混合生育酚浓缩物)	vitamine E (*dl*-*α*-tocopherol, *d*-*α*-tocopherol,mixed tocopherol concentrate)	04.016	307
22	乙二胺四乙酸二钠	disodium ethylene-diamine-tetra-acetate	18.005	386
23	D-异抗坏血酸及其钠盐	D-isoascorbic acid(erythorbicacid),sodium D-isoascorbate	04.004,04.018	315,316
24	植酸(又名肌醇六磷酸),植酸钠	phytic acid(inositol hexaphosphoric acid),sodium phytate	04.006,04.025	391,—
25	竹叶抗氧化物	antioxidant of bamboo leaves	04.019	—

7.2.2　食品抗氧化剂作用机理

抗氧化剂的作用机理比较复杂，存在着多种可能性。有的抗氧化剂是由于本身极易被氧化，首先与氧反应，消耗了食品体系中的氧，从而保护了食品免受氧化造成的损失，如维生素E。有的抗氧化剂可以放出氢离子将油脂在自动氧化过程中所产生的过氧化物还原，使其不能形成醛或酮的产物，如硫代二丙酸二月桂酯等。有些抗氧化剂可能与其所产生的过氧化物结合，形成氢过氧化物，使油脂氧化过程中断，从而阻断氧化过程的进行，而本身则形成抗氧化剂自由基，但抗氧化剂自由基可形成稳定的二聚体，或与过氧化自由基ROO·结合形成稳定的化合物，如丁基羟基茴香醚（BHA）、二丁基羟基甲苯（BHT）、特丁基对苯二酚（TBHQ）、没食子酸丙酯（PG）、茶多酚（TP）等。

脂类的氧化反应是自由基的连锁反应，如果能消除自由基，就可以阻断氧化反应。自由基吸收剂就是通过与脂类自由基特别是与ROO·反应，将自由基转变成更稳定的产物，从而阻止脂类氧化。

某些过渡性金属元素如铜、铁等可以引发脂质氧化，从而加快脂类氧化的速度。因此，那些能与金属离子螯合的物质，就可以作为抗氧化剂。如乙二胺四乙酸二钠、EDTA、磷酸衍生物和植酸等都可以与金属离子形成稳定的螯合物。

氧清除剂是通过除去食品中的氧来延缓氧化反应的发生，主要包括抗坏血酸、抗坏血酸棕榈酸酯、异抗坏血酸及其钠盐等。当抗坏血酸清除氧后，本身就被氧化成脱氢抗坏血酸。

β-胡萝卜素等单线态猝灭剂能够将单线态氧变成三线态氧。

7.2.3 合成抗氧化剂的化学结构及其性质

合成抗氧化剂在抗氧化剂中占主导地位。它具有添加量少、抗氧化效果好、化学性质稳定及价格便宜等特点。下面介绍几种常用的化学抗氧化剂：

(1) 没食子酸丙酯

没食子酸丙酯（propyl gallate；PG；CNS：04.003；INS：310）别名倍酸丙酯、3,4,5-三羟基苯甲酸丙酯，分子式$C_{10}H_{12}O_5$；分子量212.21，结构式为：

OH
HO OH
O O

性状与性能：白色至浅褐色结晶粉末，或微乳白色针状结晶。无臭，微有苦味，水溶液无味。由水或含水乙醇可得到1分子结晶水的盐，在105℃失去结晶水变为无水物，熔点146～150℃。没食子酸丙酯较难溶于水（溶解度0.35g/100mL，25℃），微溶于棉籽油（溶解度1.0g/100mL，25℃）、花生油（溶解度0.5g/100mL，25℃）、猪脂（溶解度10g/100mL，25℃）。其0.25%水溶液的pH值为5.5左右。

PG是由没食子酸和正丙醇酯化而成的白色或微褐色结晶性粉末，其酚酸及其烷基酯赋予它很强的抗氧化活性，微溶于油脂，在油脂中溶解度随着烷基链长度增加而增大，是我国允许使用的一种常用的油脂抗氧化剂。它能阻止脂肪氧合酶酶促氧化，在动物性油脂中抗氧化能力较强，与增效剂柠檬酸复配使用时，抗氧化能力更强；与BHA、BHT复配使用时抗氧化效果尤佳；遇铁离子易出现呈色反应，产生蓝黑色；有吸湿性，对光不稳定，发生分解，耐高温性差，在食品焙烤或油炸过程中迅速挥发掉。LD_{50}大鼠经口2600mg/kg（以体重计），FDA认定为公认安全物质（GRAS）。在体内水解，大部分没食子酸变成4-*O*-甲基没食子酸，内聚成葡萄糖醛酸，随尿排出体外。长期研究证明PG不是致癌物，也不会引起前胃肿瘤。

使用及使用建议：按照 GB 2760—2024《食品安全国家标准 食品添加剂使用标准》规定没食子酸丙酯可用于脂肪、油和乳化脂肪制品，基本不含水的脂肪和油，熟制坚果与籽类(仅限油炸坚果与籽类)，坚果与籽类罐头，油炸面制品，方便米面制品，饼干，腌腊肉制品如咸肉、腊肉、板鸭、中式火腿、腊肠等，风干、烘干、压干等水产品，固体复合调味料(仅限鸡肉粉)，膨化食品，最大使用量为 0.1g/kg（以油脂中的含量计）；胶基糖果中，最大使用量为 0.4g/kg（以脂肪总量计）；与其他抗氧化剂复配使用时，PG 不得超过 0.05g/kg（以脂肪总量计）。

PG 最大使用量达 0.01%时即能自动氧化着色，故一般不单独使用，而与 BHA 复配使用，或与柠檬酸、异抗坏血酸等增效剂复配使用。与其他抗氧化剂复配使用量约为 0.005%时，即有良好的抗氧化效果。

(2) 丁基羟基茴香醚

丁基羟基茴香醚（butylated hydroxyanisole；BHA；CNS：04.001；INS：320）别名叔丁基-4-羟基茴香醚、丁基大茴香醚，分子式 $C_{11}H_{16}O_2$，分子量 180.25。BHA 是 3-BHA 和 2-BHA 两种异构体的混合物，其中 3-BHA 占 90%。其结构式为：

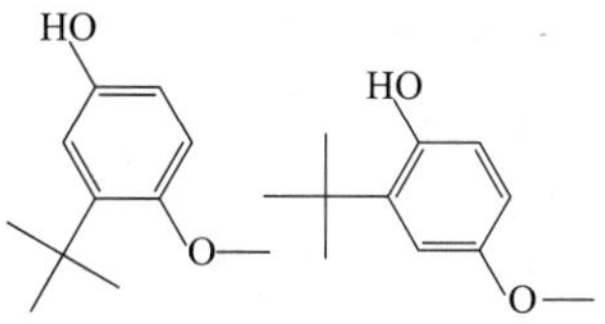

2-BHA 3-BHA

性状与性能：白色或微黄色蜡样结晶性粉末，带有酚类的特异臭气和有刺激性的气味。熔点 48～63℃，随混合比不同而异。不溶于水，易溶于乙醇（溶解度 25g/100mL，25℃）、甘油（溶解度 1g/100mL，25℃）、猪油（溶解度 50g/100mL，50℃）、玉米油（溶解度 30g/100mL，25℃）、花生油（溶解度 40g/100mL，25℃）和丙二醇（溶解度 50g/100mL，25℃）。3-BHA 的抗氧化效果比 2-BHA 强 1.5 倍，两者合用有增效作用。用量为 0.02%时比 0.01%的抗氧化效果增强 10%，超过 0.02%时效果反而下降。不会与金属离子作用而着色。除抗氧化作用外，还有相当强的抗菌力。

BHA 对动物性脂肪的抗氧化作用较之对不饱和植物油更有效。它对热较稳定，在弱碱性条件下也不容易被破坏，因此具有良好的持久的抗氧化能力，尤其是对使用动物脂的焙烤制品。可与碱金属离子作用而呈粉红色。具有一定的挥发性，能被水蒸气蒸馏，故在高温制品中，尤其是在煮炸制品中易损失。ADI 为 0～0.5mg/kg（以体重计） (FAO/WHO，1994)。LD_{50} 为 2.2～5g/kg（以体重计）。

使用及使用建议：按照 GB 2760—2024《食品安全国家标准 食品添加剂使用标准》规定 BHA 可用于脂肪、油、乳化脂肪制品，基本不含水的脂肪和油，坚果与籽类罐头，熟制坚果与籽类（仅限油炸坚果与籽类），即食谷物包括碾压燕麦（片），杂粮粉，方便米面制品，饼干，腌腊肉制品类（如咸肉、腊肉、板鸭、中式火腿、腊肠等），风干、烘干、压干等水产品，油炸食品，固体复合调味料（仅限鸡肉粉），膨化食品，最大使用量为 0.2g/kg；胶基糖果，最大使用量为 0.4g/kg（以脂肪计）。

与 BHT、PG 合用时，BHT 的总量不得超过 0.1g/kg，PG 不得超过 0.05g/kg。最大使用量以脂肪计。有实验证明，BHA 的抗氧化效果以用量 0.01%～0.02%为好。0.02%比 0.01%的抗氧化效果约提高 10%，但超过 0.02%时抗氧化效果反而下降。在使用时要严格控制加量。

(3) 二丁基羟基甲苯

二丁基羟基甲苯（butylated hydroxy toluene；BHT；CNS：04.002；INS：321）别名2,6-二丁基对甲酚，分子式 $C_{15}H_{24}O$，分子量220.35，结构式为：

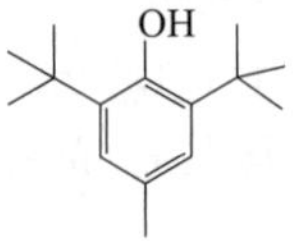

性状和性能：无色结晶或白色晶体粉末，无臭或有很淡的特殊气味，无味。熔点69.5～71.5℃（69.7℃，纯品），沸点265℃。化学稳定性好，对热相当稳定，抗氧化效果好，与金属离子反应不变色。它不溶于水和丙二醇，易溶于大豆油（溶解度30g/100mL，25℃）、棉籽油（溶解度20g/100mL，25℃）、猪油（溶解度40g/100mL，50℃）。20℃在其他溶剂中的溶解度为乙醇25g/100g、丙酮40g/100g、甲醇25g/100g、苯40g/100g、矿物油30g/100g。BHT稳定性高，抗氧化能力强，遇热抗氧化能力也不受影响，不与铁离子发生反应。BHT可以用于油脂、焙烤食品、油炸食品、谷物食品、奶制品、肉制品和坚果、蜜饯中。对于不易直接拌和的食品，可溶于乙醇后喷雾使用。BHT价格低廉，为BHA的1/8～1/5。ADI为0～0.3mg/kg（以体重计）（FAO/WHO，1995）。大鼠经口 LD_{50} 为890mg/kg（以体重计）。

使用及使用建议：按照GB 2760—2024《食品安全国家标准 食品添加剂使用标准》规定，BHT的使用范围和最大使用剂量与BHA相同。

BHT用于精炼油时，应该在碱炼、脱色、脱臭后，在真空下油品冷却到12℃时添加，才可以充分发挥BHT的抗氧化作用。此外还应保持设备和容器清洁，在添加时应先用少量油脂溶解，柠檬酸用水或乙醇溶解后再借真空吸入油中搅拌均匀。

(4) 特丁基对苯二酚

特丁基对苯二酚（tertiary butylhydroquinone；TBHQ；CNS：04.007；INS：319）别名叔丁基对苯二酚、叔丁基氢醌，分子式 $C_{10}H_{14}O_2$，分子量166.22，其结构为：

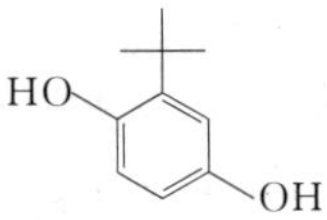

性状和性能：白色或浅黄色的结晶粉末，微溶于水，不与铁或铜形成络合物。在许多油和溶剂中都有足够的溶解性。熔点126～128℃。TBHQ溶于乙醇（溶解度60g/100mL，25℃）、丙二醇（溶解度30g/100mL，25℃）、棉籽油（溶解度10g/100mL，25℃）、玉米油（溶解度10g/100mL，25℃）、大豆油（溶解度10g/100mL，25℃）、猪油（溶解度5g/100mL，50℃），而在椰子油、花生油中易溶，水中溶解度随温度升高而增大。TBHQ的抗氧化活性与BHT、BHA或PG相等或稍优。TBHQ的溶解性能与BHA相当，超过BHT和PG。TBHQ对其他抗氧化剂和螯合剂有增效作用。TBHQ最有意义的性质是在其他的酚类抗氧化剂都不起作用的油脂中有效，柠檬酸的加入可增强其活性。

TBHQ在多数情况下对大多数油脂，尤其是植物油，较其他抗氧化剂有更有效的抗氧化稳定性。此外，它不会因遇到铜、铁而发生颜色和风味方面的变化，只有在有碱存在时才会转变为粉红色。对蒸煮和油炸食品有良好的持久抗氧化能力，但在焙烤制品中的持久力不强，除非与BHA合用。在植物油、膨松油和动物油中，TBHQ一般与柠檬酸结合使用。ADI为0～0.2mg/kg（以体重计）（FAO/WHO，1991）。LD_{50} 大鼠经口700～1000mg/kg

（以体重计）。

使用及使用建议：按照 GB 2760—2024《食品安全国家标准 食品添加剂使用标准》规定 TBHQ 可用于脂肪、油和乳化脂肪制品，基本不含水的脂肪和油，熟制坚果与籽类，坚果与籽类罐头，油炸面制品，方便米面制品，饼干，月饼，焙烤食品馅料及表面用挂浆，腌腊肉制品如咸肉、腊肉、板鸭、中式火腿、腊肠等，风干、烘干、压干等水产品，膨化食品，最大使用量为 0.2g/kg。实验表明，TBHQ 对油炸食品的抗氧化效果要比 PG 好得多，而 BHA、BHT 实际上无效果。

(5) 硫代二丙酸二月桂酯

硫代二丙酸二月桂酯（dilauryl thiodipropionate；DLTP；CNS：04.012；INS：389），分子式 $C_{30}H_{58}O_4S$，分子量为 514.85，其结构为：

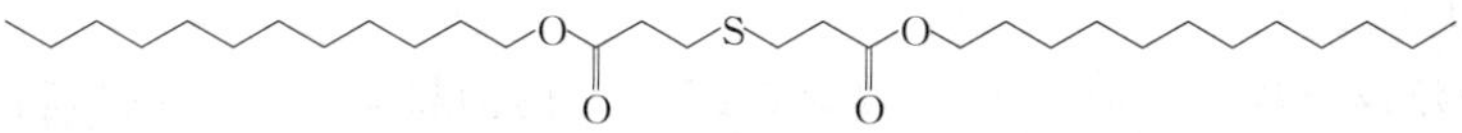

O O

性状与性能：白色结晶片状或粉末，有特殊甜味，似酯类臭，不溶于水，溶于多数有机溶剂。已证明这些硫醚类物质是一种新型、高效、低毒抗氧化剂，能有效地分解油脂自动氧化链反应中氢过氧化物，从而中断自由基链反应进行。硫代二丙酸（TDPA）对花生油有很好的抗氧化作用，其作用优于常用抗氧化剂 BHA、BHT，而与 TBHQ 的抗氧化效果相接近；TDPA 与 BHA、BHT、TBHQ 等酚型抗氧化剂有协同作用；TDPA 与 DLTP 之间也有协同作用，利用其复配，既可提高抗氧化效能，又可提高油溶性。

小鼠经口 LD_{50} 值小于 15g/kg（以体重计）。ADI 为 0～3mg/kg（以体重计）（以硫代二丙酸计，FAO/WHO，1994）。GRAS：FDA-21CFR 182.3280。

使用及使用建议：GB 2760—2024 规定 DLTP 可用于脂肪、油和乳化脂肪制品，基本不含水的脂肪和油，经表面处理的鲜水果及新鲜蔬菜，熟制坚果与籽类（仅限油炸果与籽类），膨化食品，油炸面制品，最大使用量为 0.2g/kg。其他使用参考：单独使用不如没食子酸丙酯、丁基羟基茴香醚、BHT 效果好，应与其他脂溶性抗氧化剂结合使用。

(6) 4-己基间苯二酚

4-己基间苯二酚（4-hexylresorcinol；CNS：04.013；INS：586）别名 2,4-二羟基己基苯、己雷琐辛、4HR，分子式为 $C_{12}H_{18}O_2$，分子量为 194.28。其结构为：

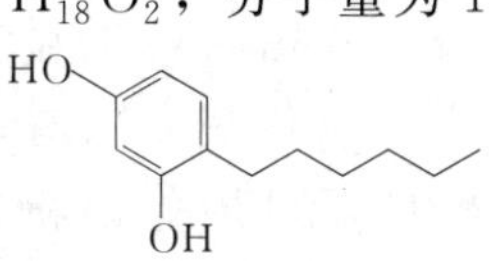

HO

OH

性状和性能：白色、黄色针状结晶，有弱臭，强涩味，对舌头产生麻木感。遇光、空气变淡棕粉红色。微溶于水、乙醇、甲醇、甘油、醚和植物油中。

大鼠经口 LD_{50} 为 550mg/kg（以体重计）；兔子经口 LD_{50} 大于 750mg/kg（以体重计）；狗经口 LD_{50} 大于 1000mg/kg（以体重计）。为公认安全物质（GRAS：FDA-21CFR 170.30）。ADI：0.11mg/kg（以体重计）。

使用及使用建议：GB 2760—2024 规定，可按生产需要用于防止虾类褐变，即以一定浓度溶液浸泡虾、蟹等甲壳水产品，残留量应≤1mg/kg。4-己基间苯二酚作为抗氧化剂，可防止贮存过程中由多酚氧化酶引起的氧化褐变或色泽变黑。

(7) 乙二胺四乙酸二钠钙

乙二胺四乙酸二钠钙（calcium disodium ethylene-diamine-tetra-acetate；CNS：04.020；

INS：385）别名依地酸钠钙、EDTA 钙钠盐。分子式 $C_{10}H_{12}CaN_2Na_2O_8 \cdot 2H_2O$，分子量 410.27，结构式为：

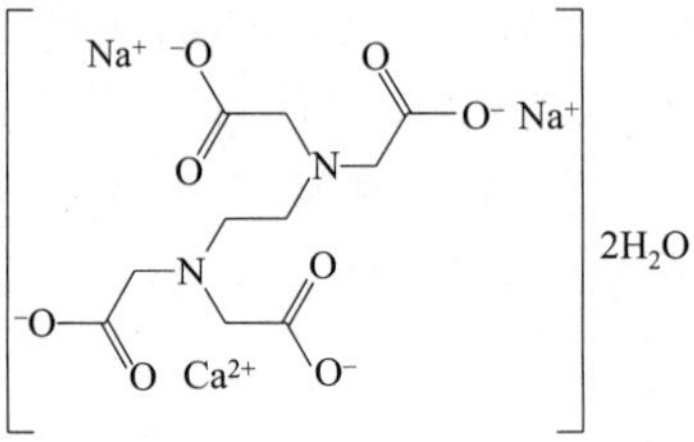

性状和性能：白色结晶颗粒或白色至灰白色粉末，无臭，微带咸味，稍吸湿，空气中稳定，易溶于水，几乎不溶于乙醇。

大鼠经口 LD_{50} 为 10000mg/kg，小鼠经口 LD_{50} 为 10000mg/kg。ADI 为 0～2.5mg/kg（FAO/WHO，1994）。

使用及使用建议：GB 2760—2024 规定，EDTA 钙钠盐只在复合调味料中使用，最大使用量为 0.075g/kg。其他使用参考：实际应用时，利用其络合作用来防止由金属引起的变色、变质、变浊及维生素 C 的氧化损失。本品与磷酸盐有协同作用。作为水处理剂，可防止水中存在的钙离子、镁离子、铁离子等金属离子带来的不良影响。本品能与微量金属离子络合，具有提高油脂抗氧化及防止食品变色的作用。

7.2.4 天然抗氧化剂的化学结构和性质

大量的研究工作，发现了甘草抗氧化物、茶叶提取物、迷迭香提取物、鼠尾草提取物、姜提取物及天然维生素 E 等许多具有抗氧化作用的天然提取物。目前各国已经批准作为抗氧化剂使用的天然提取物将近 50 种。但是，目前所发现的大多数天然抗氧化提取物均是混合物，其中包括了许多与抗氧化作用无关的物质。例如，芝麻皂化物中既存在有抗氧化效果的芝麻酚、芝麻林素、芝麻林素酚及芝麻素酚等成分，也存在没有抗氧化能力的芝麻素、蜡质及树脂等成分。如果将这些成分完全分离，则不仅需要现代分离技术，而且需要很高的成本。另外，天然抗氧化剂，易被氧化变色，影响食品外观。这些在某种程度上阻碍了天然抗氧化剂的快速发展。尽管如此，由于许多天然抗氧化剂都具有猝灭自由基的作用，除了能够抗氧化以外，还具有很好的保健药理作用，如天然维生素 E 对癌症、循环系统疾病和老年病等的预防效果显著，多酚类化合物对心血管疾病有较好的防治作用等。另外，有些天然抗氧化剂，除有抗氧化作用外，还有多种食品功能性，如茶多酚还有抑菌作用，维生素 C 还可用作面粉处理剂。这些作用使得天然抗氧化剂的重要性日益突出，需求量也在迅速增加。

（1）L-抗坏血酸类抗氧化剂

① L-抗坏血酸（asorbic acid；CNS：04.014；INS：300）又名维生素 C，分子式为 $C_6H_8O_6$，分子量为 176.13。L-抗坏血酸的结构为：

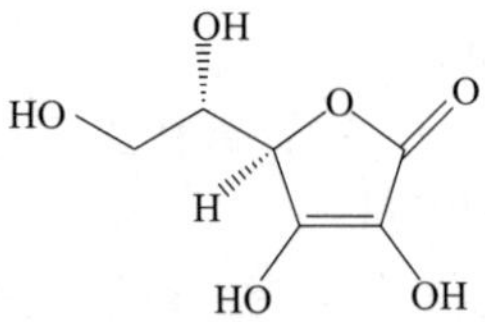

L-抗坏血酸多是以葡萄糖为原料，经过氢化、发酵氧化等过程制得的。

性状与性能：L-抗坏血酸为白色或略带淡黄色的结晶或粉末，无臭，味酸，遇光颜色逐渐变深，干燥状态比较稳定。但其水溶液很快被氧化分解，在中性或碱性溶液中尤甚。易溶于水，不溶于苯、乙酰等溶剂。抗坏血酸的水溶液由于易被热、光等显著破坏，特别是碱性环境及金属存在更促进其破坏，因此，在使用时必须注意避免在水及容器中混入金属或与空气接触。

L-抗坏血酸能与氧结合而除氧，可以抑制对氧敏感的食物成分的氧化，能还原高价金属离子，对螯合剂起增效作用，另外还具有治疗坏血病、解毒及维护毛细血管通透性等作用。正常剂量的抗坏血酸对人无毒性作用。ADI 为 0～15mg/kg。

使用及使用建议：按照 GB 2760—2024《食品安全国家标准 食品添加剂使用标准》规定，小麦粉，最大使用量为 0.2g/kg；去皮或预切的鲜水果，去皮、切块或切丝的蔬菜，最大使用量为 5.0g/kg；果蔬汁（浆），最大使用量为 1.5g/kg（以即饮状态计，相应的固体饮料按稀释倍数增加使用量）；植物油，氢化植物油，动物油脂（包括猪油、牛油、鱼油和其他动物脂肪等），无水黄油、无水乳脂，浓缩果蔬汁（浆），无汽葡萄酒、起泡葡萄酒、调香葡萄酒，特种葡萄酒（按特殊工艺加工制作的葡萄酒，如在葡萄原酒中加入白兰地、浓缩葡萄汁等），按生产需要适量使用。

在实际使用中，L-抗坏血酸可以应用于许多食品中：a. 果汁及碳酸饮料。防止氧化变质，理论上每 3.3mg 抗坏血酸与 1mL 空气反应，若容器的顶隙中空气含量平均为 5mL，则需要添加 15～16mg 的抗坏血酸，就可以使空气中的氧气含量降低到临界水平以下，从而防止产品因氧化而引起的变色、变味。b. 水果、蔬菜罐头。水果罐头的氧化可以引起变味和褪色，添加了抗坏血酸则可消耗氧而保持罐头的品质，其用量 0.025%～0.06%。蔬菜罐头大多数不添加抗坏血酸，只有花椰菜和蘑菇罐头为了防止加热过程中褐变或变黑，可以添加 0.1%的抗坏血酸。c. 冷冻食品。为了防止冷冻果品发生酶褐变与风味变劣，防止肉类水溶性色素的氧化变色，可以添加抗坏血酸来保持冷冻食品的风味、色泽和品质。方法是用 0.1%～0.5%的抗坏血酸溶液浸渍物料 5～10min。d. 酒类。添加抗坏血酸有助于保持葡萄酒的原有风味；在啤酒过滤时按 0.01～0.02g/kg 的量添加抗坏血酸可以防止氧化褐变。

② L-抗坏血酸钠（sodium L-ascorbic acid），分子式为 $C_6H_7O_6Na$，分子量为 198.11。结构式为：

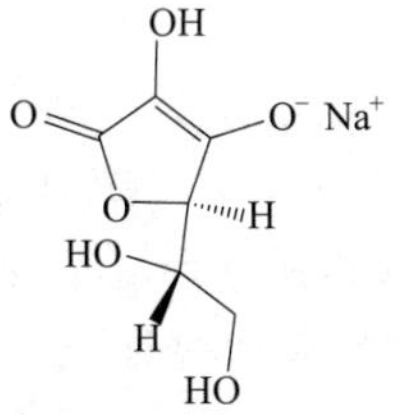

OH
O　　O⁻ Na⁺
O　H
HO
H
HO

性状与性能：L-抗坏血酸钠为白色或略带黄白色结晶或结晶性粉末，无臭，稍咸；干燥状态下稳定，吸湿性强；较 L-抗坏血酸易溶于水。其溶解性为 62%（25℃），78%（75℃）；极难溶于乙醇；遇光颜色逐渐变深。2%的水溶液 pH 为 6.5～8.0。其抗氧化作用与 L-抗坏血酸相同。1g L-抗坏血酸钠相当于 0.9g L-抗坏血酸。

正常剂量对人无毒性作用。ADI 为 0～15mg/kg。

使用及使用建议：与 L-抗坏血酸相同。因 L-抗坏血酸呈酸性，在不适宜添加酸性物质的食品中可使用本品，例如牛乳等制品。浓缩果蔬汁（浆），按生产需要适量使用（固体饮料按稀释倍数增加使用量）。另外，对于肉制品还可以作为发色助剂，同时可以保持肉的风味、增加肉制品的弹性。据一些研究证明，抗坏血酸、抗坏血酸钠对阻止亚硝酸盐在肉制品中产生有致癌作用的二甲基亚硝胺具有很大意义。其添加量为0.5%左右。

③ D-异抗坏血酸（D-isoascorbic acid；CNS：04.004；INS：315）及其钠盐（sodium D-isoascorbate；CNS：04.018；INS：316），性状与性能：白色至浅黄色结晶体或结晶粉末。无臭，异抗坏血酸味酸，钠盐略有咸味。光线照射下逐渐发黑。干燥状态下，在空气中相当稳定，但在溶液中并有空气存在的情况下，迅速变质。于164～172℃熔化并分解。化学性质类似于抗坏血酸，但几乎没有抗坏血酸的生理活性。抗氧化性较抗坏血酸强，价格较廉，但耐光性差。有强还原性，遇光则缓慢着色并分解，重金属离子会促进其分解、氧化变质。极易溶于水（溶解度40g/100mL）、乙醇（溶解度5g/100mL，异抗坏血酸），钠盐几乎不溶于乙醇。难溶于甘油，不溶于乙醚和苯。

异抗坏血酸及其钠盐可用于抗氧化、防腐、助发色。根据使用食品的种类，选用异抗坏血酸或其钠盐。防止肉类制品、鱼类制品、鱼贝腌制品、鱼贝冷冻品等变质，以及由鱼的不饱和脂肪酸产生的异臭；与亚硝酸盐、硝酸盐联合使用也可提高肉类制品的发色效果；防止果汁等饮料氧化变质和果蔬罐头褐变。异抗坏血酸ADI不作特殊规定（FAO/WHO，1994）。大鼠经口 LD_{50} 为18g/kg（以体重计）。GRAS：FDA-21CFR 182.3041。

使用及使用建议：GB 2760—2024，葡萄酒，最大使用量为0.15g/kg（以抗坏血酸计）；浓缩果蔬汁（浆），按生产需要适量使用。

④ L-抗坏血酸棕榈酸酯（ascorbyl palmitate；CNS：04.011；INS：304）别名软脂酸L-抗坏血酸酯，分子式 $C_{22}H_{38}O_7$，分子量为414.54，为脂溶性维生素C衍生物，其结构为：

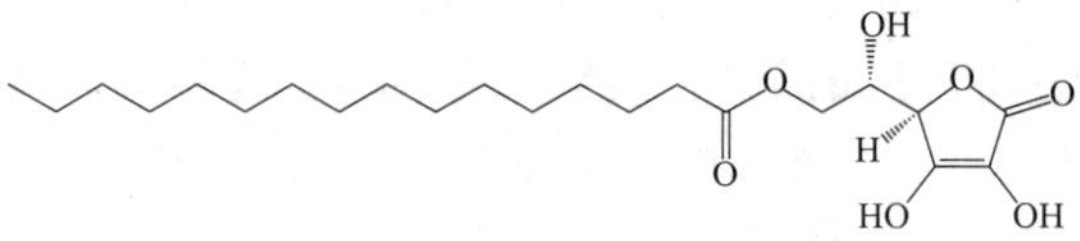

OH
O
H
O
O
HO
OH

性状与性能：白色或黄色粉末，略有柑橘气味，难溶于水，溶于植物油，易溶于乙醇（1g溶于约4.5mL乙醇），熔点107～117℃。

ADI为0～1.25mg/kg（以体重计）（以抗坏血酸棕榈酸酯或抗坏血酸硬脂酸酯计，或者为二者总和。FAO/WHO，1994）。GRAS，FDA-21CFR 182.3149。

使用及使用建议：GB 2760—2024规定作为抗氧化剂可用于乳粉（包括加糖乳粉）和奶油粉及其调制产品，脂肪、油和乳化脂肪制品，即食谷物包括碾轧燕麦（片），方便米面制品和面包，最大使用量0.2g/kg（以脂肪中抗坏血酸计）；婴幼儿配方食品及婴幼儿辅助食品，最大使用量0.05g/kg（以脂肪中抗坏血酸计）。在油脂中抗氧化效果非常明显且耐高温，并适用于烘烤煎炸用油的抗氧剂，对猪油的抗氧效果优于植物油。

(2) 维生素E

维生素E［*dl*-*α*-生育酚，*d*-*α*-生育酚，混合生育酚浓缩物，vitamine E，*dl*-*α*-tocopherol；*d*-*α*-tocopherol；mixed tocopherol concentrate；CNS：04.016；INS：307］是色满（苯并二氢呋喃）的衍生物，由一个具有氧化活性的6-羟基环和一个类异戊二烯侧链构成，根据苯环上甲基数目及位置，具有*α*-、*β*-、*γ*-、*δ*-4种异构体。天然维生素E中除了含有4种异构体外，还有*α*-、*β*-、*γ*-、*δ*-生育三烯酚，生育三烯酚分子侧链的3′、7′、11′位各具有一个双键，分子结构：

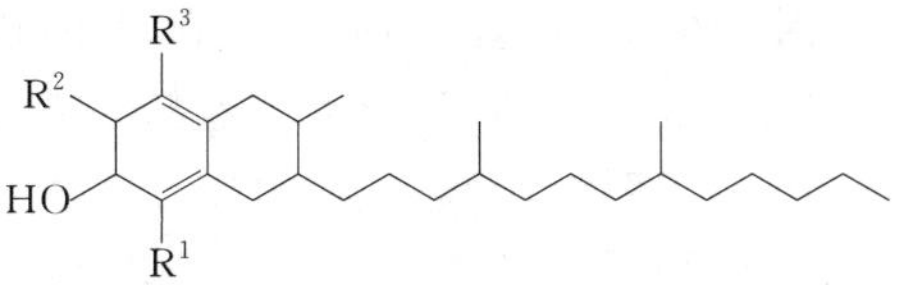

	R^1	R^2	R^3
α-维生素 E	CH_3	CH_3	CH_3
β-维生素 E	CH_3	H	CH_3
γ-维生素 E	H	CH_3	CH_3
δ-维生素 E	H	H	CH_3

性状与性能：淡黄色油状液体，具有脂溶性，易溶于乙醇，可溶于丙醇、氯仿、乙醚、植物油，对热稳定。生育酚混合浓缩物在空气及光照下，会缓慢变黑，但耐光照、耐紫外线、耐放射线的性能较 BHA 和 BHT 强。在较高的温度下，有较好的抗氧化性能。可防止维生素 A 及 β-胡萝卜素在紫外线照射下分解，及甜饼干和速食面条在阳光照射下的氧化。近年来研究结果表明，生育酚还有阻止咸肉产生致癌物亚硝胺的作用。

ADI 无限制性规定（FAO/WHO，1994）。小鼠经口 LD_{50} 为 10g/kg（以体重计）。

使用及使用建议：由于其价格较贵，主要用于保健食品、婴幼儿食品和其他高价值的食品。维生素 E 对其他抗氧化剂如 BHA、TBHQ、抗坏血酸棕榈酸酯、卵磷脂等有增效作用。维生素 E 为油溶性抗氧化剂，在基本不含水的脂肪和油及复合调味料中可按生产需要适量使用，在熟制坚果与籽类（仅限油炸坚果与籽类），油炸面制品，果蔬汁（肉）饮料（包括发酵型产品等），蛋白质饮料类，其他型碳酸饮料，非碳酸饮料（包括特殊用途饮料、风味饮料），茶、咖啡、植物饮料类，蛋白质型固体饮料，膨化食品中最大使用量为 0.2g/kg（以油脂中的含量计）；在即食谷物，包括碾轧燕麦（片）中为 0.085g/kg。

(3) 茶多酚

茶多酚（tea polyphenol；TP；CNS：04.005）也称维多酚。指茶叶中儿茶素类、黄酮类及其衍生物、茶青素类、酚酸和缩酚酸类化合物的复合体，其中儿茶素类约占总量的 80%。已经明确结构的儿茶素类有 14 种，主要是儿茶素（C）、表儿茶素（EC）、表没食子儿茶素（EGC）、表儿茶素没食子酸酯（ECG）、表没食子儿茶素没食子酸酯（EGCG）等，结构式：

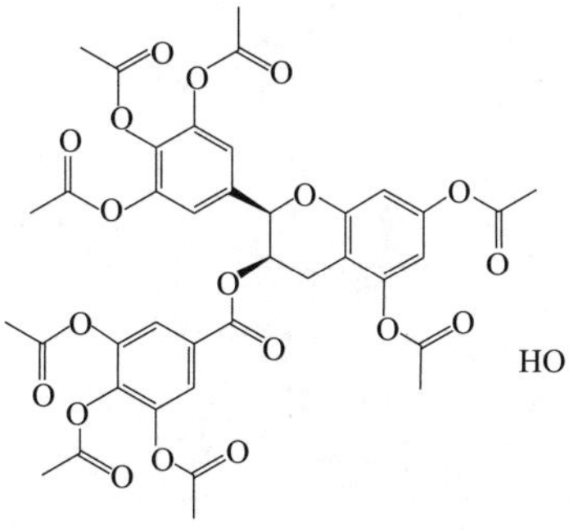

EGCG

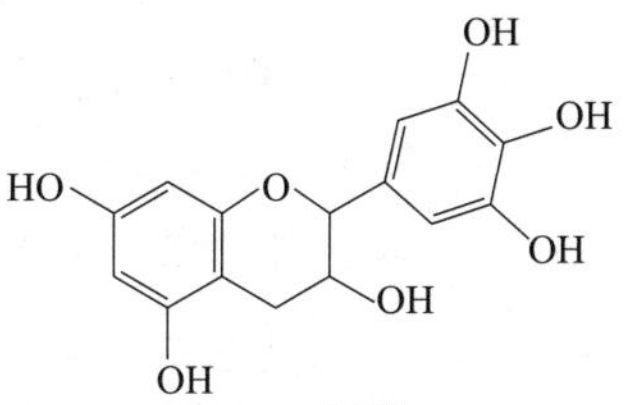

EGC

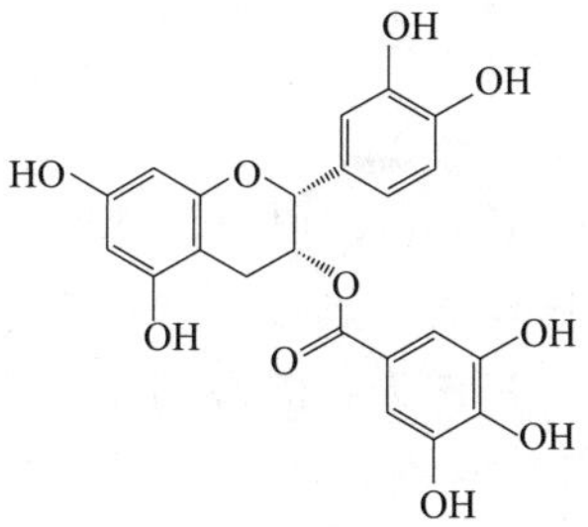

ECG

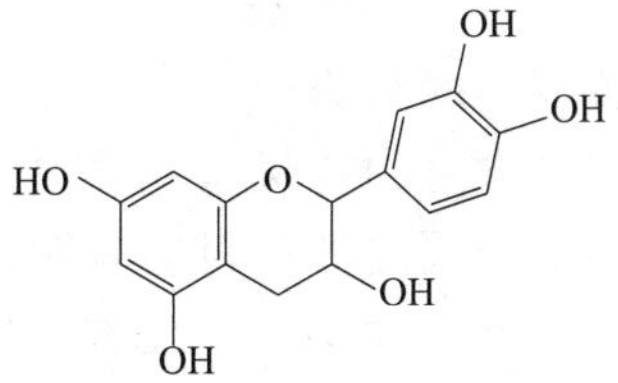

EC

性状和性能：TP 的颜色依据其纯度不同而不同，纯品为白色，多为淡黄至茶褐色、灰白色粉状固体，略带茶香，有较强的涩味。易溶于水、乙醇、乙酸乙酯，微溶于油脂。对酸较稳定，在 160℃油脂中加热 30min 降解 20%。在 pH2.0～8.0 之间较稳定，pH 值大于 8.0 时在光照下易氧化聚合。遇铁变绿黑色络合物。TP 的水溶液 pH 值为 3.0～4.0，碱性条件下易氧化褐变。

大鼠经口 LD_{50} 值为（2496±326）mg/kg（以体重计）。

使用及使用建议：广泛用于动植物油脂、水产品、饮料、糖果、乳制品、油炸食品、调味品及功能性食品的抗氧化、防腐保鲜、护色、保护维生素、消除异味、改善食品风味等。GB 2670—2024 规定茶多酚可以用于基本不含水的脂肪和油、糕点、含油脂的糕点馅料、腌腊肉制品（如咸肉、腊肉、板鸭、中式火腿、腊肠等），最大使用量为 0.4g/kg；酱卤肉制品类，熏、烧、烤肉类，油炸肉类，西式火腿（熏烤、烟熏、蒸煮火腿）类，肉灌肠类，发酵肉制品类，预制水产品（半成品），熟制水产品（可直接食用），水产品罐头，最大使用量为 0.3g/kg；油炸食品、方便米面制品、膨化食品，最大使用量为 0.2g/kg；复合调味料、植物蛋白饮料，最大使用量为 0.1g/kg（以油脂中儿茶素计）；即食谷物，包括碾轧燕麦（片），最大使用量为 0.2g/kg；蛋白固体饮料，最大使用量为 0.80g/kg。

TP 抗氧化性能随着温度的升高而增强，其对动物油脂的抗氧化效果优于对植物油脂的效果。TP 与维生素 E、维生素 C、卵磷脂等抗氧化剂配合使用，具有明显的增效作用。可与其他抗氧化剂，如 BHA、BHT、异抗坏血酸以及增效剂柠檬酸等配合使用，对油脂、鱼、肉等食品，可先将 TP 溶于食用乙醇后使用，也可将 TP 制成乳液使用。水产品和部分肉制品可采用浸入法或喷涂法。

（4）黄酮类化合物

这是以黄酮为母核的一类黄色色素，在植物中分布很广。它在植物的叶子和果实中少部分以自由基形式存在，大部分与糖结合成苷类，以糖苷配体的形式存在。黄酮类化合物包含黄酮、黄烷酮、双黄烷酮、异黄酮四类化合物。结构式：

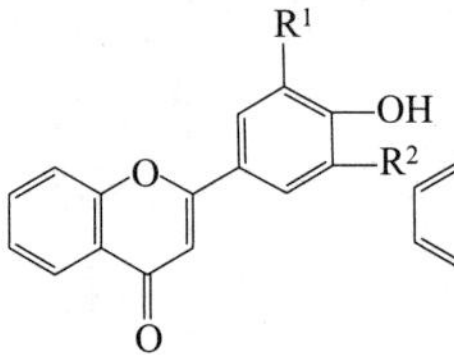

黄酮 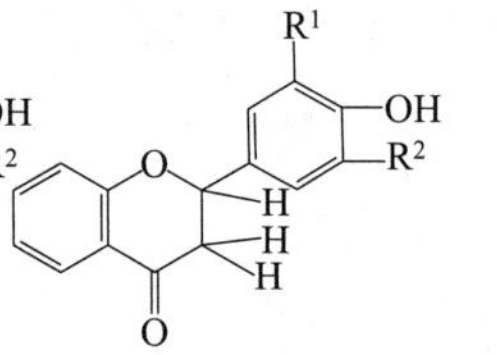　　黄烷酮

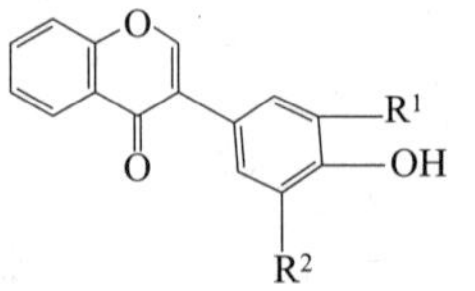

异黄酮 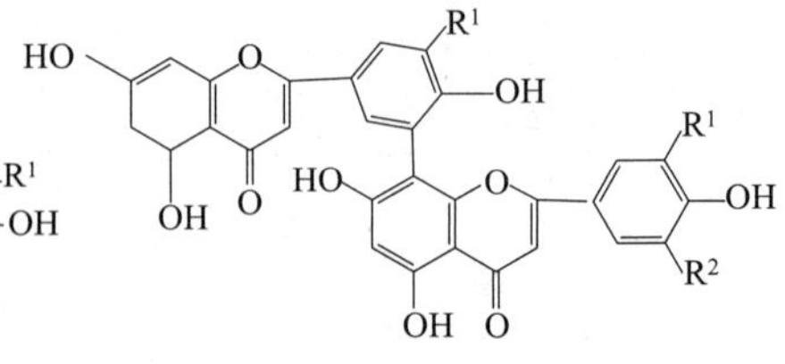　　双黄烷酮

在上述各种黄酮类的结构中，R^1，R^2 一般为 H 或 OH，但也可能为酯基，因此黄酮类化合物的种类极多，常见的有槲精、洋地黄黄酮、杨梅酮、刺槐亭、鼠李亭等。黄酮类化合物的抗氧化机理还有未明之处，目前有两种观点：一是认为黄烷醇与金属生成螯合物，螯合作用一般发生在 3-羟基-4-酮基上，如果 A 环的 5 位上是羟基时，螯合作用则发生在 5-羟基-4-酮基上；二是认为黄酮醇主要是作为自由基的受体而阻断自由基连锁反应。

目前，由于黄酮类化合物成本较高，加之氧化后生色及着色性能等方面原因，在生产中可以应用的产品较少。

① 甘草抗氧化物（antioxidant of glycyrrhiza；CNS：04.008）又称甘草抗氧灵、绝氧灵。主要抗氧成分为黄酮类和类黄酮类物质的混合物。

性状与性能：为棕色或棕褐色粉末，略有甘草的特殊气味，不溶于水，可溶于乙酸乙酯，在乙醇中的溶解度为11.7%。甘草抗氧化物的耐热性好，可有效地抑制高温油炸中羧基价的升高，能从低温到高温（250℃）范围内发挥其强抗氧化作用。甘草抗氧化物具有较强的清除自由基作用，尤其是对氧自由基的作用效果较强，因而可抑制油脂酸败，对油脂过氧化终产物丙二醛的生成具有明显的抑制作用。甘草抗氧物特点是可抑制油脂的光氧化作用。

大鼠经口 LD_{50} 大于10g/kg（以体重计）（内蒙古卫生防疫站，1990）。建议ADI为0.1mg/kg（以体重计）。

使用及使用建议：GB 2760—2024规定作为抗氧化剂，可以用于基本不含水的脂肪和油，熟制坚果与籽类（仅限油炸坚果与籽类），油炸面制品，方便米面制品，饼干，腌腊肉制品类（如咸肉、腊肉、板鸭、中式火腿、腊肠），酱卤肉制品类，熏、烧、烤肉类，油炸肉类，西式火腿（熏烤、烟熏、蒸煮火腿）类，肉灌肠类，发酵肉制品类，腌制水产品，膨化食品等，最大使用量0.2g/kg（以甘草酸计）。实际使用时，将动植物油脂预热到80℃，按使用量加入甘草抗氧化物，边搅边加温至全部溶解（一般到100℃时即可全部溶解），即成含甘草抗氧化物油脂，可用于炸制食品和加工食品。

② 竹叶抗氧化物（antioxidant of bamboo leaves；AOB；CNS：04.019）主要成分包括黄酮、内酯和酚酸类化合物，其总黄酮含量约30%。其中黄酮类化合物主要是黄酮糖苷，包括荭草苷、异荭草苷、牡荆苷和异牡荆苷等；内酯类化合物主要是羟基香豆素及其糖苷；酚酸类化合物主要是肉桂酸的衍生物，包括绿原酸、咖啡酸和阿魏酸等。AOB为黄色或棕黄色的粉末或颗粒，无异味。可溶于水和一定浓度的乙醇。略有吸湿性，在干燥状态时相当稳定。具有平和的风味和口感，无药味、苦味和刺激性气味。在某种情况下，AOB还表现出一定的着色、增香、矫味和除臭等作用。AOB的抗氧化机理是既能阻断脂肪链自动氧化的链式反应，又能螯合过渡态金属离子。此外AOB还有一定的抑菌作用，是一种天然、多功能的食品抗氧化剂。

小鼠经口 LD_{50} 大于10g/kg（以体重计）（浙江省疾病预防控制中心）。AOB的最大无作用剂量为4.3g/kg（以体重计），ADI值为43mg/kg（以体重计）。

使用及使用建议：GB 2760—2024规定作为抗氧化剂，可以用于基本不含水的脂肪和油，熟制坚果与籽类（仅限油炸坚果与籽类），油炸面制品，即食谷物包括碾轧燕麦（片），焙烤食品，腌腊肉制品类（如咸肉、腊肉、板鸭、中式火腿、腊肠），酱卤肉制品类，熏、烧、烤肉类，油炸肉类，西式火腿（熏烤、烟熏、蒸煮火腿）类，肉灌肠类，发酵肉制品类，水产品及其制品（包括鱼类、甲壳类、贝类、软体类、棘皮类等水产品及其加工制品），果蔬汁（肉）饮料（包括发酵型产品等），茶饮料类，膨化食品等，最大使用量0.5g/kg。

③ 迷迭香提取物（rosemary extract；CNS：04.017）是从迷迭香植物中提取得到的粉末状物质，迷迭香提取物约含鼠尾藻酚（carnosol）12.8%、迷迭香酚（rosmary）5.3%和鼠尾藻酸（carnosic acid）及其他二萜类化合物等高活性抗氧化成分，有效成分主要为鼠尾草酚，而以熊果酸（ursolic acid）56.1%为重要协同成分。

性状与性能：淡黄色粉末，有轻微香味。热稳定性极好，可耐190～240℃高温，故在烘焙食品、油炸食品等加工工艺中需要较高温度或需要高温灭菌的食品中具有极强的适用性，比 BHT 有更好的抗氧化能力。一般与维生素 E 等配成制剂出售，有相乘效用。一般其抗氧化能力随加入量的增加而增大，但高浓度时可使油脂产生沉淀，使含水食品变色。

小鼠经口 LD_{50} 为 12g/kg（以体重计）。

使用及使用建议：GB 2760—2024 规定作为抗氧化剂，可以用于动物油脂（包括猪油、牛油、鱼油和其他动物脂肪等），熟制坚果与籽类（仅限油炸坚果与籽类），油炸面制品，预制肉制品，酱卤肉制品类，熏、烧、烤肉类，油炸肉类，西式火腿（熏烤、烟熏、蒸煮火腿）类，肉灌肠类，发酵肉制品类，膨化食品等食品，最大使用量为 0.3g/kg，植物油脂为 0.7g/kg。

（5）植酸及其钠盐

植酸［phytic acid（inositol hexaphosphoric acid）；CNS：04.006］别名肌醇六磷酸，PA，分子式 $C_6H_{18}O_{24}P_6$，分子量 660.08。

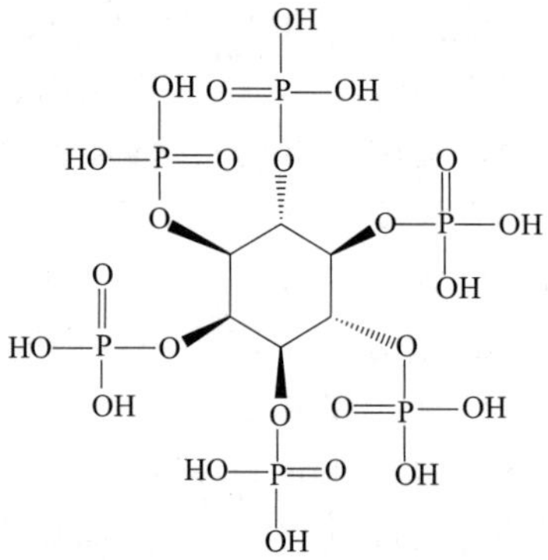

性状与性能：浅黄色或褐色黏稠状液体；广泛分布于高等植物内；易溶于水、95%乙醇、丙二醇和甘油，微溶于无水乙醇、苯、乙烷和氯仿；对热较稳定。植酸分子有 12 个羟基，能与金属螯合成白色不溶性金属化合物，1g 植酸可以螯合铁离子 500mg。其水溶液的 pH 值：1.3%时为 0.40，0.7%时为 1.70，0.13%时为 2.26，0.013%时为 3.20。具有调节 pH 值及缓冲作用。

植酸的螯合能力比较强，在 pH6～7 情况下，几乎可与所有的多价阳离子形成稳定的螯合物。螯合能力的强弱与金属离子的类型有关，在常见金属中螯合能力的强弱依次为 Zn、Cu、Fe、Mg、Ca 等。植酸的螯合能力与 EDTA 相似，但比 EDTA 有更宽的 pH 值范围，在中性和高 pH 值下，也能与各种多价阳离子形成难溶的络合物。植酸能防止罐头，特别是水产罐头结晶与变黑等。

小鼠经口 LD_{50} 值 4300mg/kg（以体重计）［2950～6260mg/kg（以体重计）（雌性）］，3160mg/kg（以体重计）［2050～48800mg/kg（以体重计）（雄性）］，安全性较高。

使用及使用建议：GB 2760—2024 规定作为抗氧化剂，可以用于基本不含水的脂肪和油，糕点，加工水果，加工蔬菜，装饰糖果（如工艺造型，或用于蛋糕装饰）、顶饰（非水果材料）和甜汁，腌腊肉制品类（如咸肉、腊肉、板鸭、中式火腿、腊肠），酱卤肉制品类，熏、烧、烤肉类，油炸肉类，西式火腿（熏烤、烟熏、蒸煮火腿）类，肉灌肠类，发酵肉制品类，最大使用量 0.2g/kg；鲜水产（仅限虾类）按生产需要适量使用，残留量≤20mg/kg。植酸一旦与金属离子形成螯合物，生物有效性就会降低，这对必需的微量元素的吸收利用是不利的。因此，在使用时应给予注意。

(6) 磷脂

磷脂（phospholipid；CNS：04.010；INS：322），别名卵磷脂和大豆磷脂。其化学结构主要由磷脂酰胆碱（卵磷脂）、磷脂酰乙醇胺（脑磷脂）和磷脂酰肌醇（肌醇磷脂）组成，同时含有一定量的其他物质，如甘油三酯、脂肪酸和糖类等。其组合比例依制备方法的不同而异。无油型制品的甘油三酯和脂肪酸大部分被去除，磷脂含量90%以上。

性状与性能：浅黄至棕色透明或半透明黏稠液体，或浅棕色粉末或颗粒，无臭或略带坚果的气味滋味。仅部分溶于水，但易水合形成乳浊液。无油磷脂可溶于脂肪酸而难溶于非挥发油，当含有各种磷脂时，部分溶于乙醇而不溶于丙酮。

GRAS，FDA-21CFR 184.1400。ADI无需规定（FAO/WHO，1994）。

使用及使用建议：GB 2760—2024规定为抗氧化剂和乳化剂。作为抗氧化剂可在稀奶油、氢化植物油、婴幼儿配方食品及婴幼儿辅助食品中按生产需要适量使用。本品尚具有很好的乳化作用（乳化剂），其所含胆碱和肌醇是重要的B族维生素。

7.3 被膜剂

7.3.1 被膜剂定义和分类

被膜剂是一种涂抹于食品外表，起保质、保鲜、上光、防止水分蒸发等作用的物质。为了长期贮存水果，往往在果皮表面涂以薄膜，以抑制水分蒸发、调节呼吸作用、防止细菌侵袭，从而达到保持新鲜度的目的。还有一些食品如糖果、巧克力等，在其表面涂膜后不仅可以防止粘连，保持质量稳定，而且还可使其外表光亮美观。还可在被膜剂中加入某些防腐剂、抗氧化剂等进一步制成复合保鲜剂。

被膜剂根据其来源分为两类：天然被膜剂，如紫胶、桃胶、蜂蜡等；人工被膜剂，如石蜡、液体石蜡等。

7.3.2 常用被膜剂性质

① 紫胶（CNS：14.001；INS：904）又名虫胶，其主要成分是树脂。紫胶为淡黄色至褐色的片状物或粉末，有光泽，脆而坚，稍有特殊气味，可溶于碱、乙醇，不溶于酸，有一定的防潮能力和防腐能力。涂于食品表面可以形成光亮的膜，不仅能隔离水分、保持食品质量稳定，而且美观。

紫胶为寄生于豆科或桑科植物上的紫胶虫所分泌的树脂状物质（称紫梗）的提取物，产于我国云南、西藏、台湾等地。将紫梗粉碎、过筛、洗色后干燥成颗粒状，用酒精溶解，过筛，真空浓缩后压成片状。漂白紫胶是将紫胶溶解在碳酸钠水溶液中，用次氯酸钠漂白，稀硫酸沉淀，分离，干燥而制得。现在食品工业主要用的是漂白紫胶。漂白紫胶为白色无定型颗粒状树脂，微溶于醇，不溶于水，易溶于丙酮。

由于紫胶的原料紫梗是天然的动物性树脂，安全性较好。据《本草纲目》记载，紫胶具有清热凉血、解毒之功能，在长期使用过程中未发现有害作用。紫胶大鼠经口 LD_{50} 为15000mg/kg（以体重计）。

我国GB 2760—2024《食品安全国家标准 食品添加剂使用标准》规定：紫胶作为被膜剂和胶姆糖基础剂可用于经表面处理的柑橘类鲜水果，最大使用量为0.5g/kg；用于经表面处理的鲜苹果，最大使用量为 0.4g/kg；可用于可可制品、巧克力和巧克力制品，包括代可可脂巧克力及制品，最大使用量为 0.2g/kg；用于胶基糖果、除胶基糖果以外的其他糖果，最大使用量为 3.0g/kg；用于威化饼干，最大使用量为 0.2g/kg。

② 白油（CNS：14.003；INS：905a）又称液体石蜡、石蜡油或白矿物油，是由石油所得精炼液态烃的混合物，主要为饱和的环烷烃与链烷烃混合物，碳链的碳数在 16～24，为无色半透明油状液体，常温下无臭，无味，但加热时稍有石油气味，不溶于水，易溶于挥发性的油，并可与大多数非挥发油混溶。对光、热、酸等稳定，但长时间接触光和热会慢慢氧化。实验表明，液体石蜡无急性毒性。

白油具有消泡、润滑、脱模、抑菌等作用，不被细菌污染，易乳化，有渗透性、软化性和可塑性。在我国，本品可用于面包脱模剂、味精发酵消泡剂以及鸡蛋和软糖的保鲜被膜剂等。用于面包脱模、发酵食品（如味精的生产），可按生产需要适量使用；用于除胶基糖果以外的其他糖果、鲜蛋的保鲜，最大使用量为 5.0g/kg。

③ 吗啉脂肪酸盐果蜡（CNS：14.004）是用天然动植物蜡和水制成的淡黄色至黄褐色的油状或蜡状物质。大白鼠经口 LD_{50} 为 1600mg/kg（以体重计）。无蓄积、致畸、致突变作用。

果蜡主要用作水果保鲜剂。将果蜡涂于柑橘、苹果等果实表面，形成薄膜，以达到抑制果实呼吸、防止内部水分蒸发、抑制微生物侵入，并改善商品外观、提高商品价值、延长货架期的目的，可按生产需要适量添加。

④ 巴西棕榈蜡（CNS：14.008；INS：903）是由巴西棕榈树的叶芽和叶中提取而得的棕色至淡黄色的脆性蜡，是由不同碳链的脂肪酸酯及脂肪酸组成的混合物，具有树脂状断面，微有气味，熔点 80～86℃，相对密度为 0.997。不溶于水，微溶于乙醇，溶于氯仿、乙醚、碱液及 40℃以上的脂肪。ADI 为 0～7mg/kg（以体重计）。

我国 GB 2760—2024《食品安全国家标准 食品添加剂使用标准》规定：巴西棕榈蜡作为被膜剂、抗结剂，可用于新鲜水果，最大使用量为 0.0004g/kg；用于可可制品、巧克力和巧克力制品（包括代可可脂巧克力及制品）以及糖果，最大使用量为 0.6g/kg。

⑤ 松香季戊四醇酯（CNS：14.005）是硬质浅琥珀色树脂，溶于丙酮、苯，不溶于水及乙醇，是由浅色松香与季戊四醇酯化后，经蒸汽气提法精制而成的。

大鼠摄入含有 1% 松香季戊四醇酯的饲料，经 90 天喂养未见毒性作用。

我国 GB 2760—2024《食品安全国家标准 食品添加剂使用标准》规定：松香季戊四醇酯作为被膜剂、胶姆糖基础剂，用于经表面处理的鲜水果，最大使用量为 0.09g/kg；用于经表面处理的新鲜蔬菜，最大使用量为 0.09g/kg。

第8章 食品酶制剂的特性

酶制剂是由动物或植物的可食或非可食部分直接提取，或由传统或通过基因修饰的微生物（包括但不限于细菌、放线菌、真菌菌种）发酵、提取制得，用于食品加工，具有特殊催化功能的生物制品。酶制剂作为一种加工助剂，与一般的食品添加剂不同，仅在加工过程中起作用，而一旦它完成了使命，就功成身退，在终产品中消失或失去活力。酶制剂以其催化特性专一、催化速度快、天然环保等特性，在食品生产和人们生活中正扮演着越来越重要的角色。

目前，大规模工业化生产的酶制剂绝大部分是通过微生物发酵生产的。酶本身虽是生物产品，比化学制品安全，但酶制剂并非单纯制品，常含有培养基残留物、无机盐、防腐剂、稀释剂等，生产过程中还可能受到沙门氏菌、金黄色葡萄球菌、大肠杆菌等的污染，此外还可能含生物毒素，尤其是黄曲霉毒素。对酶制剂产品的安全性要求，联合国粮农组织（FAO）和世界卫生组织（WHO）食品添加剂专家委员会（JECFA）早在1978年WHO第2届大会就提出了对酶制剂来源安全性的评估标准：①来自动植物可食部位及传统上作为食品成分，或传统上用于食品的菌种所生产的酶，如符合适当的化学与微生物学要求，即可视为食品，而不必进行毒性试验。②由非致病的一般食品污染微生物所产的酶要求作短期毒性试验。③由非常见微生物所产生的酶要做广泛的毒性试验，包括实验动物的长期喂养试验。这一标准为各国酶的生产提供了安全性评估的依据，即生产菌种必须是非致病性的，不产生毒素、抗生素和激素等生理活性物质，菌种需经各种安全性试验证明无害才准许使用生产。

在我国，酶制剂作为食品添加剂使用时，目前应符合GB 2760—2014《食品安全国家标准 食品添加剂使用标准》的规定。

8.1 糖酶类酶制剂

糖酶类（glycosylases）是一类水解糖苷键的酶。

8.1.1 淀粉酶

淀粉酶是能催化淀粉水解转化成葡萄糖、麦芽糖及其他低聚糖的一类酶的总称。淀粉酶作用于淀粉、糖原和多糖衍生物。按照水解淀粉方式的不同，可以将淀粉酶分成四类：α-淀粉酶、β-淀粉酶、葡萄糖淀粉酶（糖化酶）、脱支酶等。

① α-淀粉酶（α-amylase，EC3.2.1.1）又称液化型淀粉酶，是从底物分子内部将糖苷键裂开，催化淀粉水解生成糊精的酶，系统命名 1,4-α-D-葡聚糖葡萄糖水解酶。此酶以 Ca^{2+} 为必需因子并作为稳定因子，既作用于直链淀粉，亦作用于支链淀粉，随机地从分子内部切开 α-1,4-葡萄糖苷键，从而使淀粉水解生成糊精和一些还原糖。在分解直链淀粉时最终产物以麦芽糖为主，此外，还有麦芽三糖及少量葡萄糖；在分解支链淀粉时，除麦芽糖、葡萄糖外，还生成分支部分具有 α-1,6-糖苷键的 α-极限糊精。一般分解限度以葡萄糖为准是 35%～50%，但在细菌的淀粉酶中，亦有呈现高达 70%分解限度的（最终游离出葡萄糖）。

α-淀粉酶主要用于淀粉糖浆、低聚糖、啤酒、烘焙食品、面制品等的生产。

② β-淀粉酶（β-amylase，EC3.2.1.2）是一种催化淀粉水解生成麦芽糖的淀粉酶，系统命名为 1,4-α-D-葡聚糖麦芽糖水解酶（1,4-α-D-glucan maltohydrolase），属外切型淀粉酶。与 α-淀粉酶的不同点在于该酶是从淀粉的非还原性末端逐次以麦芽糖为单位切断 α-1,4-糖苷键，同时发生瓦尔登翻转（Walden inversion）。作用的底物若全为直链淀粉时，能完全分解得到麦芽糖和少量的葡萄糖；若作用于支链淀粉或葡聚糖时，切断至 α-1,6-糖苷键的前面反应就停止了，因此，生成分子量比较大的极限糊精。

β-淀粉酶广泛应用于啤酒、饴糖、高麦芽糖浆、结晶麦芽糖醇等以麦芽糖为产物的制糖中，主要用于进一步提高麦芽糖的糖化率和产出率，还可用于发酵工业的液化等。

③ 葡糖淀粉酶（glucoamylase，EC3.2.1.3）又称糖化酶，系统命名为 α-1,4-葡聚糖葡萄糖水解酶（α-1,4-glucan glucohydrolase），能从底物的非还原性末端将葡萄糖单位水解下来，主要催化水解 α-1,4-糖苷键，还具有一定的催化水解 α-1,6-糖苷键和 α-1,3-糖苷键的能力，水解产物全部为葡萄糖。

糖化酶主要用于生产葡萄糖、高果糖浆、果葡糖浆等。

④ 脱支酶是指能高效专一地切开支链淀粉分支点 α-1,6-糖苷键，从而剪下整个侧枝，形成直链淀粉的酶。主要有两种类型，普鲁兰酶（pullulanse，EC3.2.1.41）和异淀粉酶（isoamylase，EC3.2.1.68），但两者对底物的特异性存在差异。普鲁兰酶可作用于普鲁兰糖，当分支点处葡萄糖残基数量大于 2 时，可切断 α-1,6-糖苷键，其作用底物的最小单位为麦芽糖基麦芽糖。而异淀粉酶不能作用于普鲁兰糖，当分支点的葡萄糖残基少于 3 个时就不能起作用，其作用底物的最小单位为麦芽三糖基麦芽四糖。

脱支酶与其他淀粉酶联合用于生产高麦芽糖浆、高果糖浆和葡萄糖等。

8.1.2 葡糖氧化酶

葡糖氧化酶（glucose oxidase，GOD，EC1.1.3.4）是需氧脱氢酶，系统命名为 β-D-葡萄糖氧化还原酶。

葡糖氧化酶通常与过氧化氢酶组成一个氧化还原酶系统。葡糖氧化酶在分子氧存在下能氧化葡萄糖生成 D-葡萄糖酸内酯，同时消耗氧生成过氧化氢。过氧化氢酶能够将过氧化氢分解生成水和二分之一的 O_2，而后水又与葡萄糖酸内酯结合产生葡萄糖酸。

葡糖氧化酶主要应用于去除食品中残留的葡萄糖、脱氧、杀菌、食品中葡萄糖的定量分析。

8.1.3 葡糖异构酶

葡糖异构酶（D-glucose isomerase，GI，EC5.3.1.5）又称为木糖异构酶（xylose isomerase，XI）或D-木糖酮基异构酶（D-xylose ketol isomerase），它能将D-葡萄糖、D-木糖和D-核糖等醛糖转化为相应的酮糖。

除了D-葡萄糖和D-木糖外，葡糖异构酶还能以D-核糖（D-ribose）、L-阿拉伯糖（L-arabinose）、L-鼠李糖（L-rhamnose）、D-阿洛糖（D-allose）和脱氧葡萄糖（2-deoxyglucose）为催化底物。但是，葡糖异构酶只能催化D-葡萄糖或D-木糖的α-旋光异构体的转化，而不能利用其β-旋光异构体为底物。

该酶能催化D-葡萄糖为D-果糖的异构化反应，是工业上大规模以淀粉制备高果糖浆（high fructose corn syrup，HFCS）的关键酶，故习惯上称为葡糖异构酶。高果糖浆又称果葡糖浆，是新的食糖资源。果糖的甜度为蔗糖的1.5～1.7倍，具有溶解度大、保湿性好和渗透压高等优点，是饮料、糕点等食品工业的理想用糖。

8.1.4 纤维素酶

纤维素酶由三类不同催化反应功能的酶组成，根据其催化功能的不同，可分为：①内切葡萄糖苷酶（endo-1,4-β-D-glucanase，EC3.2.1.4，来自真菌的简称EG，来自细菌的简称Cen），该类酶能随机地在纤维素分子内部降解β-1,4糖苷键。②外切葡萄糖苷酶（exo-1,4-β-D-glucanase，EC3.2.1.91，来自真菌的简称CBH，来自细菌的简称Cex），它能从纤维素分子的还原或非还原端切割糖苷键，生成纤维二糖。③纤维二糖酶（cellobiase，EC3.2.1.21，简称BG），它把纤维二糖降解成单个的葡萄糖分子。它们的作用位点见图8-1。

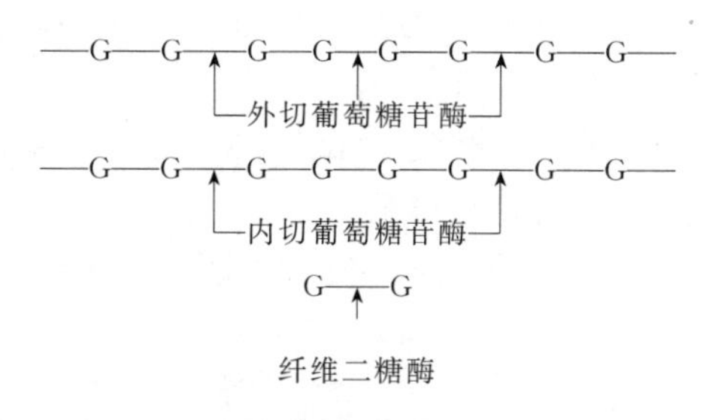

图8-1 三种纤维素酶的作用位点

只有在这三类酶的协同作用下，最终才能把纤维素分子降解成葡萄糖。微生物特别是真菌能产生这类酶的复合物，从而把纤维素分子降解为葡萄糖分子为自身所利用。

目前，普遍接受的纤维素酶的降解机制是协同作用模型，见图8-2。纤维素的降解过程，

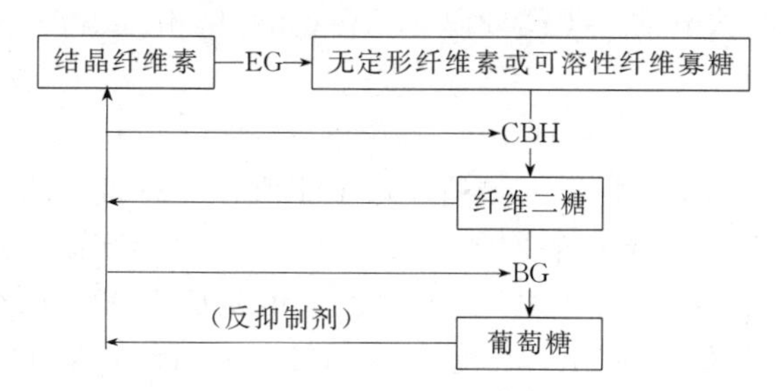

图8-2 纤维素酶对纤维素的协同降解模型

首先是纤维素酶分子吸附到纤维素表面，然后，内切葡萄糖苷酶（EG）在葡聚糖链的随机位点水解底物，产生寡聚糖；外切葡萄糖苷酶（CBH）从葡聚糖链的非还原端进行水解，主要产物为纤维二糖；而纤维二糖酶（BG）可水解纤维素二糖为葡萄糖。这三类酶的“协同”才能完成对纤维素的降解。其中对结晶区的作用必须有EG和CBH，对无定形区则仅EG组分就可以。

该酶主要应用于果蔬加工业、饮料业及酿造业中。

8.1.5 乳糖酶

乳糖酶（lactase，EC3.2.1.23）的学名是β-D-半乳糖苷半乳糖水解酶，是水解乳糖中的β-半乳糖苷键的酶。它是分子量数量级为数百的四聚体。乳糖酶包括β-半乳糖苷酶、酸性β-半乳糖苷酶和异β-半乳糖苷酶。而后两种酶很少对乳糖起作用，故以下只针对β-半乳糖苷酶进行介绍。

乳糖酶可催化两类反应：一是水解反应，即将一分子的乳糖水解成一分子的半乳糖和葡萄糖；二是转移反应，即将一分子的乳糖与1～4个的半乳糖反应生成低聚半乳糖。

该酶主要应用于低聚半乳糖生产、乳制品生产中及分析乳糖含量。

8.1.6 果胶酶

果胶酶（pectinase，EC3.2.1.15）是一类能够分解果胶物质的多酶复合体系。

按照果胶酶作用方式的不同，可以分为两大类，酯酶和解聚酶，解聚酶又包括水解酶和裂解酶。果胶酯酶可随机切除甲酯化果胶中的甲基产生甲醇和游离羧基，其作用机理为：从果胶质中除去甲基基团以产生果胶酸，可分解果胶链上的小分支，但对果胶链长度无影响。果胶水解酶是通过加入一个水分子使α-1,4-糖苷键断裂，释放出单体的半乳糖醛酸，果胶聚甲基半乳糖醛酸酶（PMG）和聚半乳糖醛酸酶（PG）是两种分别以果胶质和果胶酸为基质的水解酶。果胶裂解酶（PL）又叫转移消除酶，通过除去一个水分子使α-1,4-糖苷键断裂，释放出含双键的产物。聚甲基半乳糖醛酸裂解酶（PMGL）和聚半乳糖醛酸裂解酶（PGL）是分别以果胶质和果胶酸为基质的两种裂解酶。

该酶主要应用于果蔬汁加工、咖啡和茶叶发酵过程、油料生产、单细胞产品生产以及改善果蔬感官品质。

8.2 蛋白酶类酶制剂

蛋白酶是水解蛋白质肽链的一类酶的总称（peptide hydrolases）。

8.2.1 蛋白酶

根据各种蛋白酶活性部位的性质及最适反应pH值，可将蛋白酶分为四大类。

① 丝氨酸蛋白酶。丝氨酸蛋白酶广泛存在于动物胰脏、细菌和霉菌中，活性中心含丝氨酸残基，酶活性受到二异丙基氟磷酸（DFP）、苯甲基磺酰氟（PMSF）和蛋白酶抑制剂（PI）等的专一性抑制。酶的最适pH值在9.5～10.5，是碱性蛋白酶，但个别丝氨酸蛋白酶是中性蛋白酶，有些因活性中心也含半胱氨酸残基，也可被巯基试剂、对氯汞苯甲酸

(PCMB) 所抑制。这种酶可优先切开羧基侧的芳香族氨基酸，如酪氨酸、苯丙氨酸或疏水性氨基酸如亮氨酸所构成的肽键，酶分子质量为 15～30kDa，等电点 pI 约为 9，在低温下于 pH 值为 9～10 时稳定，但 65℃时迅速失活。

② 金属蛋白酶。这类蛋白酶主要是中性蛋白酶，最适 pH 值为 7～8，活性中心大多数含 Zn^{2+} 等二价金属，可受到金属螯合剂 EDTA 或菲绕呤 (OP) 的抑制。此类蛋白酶较不稳定，用途有限，其重要性不及碱性蛋白酶和酸性蛋白酶。金属蛋白酶中包括了铜绿色假单胞杆菌产生的碱性蛋白酶、蛇毒和胶原酶。

③ 天冬氨酸蛋白酶。胃蛋白酶和真菌酸性蛋白酶都是活性中心含天冬氨酸的酸性蛋白酶，这类酶的分子质量为 30～45kDa，最适 pH 值为 2.0～5.0，pI 为 3～4.5，在酸性条件下稳定，在 pH 值高于 6 时迅速失活，重氮乙酰正亮氨酸甲酯 (DAN) 和 1,2-环氧-3-对硝基苯氧丙烷 (EPNP) 是这类酶的专性抑制剂。微生物酸性蛋白酶可分成两类，即胃蛋白酶型和凝乳酶型，产生前一类型酶的微生物主要是曲霉、根霉和青霉，产生后一类型酶的微生物有栗疫霉和毛霉等。微生物的酸性蛋白酶的专一性类似胃蛋白酶，但不像胃蛋白酶那样严格，它可切开广泛氨基酸所构成的肽键，尤其切开点是由芳香族氨基酸与其他氨基酸所构成的肽键。

④ 半胱氨酸蛋白酶。这类酶也叫巯基蛋白酶，已知这类酶约有 20 种，广泛存在于原核生物和真核生物中，其活性中心含一对氨基酸即 Cys-His，不同种的酶中 Cys 与 His 前后顺序不同。通常这类酶需有还原剂，如在氢氰酸 (HCN) 或半胱氨酸存在下才有活性。根据它们侧链的专一性可分为：木瓜蛋白酶型、胰蛋白酶型 (可优先切开精氨酸残基)、对谷氨酸有专一性的酶。许多植物蛋白酶如木瓜蛋白酶、菠萝蛋白酶和无花果蛋白酶，均属半胱氨酸蛋白酶。这类酶在 pH 值为中性时，可受到对氯汞苯甲酸 (PCMB) 的专一性抑制，但二异丙基磷酰氟 (DFP)、金属螯合剂对其无影响。

8.2.2 凝乳酶

凝乳酶 (EC3.4.23.4) 是一种从未断奶的小牛胃中发现的天冬氨酸蛋白酶，其主要的生物学功能是专一性地剪切 Phe105-Met106 连接的 κ-酪蛋白，导致牛奶凝结，因此被广泛用于乳酪制造业，成为重要的酶制剂，其产值占全世界酶制剂的 15%。

小牛前凝乳酶是小牛第四胃中一种以前体形式分泌的酸性蛋白酶。凝乳酶以两个等位基因 A 和 B 的其中一种形式表达，A 的 244 位点为 Asp，而 B 为 Gly。凝乳酶 A 对 κ-酪蛋白有更强的活性，但稳定性不如凝乳酶 B。凝乳酶 A 和 B 活性的不同归因于 Asp244 的强电子活性导致的键亲和力增加。凝乳酶 C 是凝乳酶 A 的自溶产物，由凝乳酶 A 自行切除 Asp286-Glu287-Phe288 而产生。

8.2.3 肽酶

肽酶 (peptidase) 是水解肽键的一类酶。根据作用模式不同可将肽酶分为端肽酶和内肽酶。端肽酶从肽链内的一个末端开始将氨基酸水解下来，可分为氨肽酶和羧肽酶；内肽酶从肽链的内部将肽链裂开。

① 氨基肽酶 (aminopeptidase) 是一类从多肽链 N 末端顺序逐个水解氨基酸的酶。不仅能水解多肽，而且能水解完整的蛋白质分子。一般氨肽酶的最适温度为 30～50℃，细菌所产的氨肽酶一般最适 pH 值为碱性，在 7.5～9.0。

② 羧肽酶 (carboxypeptidase) 是一类从多肽链 C 末端顺序逐个水解氨基酸的酶。它在

动物、高等植物以及丝状真菌中含量很丰富。

羧肽酶A（carboxypeptidase A，EC3.4.17.1）是一部分哺乳动物组织分泌的肽链端水解酶。羧肽酶A的分子量为34500，是一条由307个氨基酸残基构成的多肽链，每条肽链结合一个Zn^{2+}。它是一种球蛋白，密度为1.33g/cm^3，等电点为pH6，最适pH值为7～8。

羧肽酶B（carboxypeptidase B，EC3.4.17.2）是一种外分泌蛋白酶，每分子含有一个Zn^{2+}，可选择性水解蛋白质或多肽羧基端的精氨酸和赖氨酸。其等电点pI为5，在pH8左右时酶活力达到最大值，当pH≥12时，活力完全丧失。Mn^{2+}、Zn^{2+}、Mg^{2+}、Ca^{2+}能够不同程度地提高酶的活力。

③ 内肽酶是作用于肽链内部特定肽键的一类酶。根据其催化机制和催化活性位点可分为五类：丝氨酸蛋白酶、半胱氨酸蛋白酶、天冬氨酸蛋白酶、金属蛋白酶及苏氨酸蛋白酶。

蛋白酶主要应用于乳制品生产、调料制品生产、焙烤制品生产、肉制品生产、茶饮料生产、酿造工业及活性肽产品生产中。

8.3 酯酶类酶制剂

酯酶属于水解酶类（hydrolases，EC 3），所作用的酯键包括羧酸酯键、磷酸酯键、硫酸酯键等。依据国际酶学委员会的标准，酯酶全部列在酯键亚类条目（EC 3.1）下，再依据酯键的类型划分出亚亚类。

8.3.1 脂肪酶

脂肪酶（lipase，EC3.1.1.3）是一种特殊的酯键水解酶。在油水界面上，脂肪酶催化三酰甘油的酯键水解，释放含更少酯键的甘油酯或甘油及脂肪酸。此外，还有多种酶活性，如催化多种酯的水解、合成及外消旋混合物的拆分。根据底物专一性分为非专一性脂肪酶、脂肪酸专一性脂肪酶和专一性脂肪酶。脂肪酶反应条件温和，具有优良的立体选择性，并且不会造成环境污染。

脂肪酶的天然底物为长链脂肪酸酯，可以在异相系统（油、水界面）或有机相中起作用，并且具有一定的位置专一性。虽然不同来源的脂肪酶氨基酸组成不同，但分子量都在20000～60000之间，其活性中心除少数例外，一般都是由Ser、Asp、His组成的三联体。脂肪酶的最适温度为30～60℃，但在较高和较低温度下酶仍具有较高的活性。

脂肪酶主要应用于食用油脂加工、乳品工业、面类食品加工及食品废料处理中。

8.3.2 磷脂酶

磷脂酶（PL）是一类能水解磷脂酯键的水解酶，依据其作用位点，可分为磷脂酶A_1、磷脂酶A_2、磷脂酶B、磷脂酶C和磷脂酶D（见图8-3），它们特异地作用于磷脂分子内部的各个酯键，形成不同的产物。这一过程也是甘油磷脂的改造加工过程。

动物体内有多重内源性磷脂酶，将磷脂降解为甘二酯、磷酸胆碱和磷酸肌醇等活性物质。最初的磷脂酶A_1、磷脂酶A_2和磷脂酶D均是从动物的胰脏中提取的，来源有限。微生物由于其种类繁多，生长周期短，易于分离和诱变，可工业化大规模培养，为生产磷脂酶提供了方便。

PLA_1［磷脂酰胆碱1-酰基水解酶（phosphatidylcholine 1-acyl-hydrolase），EC3.1.1.32］是

一类能够在磷脂甘油部分的磷脂 *sn*-1 位点选择性断裂酯键的酶，生成 1-β 溶血磷脂和脂肪酸。

PLA_2［磷脂酰胆碱 2-酰基水解酶（phosphatidylcholine 2-acyl-hydrolase），EC3.1.1.4］是一类能够在磷脂甘油部分的磷脂 *sn*-2 位点选择性断裂酯键的酶，生成 1-α 溶血磷脂和脂肪酸。

PLB（磷脂酰胆碱 B，phosphatidylcholine B）具有水解酶和溶血磷脂酶-转酰基酶的活性。水解酶的活性可清除磷脂（磷脂酶 B 的活性）和溶血磷脂中的脂肪酸（溶血磷脂酶的活性），转酰基酶活性则将游离脂肪酸转移到溶血磷脂而生成磷脂。

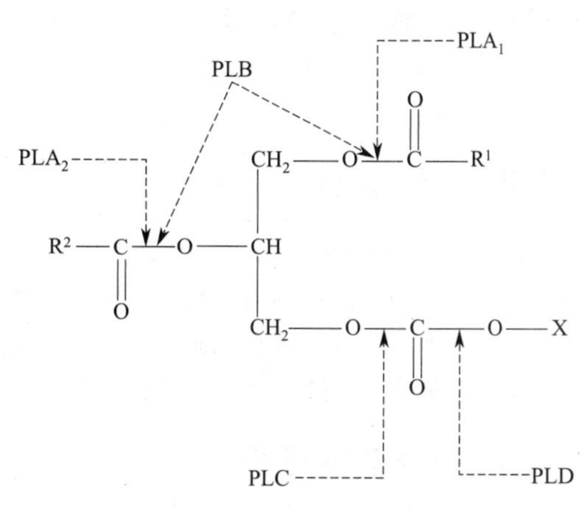

图 8-3　不同磷脂酶作用的磷脂部位示意图

PLC（磷脂酰胆碱 C，phosphatidylcholine C，EC3.1.4.10）是一类能够在磷脂甘油部分的磷脂 *sn*-3 位点选择性断裂酯键的酶，并且含有 Zn^{2+}、Mg^{2+} 等金属离子。

PLD（磷脂酰胆碱 D，phosphatidylcholine D，EC3.1.4.4）是一类催化磷脂分子中磷酸二酯键水解以及碱基交换反应的一类酶的总称。PLD 可从植物（如卷心菜、白菜叶、胡萝卜等）、微生物（如酿酒酵母）中纯化提取。

磷脂酶主要应用于油脂精炼、肉类加工及蛋制品加工中。

8.3.3　羧酸酯酶

羧酸酯酶（carboxylesterases；carboxylic ester hydrolase；EC3.1.1.1）又称 B-酯酶，是一类能催化水解含羧酸酯基的脂族和芳族有机化合物的酶。它和脂肪酶同属于酯酶，二者在生化方面并没有本质区别，只是在底物特异性方面，羧酸酯酶倾向于水解酰基链长度小的底物，而脂肪酶倾向于水解酰基链长度大的底物（$\geqslant$10）。从结构上看脂肪酶与羧酸酯酶均属于 α/β 水解酶超家族，具有由 Ser-His-Asp 构成的催化中心三联体。

阿魏酸酯酶是一种新型的酶制剂，是羧酸水解酶的一个亚类，也是一种胞外酶，其主要生物功能是水解植物细胞壁中的多糖与阿魏酸连接的酯键，释放出游离的单体阿魏酸或阿魏酸二聚体。真菌、细菌和酵母都能分泌阿魏酸酯酶。

阿魏酸酯酶主要应用于工农业副产品处理、香精合成及功能性食品生产中。

8.4　其他酶类酶制剂

8.4.1　转谷氨酰胺酶

转谷氨酰胺酶（transglutaminase；EC2.3.2.13；简称 TGase）又称谷氨酰胺转氨酶，系统名称为蛋白质-谷氨酸-γ-谷氨酰胺基转移酶，可以催化蛋白质分子内的交联、分子间的交联、蛋白质和氨基酸之间的连接以及蛋白质分子内谷氨酰胺基的水解，从而可以进一步改善蛋白质的功能特性，提高蛋白质的营养价值。

根据来源不同，一般把它分为组织谷氨酰胺转氨酶（TTGase）和微生物谷氨酰胺转氨酶（MTGase 或 MTG）。与 TTGase 相比，MTGase 的底物特异性较低，因此更适合工业上广泛应用。目前，TGase 已在肉制品、乳制品、水产制品、面制品和焙烤制品等领域得到应用。

8.4.2 木聚糖酶

木聚糖酶（xylanase，EC3.2.1.8），别名内 1,4-β-木聚糖酶，是一类以内切方式降解木聚糖分子中的 β-1,4-木糖苷键的酶系，多为诱导酶，其水解产物主要为寡聚木糖和木二糖，也含有少量的木糖和阿拉伯糖。它主要作用底物为自然界中大量存在的半纤维素。

木聚糖酶主要应用于酿酒工业、谷物产品生产、果汁生产及保健品生产中。

8.4.3 转葡萄糖苷酶

α-转葡萄糖苷酶（α-transglucosidase，EC2.4.1.24）又称 α-葡萄糖苷酶（α-glu-cosidase，EC3.2.1.20），它可以从低聚糖类底物的非还原性末端切开 α-1,4-糖苷键，释放出葡萄糖，或将游离出的葡萄糖残基以 α-1,6-糖苷键转移到另一个糖类底物上，从而得到非发酵性的低聚异麦芽糖（主要包括异麦芽糖、潘糖、异麦芽三糖等）、糖脂或糖肽等。该酶既具有水解能力，又具有转移能力，故对其命名说法不一。

工业上转葡萄糖苷酶主要应用于低聚异麦芽糖的生产、啤酒酿造及生物传感器制作中。

8.4.4 植酸酶

植酸酶（phytase）又称肌醇六磷酸水解酶，是催化植酸及植酸盐水解成肌醇与磷酸的一类酶的总称，可以专一性地水解植酸中的磷脂键，使磷酸游离出来。植酸酶将植酸分子上的磷酸基团逐个切下，形成中间产物肌醇五磷酸、肌醇四磷酸、肌醇三磷酸、肌醇二磷酸、肌醇一磷酸，终产物为肌醇和磷酸。国际上通常把植酸酶分为两类，3-植酸酶（EC3.1.3.8）和 6-植酸酶（EC3.1.3.26），它们分别能够水解植酸分子上第 3 位和第 6 位的磷酸基团，前者主要存在于动物和微生物，后者主要存在于植物组织。

植酸酶可以促进人体矿物质营养平衡及对蛋白质、氨基酸及糖类的消化吸收。

8.4.5 转化酶

转化酶（invertase，EC3.2.1.26），系统名为 β-呋喃果糖苷酶，又称蔗糖酶，可以不可逆地催化蔗糖裂解为果糖和葡萄糖。转化酶是糖代谢的关键酶，在植物生长、发育及蔗糖的分配等代谢调节中起到至关重要的作用。

转化酶广泛分布于自然界的植物、动物和微生物中，但酶制剂主要来自酿酒曲霉属和酵母属的某些种。蔗糖酶主要应用于制备蔗糖转化糖浆，还可用于从棉籽糖中制备蜜二糖和从菊粉中制备果糖，以及降低果汁和人造蜂蜜中蔗糖含量等。

8.4.6 过氧化氢酶

过氧化氢酶（catalase，CAT）又称触酶，是一类广泛存在于动物、植物和微生物体内的末端氧化酶，是以过氧化氢为底物，通过催化一对电子的转移而最终将其分解为水和氧气。因为所有的好氧生物在进行氧代谢时均会产生有害的氧自由基，其中就包括 H_2O_2，因此，过氧化氢酶是生物抗氧化体系中的重要成员酶。按照催化中心结构差异，CAT 可分为两类：①含铁卟啉结构的 CAT，又称铁卟啉酶，典型性 CAT（又称单功能过氧化氢酶）和CAT-POD属于此类。②含锰离子替代铁的卟啉结构的CAT，又称锰过氧化氢酶（MnCAT），非典型性过氧化氢酶属于此类。

目前，国内可用于食品工业的过氧化氢酶多以猪、牛、马的肝脏为原料提取，或以黑曲霉或溶壁微球菌进行发酵得到。主要应用于奶制品工业及烘烤制品生产中。

8.4.7 漆酶

漆酶是一种含铜的多酚氧化酶（polyphenol oxidase，EC1.10.3.2），与抗坏血酸氧化酶和哺乳动物血浆铜蓝蛋白同源，属于蓝色多铜氧化酶家族，已发现其存在于昆虫、植物、真菌和细菌中，以真菌尤其是白腐菌中分布最为广泛。食品工业上所用的漆酶应来源于米曲霉。

真菌漆酶是一种糖蛋白，由肽链、糖配基和 Cu^{2+} 3个部分组成，分子质量为60～390kDa。肽链一般由500～550个氨基酸组成，糖配基主要有氨基己糖、葡萄糖、甘露糖、半乳糖、岩藻糖和阿拉伯糖，占整个分子量的10%～45%，因此糖配基组成及含量的不同是漆酶分子量存在较大差异的主要原因。一般情况下，真菌漆酶的糖类含量要低于植物漆酶的糖类含量。

漆酶主要应用于饮料工业、食用菌工业及肉制品生产中。

8.4.8 β-葡聚糖酶

β-葡聚糖酶属于水解酶类，按作用方式的不同，*β*-葡聚糖酶可分为内切和外切两类。内切型是沿着多糖链随机切割*β*-糖苷键，释放出分子量较小的寡聚糖；而外切型是从葡聚糖链的非还原端顺序切割葡萄糖残基，水解产物为葡萄糖单体，*β*-葡聚糖的完全水解需要这两种类型的酶共同作用。*β*-葡聚糖酶主要来源于微生物，也存在于植物中，但是人和动物体内却是缺乏的。

细菌所产*β*-葡聚糖酶的最适温度和耐热性一般高于真菌所产酶，但真菌所产酶的耐酸性相对好一些。

β-葡聚糖酶主要应用于酿酒工业及制糖工业中。

第9章 食品工业用加工助剂的特性

食品工业用加工助剂是指保证食品加工能顺利进行的各种物质，与食品本身无关，如助滤、吸附、澄清、消泡、润滑、脱模、脱色、助溶、发酵用营养物质等。食品工业用加工助剂对最终加工产品没有任何作用和影响，故在成品制作之前应全部除去，如有残留应符合食品残留限量的要求，通常也无需列入产品成分表中，在选择加工助剂时，应符合GB 2760—2024《食品安全国家标准 食品添加剂使用标准》中规定及相关加工助剂质量标准和规格要求。

GB 2760—2024《食品安全国家标准 食品添加剂使用标准》附录表C.1和C.2中列举了除食品酶制剂以外的117种食品工业用加工助剂，每种加工助剂所具有的功能各不相同，食品加工助剂按功能分类如下：①助滤剂和吸附剂，如硅藻土、高岭土、膨润土、植物活性炭等。②澄清剂，如固化单宁、明胶、硅胶等。③消泡剂，如聚二甲基硅氧烷及其乳液、白油等。④润滑剂和脱模剂，如滑石粉、矿物油、巴西棕榈蜡等。⑤脱色剂，如活性白土、活性炭、离子交换树脂等。⑥溶剂和助溶剂，如乙醇、丙三醇、丙烷、丁烷、正己烷、二氯乙烷、丙酮、乙醚、乙酸乙酯、石油醚等。⑦发酵用营养物质，微生物在发酵过程中，需要从培养基中吸收碳、氮及其他营养成分，多数金属元素都是通过盐的形式进行补充的，如氯化铵、氯化镁、磷酸三钠等。本章主要介绍助滤剂、吸附剂、澄清剂、消泡剂、脱模剂和防粘剂。

9.1 助滤剂

9.1.1 定义

助滤剂指在食品加工过程中，用来帮助过滤的食品添加剂，主要包括活性炭、硅藻土、高岭土、凹凸棒黏土等。助滤剂具有一定的吸附功能，加入到待滤溶液中，能吸附凝聚微细的固体粒子，不仅使过滤速度加快，而且容易滤清。助滤剂应具有以下特点：①粒度适当，表面粗糙，形状复杂。②不溶、惰性、稳定。③分散性能好，不漂浮在液面上。④具有不可压缩性，可形成微细多孔滤层。⑤对有效成分不产生吸附作用。

GB 2760—2024《食品安全国家标准 食品添加剂使用标准》允许使用的食品助滤剂包

括硅藻土、高岭土、聚苯乙烯、聚丙烯酰胺、膨润土、珍珠岩、硅酸钙、植物活性炭、食用单宁等。

9.1.2 常用助滤剂的理化性质

9.1.2.1 硅藻土

硅藻土是一种硅质岩石，是将硅藻土原料干燥、粉碎，再经酸洗等工序精制而成的。普通的硅藻土助滤剂是将硅藻土矿经过选矿以后，磨碎和干燥（通常两次），经过预分选和旋流分离器，得到微细的粉状产品，硅藻土的精制品还需要经过焙烧或加助熔剂焙烧处理。其化学成分以 SiO_2 为主，可用 $SiO_2 \cdot n(H_2O)$ 表示。

硅藻土为白色至浅灰色或米色性粉末，质轻、松散、细腻、多孔、吸水性强，能吸收自身质量 1.5～4.0 倍的水。化学性质稳定，不溶于水、酸类（氢氟酸除外）和稀碱，溶于强碱溶液。硅藻土中 SiO_2 占 80%以上，此外还含有 Al_2O_3（3%～4%）、Fe_2O_3（1%～1.5%），以及少量的钙、镁、钠、钾的化合物。纯度高的呈白色，含铁盐多的呈褐色。

9.1.2.2 高岭土

高岭土又称白陶土、瓷土、观音土、白鳝泥、陶土、白泥。主要成分为含水硅酸铝，化学式为 $Al_2O_3 \cdot 2SiO_2 \cdot 2H_2O$，化学成分含 46.54%的 SiO_2 和 39.5%的 Al_2O_3。高岭土主要因在我国江西景德镇附近的高岭地区发现而得名，经粉碎而成的微细晶体矿物，是各种结晶岩风化后的产物。

纯净的高岭土为白色粉末，颗粒细腻，一般含有杂质，呈灰色或淡黄色，质软，易分散于水或其他液体中，有滑腻感，并有土味。密度 2.54～2.60g/cm^3，熔点约 1785℃，不溶于水、乙醇、稀酸和稀碱。具有从周围介质中吸附各种离子及杂质的性能，并且在溶液中有较弱的离子交换性质。

9.1.2.3 膨润土

膨润土又称膨土岩、皂土或斑脱岩，是以蒙脱石［$(Mg,Ca)Al_2Si_5O_{16}$］为主要矿物成分的特殊胶性黏土矿，蒙脱石约占 90%，其余为长石、硫酸钙、碳酸钙、石英、云母和碳酸锰等。由于所取土层深度不同，膨润土有白色至灰、黄、青、蓝色，乃至粉红、砖红、灰黑等各种色调。膨润土具有强的吸湿性和膨胀性，对各种气体、液体、有机物质有一定的吸附能力，可吸附 8～15 倍于自身体积的水量，体积膨胀可达数倍至 30 倍，可以成致密块状，也可为松散的土状，用手指搓磨时有滑感。在水中呈悬浮状，水少时呈糊状。

9.2 吸附剂

9.2.1 定义

吸附剂是指能有效地从气体或液体中吸附其中某些成分的固体物质。吸附剂一般有以下特点：①大的比表面积。②适宜的孔结构及表面结构。③对吸附质有强烈的吸附能力。④一般不与吸附质和介质发生化学反应。⑤制造方便，容易再生。⑥有良好的机械强度等。

9.2.2 分类

根据吸附过程中活性炭分子和被吸附物分子之间作用力不同，可将吸附分为两大类：物理吸附和化学吸附（又称活性吸附）。当活性炭分子和被吸附物分子之间的作用力是范德瓦耳斯力或静电引力时，称为物理吸附；当活性炭分子和被吸附物分子之间的作用力是化学键时，称为化学吸附。物理吸附的吸附强度主要与活性炭的物理性质有关，与活性炭的化学性质基本无关。由于范德瓦耳斯力较弱，对被吸附物分子的结构影响不大，这种力与分子间内聚力一样，故可把物理吸附类比为凝聚现象。物理吸附时，被吸附物的化学性质仍然保持不变。由于化学键强，对被吸附物分子的结构影响较大，故可把化学吸附看作一般包含电子对共享或电子转移，而不是简单的微扰或弱极化作用，是不可逆的化学反应过程。

另外，吸附剂可按孔径大小、颗粒形状、化学成分、表面极性等分类，如粗孔和细孔吸附剂，粉状、粒状、条状吸附剂，炭质和氧化物吸附剂，极性和非极性吸附剂，等等。

9.2.3 作用机理

吸附过程是指在一定温度下，溶液与吸附剂接触后，颗粒外和毛细孔内的液体的浓度不同，在流动体系内可以达到动态平衡的过程。在吸附过程中物质传递分成四个阶段：①溶质穿过固体吸附剂颗粒外两相界面膜扩散进入毛细孔内；②从毛细孔内流动相进入颗粒相的内表面；③吸附于内表面的活性位点上；④溶质由内表面扩散进入固体的吸附剂的晶格内。吸附质的传递不是在四个阶段都具有相同大小的阻力，某一阶段的阻力越大，克服此阻力产生的浓度梯度越大。在吸附过程中，通常吸附质通过颗粒表面边界膜，通过颗粒的毛细孔和整个颗粒内表面的扩散过程是主要的。在这一过程中，由于分子间范德瓦耳斯力的作用而产生吸附，从而对油脂中的色素、杂质进行吸附，而达到脱色、脱杂质的目的。

9.2.4 常用吸附剂的理化性质

9.2.4.1 活性炭

活性炭是由少量氢、氧、氮、硫等与碳原子化合而成的络合物，是以竹、木、果壳等原料，经炭化、活化、精制等工序制备而成的。化学式为C，分子量12.01。活性炭为黑色微细粉末，无臭、无味，有多孔结构，对气体、蒸汽或胶态固体有强大的吸附能力，每克的总表面积可达500～1000m^2，沸点4200℃，不溶于水和有机溶剂。

9.2.4.2 不溶性聚乙烯吡咯烷酮

不溶性聚乙烯吡咯烷酮是一种国内外普遍使用的提高啤酒稳定性的聚合高分子吸附剂。不溶性聚乙烯吡咯烷酮呈白色或近白色，是具有吸湿性易流动的粉末，无臭或微臭，不溶于水、碱、酸及常用有机溶剂，具有很强的膨胀性能和与多类物质的络合能力。

9.2.4.3 活性白土

活性白土是一种细粒的、天然产出的、高吸附率的土状物质，具有从脂肪、油脂或油类里吸附杂质或带色物质的能力。活性白土也叫漂白土、活性凹土、吸附白土、脱色土、吸附剂、脱色白土等。活性白土是用黏土（主要是膨润土）为原料，经无机酸化处理，再经水漂洗、干燥制成的吸附剂，外观为乳白色粉末，无臭无味，无毒，吸附性能很强，能吸附有色物质、有机物质。在空气中易吸潮，不溶于水、有机溶剂和各种油类中，几乎完全溶于热烧碱和盐酸中，相对密度2.3～2.5，在水及油中膨润度极小，广泛用于矿物油、动植物油脂、制蜡及有机液体的脱色精制。

9.2.4.4 离子交换树脂

离子交换树脂是带有官能团（有交换离子的活性基团）、具有网状结构、不溶性的高分子，离子交换树脂为白色、浅棕色、褐色乃至黑色球状或粒状，几乎无臭。树脂在干燥时的密度称为真密度。湿树脂每单位体积（连颗粒间空隙）的质量称为视密度。树脂的密度与它的交联度和交换基团的性质有关。通常，交联度高的树脂的密度较高，强酸性或强碱性树脂的密度高于弱酸或弱碱性树脂，而大孔型树脂的密度则较低。树脂颗粒使用时有转移、摩擦、膨胀和收缩等变化，长期使用后会有少量损耗和破碎，故树脂要有较高的机械强度和耐磨性。通常，交联度低的树脂较易碎裂，但树脂的耐用性更主要地决定于交联结构的均匀程度及其强度。

9.3 澄清剂

9.3.1 定义

澄清剂是指与液体食品中的某些成分发生化学反应或物理化学反应，从而达到使其中的混浊物质沉淀或使溶解在液体中的某些成分沉淀的添加剂。澄清剂的使用，可使液体食品中形成沉淀的各种物质，包括不溶性物质和可溶性组分，絮凝或沉淀，从而很容易地过滤除去，使液体食品达到满意的澄清度。

9.3.2 常用澄清剂的理化性质

9.3.2.1 硅胶

硅胶为透明或乳白色粒状固体。具有开放的多孔结构，吸附性强，能吸附多种物质。以水洗清除溶解在其中的电解质 Na^+ 和 SO_4^{2-}（Cl^-），干燥后就可得硅胶。如吸收水分，部分硅胶吸湿量约达40%，甚至300%。硅胶可用于气体干燥、气体吸收、液体脱水、色谱分析等，也可用作催化剂。

硅胶是胶体状的硅酸水溶液。硅胶呈乳浊液，二氧化硅含量在29%～31%，pH值为9～10。在液体食品中，硅胶粒子呈负电性，可与液体食品中的带正电荷的粒子包括蛋白质、黏性物质结合而沉淀，从而达到澄清效果。硅胶粒子也能与明胶结合形成沉淀，消除因过量使用明胶引起的液体食品混浊。此外，硅胶也具有较强的吸附能力，可吸附多酚物质等。

9.3.2.2 固化单宁

固化单宁是一类水溶性单宁，是采用固化技术将天然单宁结合在水不溶性载体上所制成的高效吸收剂。不溶于水、乙醇及其他有机溶剂，对物理、化学及生物的各种作用都很稳定。固化单宁具有选择性吸附作用，对高分子蛋白质、高级脂肪酸酯形成的氢键有吸附作用，而对低分子的脂肪酸酯、有机酸、醇、醛及糖类不吸附。

9.3.2.3 壳聚糖

壳聚糖是由自然界广泛存在的几丁质经过脱乙酰作用得到的，化学名称为聚葡萄糖胺(1-4)-2-氨基-β-D-葡萄糖，纯净的壳聚糖为白色或灰白色半透明的片状固体，溶于稀酸呈黏稠状，在稀酸中壳聚糖的β-1,4-糖苷键会慢慢水解，生成低分子量的壳聚糖。壳聚糖在溶液中是带正电荷的多聚电解质，具有很强的吸附性。

9.4 消泡剂

9.4.1 定义

消泡剂指以降低表面张力，消除或抑制在食品加工过程中产生的泡沫为目的而添加的一类食品添加剂。泡沫的产生大多是在外力作用下，溶液中所含表面活性物质在溶液和空气交界处形成泡沫并上浮，或者有如明胶、蛋白质等胶体物质成膜、成泡所致。在食品加工中，如发酵、搅拌、煮沸、浓缩等过程可产生大量气泡，影响正常操作，必须及时消除或使其不致产生。

9.4.2 作用机理及分类

消泡剂一般是具有消泡能力的液体物质，其表面张力都较低，且易于吸附、铺展于液膜上，使液膜的局部表面张力降低，同时带走液膜下层邻近液体，导致液膜变薄，泡沫破裂。所以，消泡剂在液面上铺展得越快，液膜变得越薄，消泡能力越强。

当将消泡剂加入到未产生泡沫的体系中，其分子杂乱无章地分布于液体表面，抑制了弹性膜的形成，终止了泡沫的产生；当将消泡剂加入到已产生大量泡沫的体系中，其分子立即散布于泡沫表面，迅速铺展，形成很薄的双膜层，进一步扩散、渗透，层状侵入，取代原泡沫的膜壁，消泡剂的表面张力很低，使泡沫的表面张力局部下降，膜壁逐步变薄，受到周围表面张力大的膜层强力牵引，使泡沫周围应力失衡，最后导致泡沫的破裂。不溶于体系的消泡剂分子，再重新进入另一个泡沫膜的表面，继续消泡，直至消灭所有泡沫。

食品消泡剂可分为两类：一类是能消除已经产生泡沫的消泡剂，这类消泡剂分子的亲水端与溶液的亲和性较强，在溶液中分散较快，因此，随着时间的推移或温度的上升，消泡效力会迅速降低，如聚氧乙烯山梨醇酐脂肪酸酯、天然油脂等；另一类是能抑制气泡形成的消泡剂，这类消泡剂通常是与溶液亲和性很弱的不溶或难溶的分子，其表面活性大于助泡剂，当溶液产生气泡时，首先吸附在泡沫膜上，抑制了助泡剂的吸附，从而抑制了泡沫的形成，如聚醚等。

9.4.3 常用消泡剂的理化性质

9.4.3.1 高碳醇脂肪酸酯复合物

高碳醇脂肪酸酯复合物又称DSA-5消泡剂，是由十八醇硬脂酸酯、液体石蜡、硬脂酸三乙醇胺和硬脂酸铝组成的混合物。高碳醇脂肪酸酯复合物为白色至淡黄色黏稠状液体，几乎无臭，化学性质稳定。不易燃，不易爆，不挥发，无腐蚀性，黏度高，流动性差。温度在

−30～−25℃时，黏度进一步增大。在室温下放置或稍加热，黏度变小，易于流动。密度为$0.78 \sim 0.88g/cm^3$，水溶液的pH值为8～9。

9.4.3.2 聚氧丙烯甘油醚

聚氧丙烯甘油醚又称甘油聚醚、GP型消泡剂。聚氧丙烯甘油醚为无色或黄色非挥发性油状液体，溶于苯及其他芳烃溶剂，也溶于乙醚、乙醇、丙酮、四氯化碳等溶剂，难溶于热水，热稳定性好。

9.4.3.3 聚氧乙烯聚氧丙烯胺醚

聚氧乙烯聚氧丙烯胺醚又称三异丙醇胺聚氧丙烯聚氧乙烯醚、消泡剂BAPE。平均分子量3000～4200。聚氧乙烯聚氧丙烯胺醚为无色或微黄色的非挥发性油状液体。溶于苯及其他芳香族溶剂，也溶于乙醚、乙醇、丙酮、四氯化碳等溶剂。在冷水中溶解度比在热水中大。

9.5 脱模剂

9.5.1 定义

脱模剂是一种介于模具和成品之间的功能性物质。脱模剂有耐化学性，在与不同树脂的化学成分（特别是苯乙烯和胺类）接触时不被溶解。脱模剂还具有耐热及应力性能，不易分解或磨损；脱模剂黏合到模具上而不转移到被加工的制件上，不妨碍喷漆或其他二次加工操作。

9.5.2 常用脱模剂的种类及理化性质

常用脱模剂主要有白油、石磺、巴西棕榈蜡。理化性质见7.3.2小节中介绍。

9.6 防粘剂

9.6.1 定义

防粘剂能降低胶料或黏料的自粘性、减少表面的粘连并有产生稍微粗糙表面作用的物质，它能防止聚合物自身或与其它接触物粘连，通常为磨碎的不溶性粉末，也可用石蜡等润滑剂。

9.6.2 防粘剂（滑石粉）的理化性质

滑石粉理化性质详见6.5.3.4小节中介绍。

第10章 食品添加剂在酒类中的应用

根据GB 2760—2024《食品安全国家标准 食品添加剂使用标准》中A.1表中相关规定，可以在酒类适量使用的添加剂有76种，分为以下几类：

① 着色剂：柑橘黄、高粱红、天然胡萝卜素、甜菜红。

② 增稠剂：醋酸酯淀粉、瓜尔胶、果胶、槐豆胶（又名刺槐豆胶）、卡拉胶、羟丙基二淀粉磷酸酯、羧甲基纤维素钠、阿拉伯胶、海藻酸钾（又名褐藻酸钾）、甲基纤维素、结冷胶、聚丙烯酸钠、磷酸酯双淀粉、明胶、羟丙基甲基纤维素（HPMC）、琼脂、酸处理淀粉、氧化淀粉、氧化羟丙基淀粉、乙酰化二淀粉磷酸酯、乙酰化双淀粉己二酸酯、微晶纤维素、乳酸钠、α-环状糊精、γ-环状糊精、羟丙基淀粉、海藻酸钠（褐藻酸钠）、黄原胶（汉生胶）。

③ 抗氧化剂：抗坏血酸（维生素C）、抗坏血酸钠、抗坏血酸钙、D-异抗坏血酸及其钠盐、磷脂、乳酸钠。

④ 甜味剂：乳糖醇（又名4-β-D吡喃半乳糖-D-山梨醇）、赤藓糖醇、罗汉果甜苷、木糖醇。

⑤ 乳化剂：酪蛋白酸钠（又名酪朊酸钠）、柠檬酸脂肪酸甘油酯、乳酸脂肪酸甘油酯、辛烯基琥珀酸淀粉钠、改性大豆磷脂、酶解大豆磷脂、乙酰化单（双）甘油脂肪酸酯、磷脂、单，双甘油脂肪酸酯（油酸、亚油酸、棕榈酸、山嵛酸、硬脂酸、月桂酸、亚麻酸）（被膜剂）、甘油（又名丙三醇）、羟丙基淀粉。

⑥ 增味剂：5′-呈味核苷酸二钠（呈味核苷酸二钠）、5′-肌苷酸二钠、5′-鸟苷酸二钠、谷氨酸钠。

⑦ 膨松剂：碳酸氢铵、碳酸钙（包括轻质和重质碳酸钙）、碳酸氢钠、乳酸钠、羟丙基淀粉。

⑧ 酸度调节剂：乳酸、碳酸钾、碳酸钠、碳酸氢钾、DL-苹果酸钠、L-苹果酸、DL-苹果酸、冰乙酸（又名冰醋酸）、冰乙酸（低压羰基化法）、柠檬酸、柠檬酸钾、柠檬酸钠、葡萄糖酸钠、L-苹果酸钠、碳酸氢钠、乳酸钠、柠檬酸钠。

⑨ 稳定剂：微晶纤维素、碳酸氢钠、乳酸钠、柠檬酸钠、葡萄糖酸-S-内酯（凝固剂）、α-环状糊精、γ-环状糊精、羟丙基淀粉、海藻酸钠（褐藻酸钠）、黄原胶（汉生胶）。

⑩ 抗结剂：微晶纤维素。

⑪ 水分保持剂：乳酸钾、甘油（丙三醇）、乳酸钠。

⑫ 面粉处理剂：碳酸钙（包括轻质和重质碳酸钙）。

⑬ 其他：氯化钾、半乳甘露聚糖。

以上为依据 GB 2760—2024 中 A.1 表可适量使用的食品添加剂，不难发现上述的食品添加剂大多来源于动植物，如柑橘黄、甜菜红、海藻酸钠、磷脂等，也有少量化学食品添加剂如碳酸氢钠、甘油、氯化钾等。它们都有着低毒或实际无毒的特点。因此上述的食品添加可以在酒类中适量使用。

根据 GB 2760—2024《食品安全国家标准 食品添加剂使用标准》中 A.2 表中相关规定，表 A.1 中例外食品编号对应的食品类别，15.03.01 葡萄酒属于例外类别。所以，A.1 表中的食品添加剂，不能用于葡萄酒中。

10.1 食品添加剂在发酵酒中的应用

10.1.1 发酵酒

发酵酒是以粮谷、薯类、水果、乳类等为主要原料，经发酵或部分发酵酿制而成的饮料酒。在酵母菌的作用下，充分利用原料中的糖分产生酒精而加工制成低度饮料酒，发酵酒不仅能将原料中大部分的营养成分保留下来，而且还含有许多微生物代谢合成的有益物质，有利于人体的健康。典型的发酵酒有黄酒、果酒等。目前在发酵酒类的生产过程中存在着澄清度不够、甜酸比不适合、保质期较短、颜色不宜、均匀性和稳定性不强等质量问题，以待解决。在发酵酒的工业生产过程中，适量使用食品添加剂是一种解决以上问题的有效途径。随着食品添加剂行业的飞速发展，其应用在发酵酒类产品的前景十分广阔。

在 GB 2760—2024《食品安全国家标准 食品添加剂使用标准》A.1 表中发酵酒类可以使用的食品添加剂如表 10-1。

表 10-1 根据 A.1 表可使用的发酵酒类食品添加剂

添加剂	功能	最大使用量/(g/kg)	CNS 号	INS 号	备注
纽甜	甜味剂	0.033	19.019	961	15.03.01 葡萄酒除外
β-胡萝卜素	着色剂	0.6	8.01	160a	15.03.01 葡萄酒除外
纳他霉素	防腐剂	0.01g/L	17.03	235	
溶菌酶	防腐剂	0.5	17.035	1105	
三氯蔗糖（又名蔗糖素）	甜味剂	0.65	19.016	955	
双乙酰酒石酸单双甘油酯	乳化剂、增稠剂	10	10.01	472e	15.03.01 葡萄酒除外

GB/T 15037—2006《葡萄酒》中规定所有葡萄酒类中不得添加合成的着色剂、甜味剂、增稠剂、香精，因此在发酵酒类 A.1 表中的纽甜、双乙酰酒石酸单双甘油酯、三氯蔗糖不得在葡萄酒类中使用。

据 GB 2760—2024 中 A.1 表食品添加剂的允许使用品种、使用范围以及最大使用量或残留量可知，其着色剂中的天然胡萝卜素虽是一种较好的天然着色剂，但因其与酒精反应引起肝脏损伤，所以不推荐其在酒类中添加。如要对酒类增加黄色色素，可以用柑橘黄、焦糖色代替。增稠剂中果胶、槐豆胶、黄原胶等都来自于植物，是较为安全的增稠剂。值得注意的是，海藻酸钠于 2020 年 12 月 28 日由国家卫生健康委员会《关于蝉花子实体（人工培植）等 15 种“三新食品”的公告》（2020 年第 9 号）增补其稳定剂的功能。酸度调节剂对于发酵酒类非常重要，尤其对于葡萄酒、果酒的酸碱度调节。苹果酸、柠檬酸、乳酸是常见的酸度调节剂，其安全性高。A.1 表所允许适量使用的甜味剂大多为天然甜味剂（葡萄酒不允许添加人工合成的甜味剂），其安全性较高。

10.1.2 葡萄酒

葡萄酒是以葡萄为原料酿造的一种果酒。根据 GB 2760—2024《食品安全国家标准 食品添加剂使用标准》的分类标准可分为：无气葡萄酒、起泡和半起泡葡萄酒、调香葡萄酒、特种葡萄酒类。

表 10-2　根据 A.1 表可使用的葡萄酒类食品添加剂

添加剂	功能	最大使用量	CNS 号	INS 号	备注
二氧化硫，焦亚硫酸钾，焦亚硫酸钠，亚硫酸钠，亚硫酸氢钠，低亚硫酸钠	漂白剂、防腐剂、抗氧化剂	0.25g/L	05.001,05.002,05.003,05.004,05.005,5.006	220,224,223,221,222,—	甜型葡萄酒及果酒系列产品最大使用量为0.4g/L，最大使用量以二氧化硫残留量计
L(+)-酒石酸，*dl*-酒石酸	酸度调节剂	4.0g/L	01.111,01.313	334,—	以酒石酸计
山梨酸及其钾盐	防腐剂、抗氧化剂、稳定剂	0.2g/kg	17.003,17.004	200,202	以山梨酸计
D-异抗坏血酸及其钠盐	抗氧化剂、护色剂	0.15g/kg	04.004,04.018	315,316	以抗坏血酸计
聚天冬氨酸钾	稳定剂和凝固剂	0.3g/L	18.014	456	—

上述食品添加剂适用于葡萄酒类中的无气葡萄酒、起泡和半起泡葡萄酒、特种葡萄酒类。其中调香葡萄酒除了表 10-2 所列的食品添加剂之外，还可以使用如下的食品添加剂，如表 10-3 所示。

表 10-3　根据 A.1 表可使用的调香葡萄酒食品添加剂

添加剂	功能	最大使用量/(g/L)
焦糖色(加氨生产)	着色剂	50.0
焦糖色(普通法)	着色剂	按生产需要适量使用
焦糖色(亚硫酸铵法)	着色剂	50.0

即便酿造过程完全不使用二氧化硫，通常也会因酵母发酵而形成微量的二氧化硫，一般低于 10mg/L，个别情况下可能超过 30mg/L。二氧化硫在葡萄酒酿造过程中具有选择性杀菌、澄清酒液、防腐、增酸和溶解等多种作用，保证最终成品葡萄酒质量的稳定。它又是一种抗氧化剂，能预防酒的氧化，特别是对葡萄酒中的多酚氧化酶，可以抑制或破坏其活性，减少单宁、花色素的氧化。在保护酒液天然水果特性的同时防止酒液变老。将二氧化硫用于葡萄酒中由来已久，生产工艺发展到今天，也依然是最佳选择。焦亚硫酸钾是在除梗破碎后低温浸渍过程添加到葡萄汁中的，也有酿造工艺通过添加酸、糖和果胶酶对葡萄浆成分进行调整，直接在破碎除梗时添加焦亚硫酸钾，控制 SO_2 浓度在 60mg/L 以内。

二氧化硫也有一定的危害，高剂量的二氧化硫，产生令人不悦的硫味、硫醇味以及硫酸氢盐，对人体产生不利影响。尤其是过敏人群，包括气喘病患者和儿童都有硫不耐受症和高敏感性。FAO 和 WHO 联合食品添加剂专家委员会（JECFA）对二氧化硫类物质作为食品添加剂的危险性评估为：二氧化硫的每日允许摄入量（ADI）为 0～0.7mg/kg（以体重计），即一个 60kg 体重的成人，每天二氧化硫的摄入量不超过 42mg。因此在葡萄酒、果酒等的生产过程中应尽量少地使用二氧化硫。

对二氧化硫浓度限制，国内外葡萄酒法律法规对其均有规定。对常规红葡萄酒而言，欧盟法规（EU）2019/934 针对不同葡萄酒类型、不同地理标志产品的 SO_2 限量做了细分，规定含糖量<5g/L 时，SO_2 限量为 150mg/L，含糖量≥5g/L 时，SO_2 限量为 200mg/L；葡萄酒新世界国家，包括美国、澳大利亚等，葡萄酒 SO_2 限量指标通常不与地理标志相关联。澳大利亚考虑葡萄酒含糖量，以 35g/L 为界。含糖量<35g/L 的葡萄酒 SO_2 限量指标为 250mg/L，其他葡萄酒的 SO_2 限量指标为 300mg/L。美国葡萄酒采用一个通用指标标准，即 SO_2 不得高于 350mg/L，标签法规则要求葡萄酒中 SO_2 含量超过 10mg/L，必须在产品标签上进行标注。中国葡萄酒 SO_2 限量指标从单一限量指标，发展为现在依据葡萄酒类型（甜型与非甜型）来区别制定。非甜型 SO_2 限量指标要求是<250mg/L，而甜型葡萄酒 SO_2 限量指标要求<400mg/L。这个指标要求虽较之前版本标准有了细分，但依旧比较宽泛。

10.1.3 黄酒

黄酒是中国的传统发酵酒，在中国已有 5000 多年的历史，其风味独特，营养丰富。黄酒是以稻米和黍米为主要原料，经蒸煮、加曲、糖化发酵、压滤、煎酒、贮存、勾兑而成的酿造酒，同啤酒和葡萄酒并列“世界三大古酒”，其有酒性柔和、酒体饱满、酒味醇厚、营养丰富、酒度适宜等特点，是我国酿造酒的重要发展方向。黄酒的工艺使其能够保留全部发酵过程中产生的有益成分，且容易被人体吸收。目前黄酒的生产加工过程中存在着易受杂菌污染、酒质不均匀、易酸败等问题。根据 GB 2760—2024《食品安全国家标准 食品添加剂使用标准》可以使用在黄酒中的食品添加剂，如表 10-4 所示。

表 10-4 根据 A.1 表可使用在黄酒中的食品添加剂

添加剂	功能	最大使用量
焦糖色(加氨生产)	着色剂	30.0g/L
焦糖色(普通法)	着色剂	按生产需要适量使用
焦糖色(亚硫酸铵法)	着色剂	30.0g/L
β-胡萝卜素	着色剂	0.6g/kg
纽甜	甜味剂	0.033g/kg
纳他霉素	防腐剂	0.01g/L
溶菌酶	防腐剂	0.5g/kg
三氯蔗糖(又名蔗糖素)	甜味剂	0.65g/kg
双乙酰酒石酸单双甘油酯	乳化剂、增稠剂	10g/kg

其中 β-胡萝卜素、纽甜、纳他霉素、溶菌酶、三氯蔗糖、双乙酰酒石酸单双甘油酯为上级分类赋予（发酵酒类）的允许使用的食品添加剂。与其他的发酵酒类不同，黄酒中为了呈现更好的色泽，可以适量使用焦糖色这一类着色剂。

焦糖色通常能分散于 50%体积分数以下的乙醇溶液中，这有利于焦糖色在一些低度酒精饮料，如啤酒和黄酒中的普遍应用。其中，啤酒中通常含有少量带正电荷的蛋白质，因此一般选用带正电荷的氨法焦糖；而黄酒通常含有大量带负电荷的蛋白质——多糖胶体，pH 值一般在 3～5，因此一般使用亚硫酸铵法焦糖；其他一些酒精饮料，如葡萄酒、苹果酒和樱桃酒等，因在生产过程已基本去除了蛋白质，且产品本身因含有大量有机酸而呈酸性，一般均使用耐酸性焦糖色。

焦糖色质量的好坏和胶体的稳定性也不同程度地影响着黄酒的品质，因此要严格遵守国家标准和行业要求，同时也应不断对焦糖色的特性、安全性、稳定性对黄酒质量的影响作更深入细致的研究和分析，促进黄酒企业生产出更好的产品来满足消费者的生活需求。除此之外，黄酒还可以适量使用 A.1 表规定可以在发酵酒类适量使用的 76 种食品添加剂。

10.1.4 果酒

果酒是水果本身的糖分经酵母菌发酵成为酒精的酒，含有水果的风味与酒精。果酒是一种低度饮料酒，其以果品为原料，经过发酵酿制而成，酒度一般在 12%左右。果酒的优点十分明显，具有高营养、低酒度、健身益脑等特点，主要成分有乙醇、维生素、酯类、有机酸和糖等成分，常饮果酒能够改善心脑血管功能，促进机体的新陈代谢和血液循环。果酒中还含有大量的多酚能够抑制脂肪在人体中的堆积。除此之外，果酒同时还具有抗衰老、利尿和激发肝功能的功效。因此，果酒的发展受到发酵酒行业内人士的广泛重视。

碳酸氢钾作为常用降酸剂，几乎不在蒸馏酒中使用，在发酵酒特别是果酒中则被广泛用于降酸。研究发现，果酒生产加工行业存在着澄清度不够、色泽黯淡、保质期不长等突出问题。为解决上述问题，可以适当使用以下食品添加剂进行品质改良。如表 10-5 所示。

表 10-5　根据 A.1 表可使用在果酒中的食品添加剂

添加剂	功能	最大使用量	备注
二氧化硫，焦亚硫酸钾，焦亚硫酸钠，亚硫酸钠，亚硫酸氢钠，低亚硫酸钠	漂白剂、防腐剂、抗氧化剂	0.25g/L	甜型葡萄酒及果酒系列产品最大使用量为 0.4g/L，最大使用量以二氧化硫残留量计
苯甲酸及其钠盐	防腐剂	0.8g/kg	以苯甲酸计
黑加仑红	着色剂	按生产需要适量使用	
桑椹红	着色剂	1.5g/kg	
山梨酸及其钾盐	防腐剂、抗氧化剂、稳定剂	0.6g/kg	以山梨酸计
双乙酰酒石酸单双甘油酯	乳化剂、增稠剂	5g/kg	
杨梅红	着色剂	0.2g/kg	仅限于配制果酒
紫草红	着色剂	0.1g/kg	

除了表 10-5 中的食品添加剂之外，果酒还可以使用表 10-1 中的食品添加剂（上级分类赋予的允许使用的食品添加剂）。除此之外，果酒还可以适量使用 A.1 表规定可以在发酵酒类适量使用的 76 种食品添加剂。

10.1.5 啤酒

啤酒是人类最古老的酒精饮料，是水和茶之后世界上消耗量排名第三的饮料。啤酒于 20 世纪初传入中国，属外来酒种，是一种以小麦芽和大麦芽为主要原料，并加啤酒花，经过液态糊化和糖化，再经过液态发酵酿制而成的酒精饮料。

啤酒的酒精含量较低，含有二氧化碳、多种氨基酸、维生素、低分子糖、无机盐和各种酶。其中，低分子糖和氨基酸很易被消化吸收，在体内产生大量热能，因此往往啤酒被人们称为“液体面包”。大多啤酒在酿造过程中没有使用食品添加剂。有部分特种啤酒（如奶啤）会添加稳定剂以保证酒体质量，以及添加甜味剂丰富口感。如表 10-6 所示。

表 10-6　根据 A.1 表可使用在啤酒和麦芽饮料中的食品添加剂

添加剂	功能	最大使用量	备注
二氧化硫，焦亚硫酸钾，焦亚硫酸钠，亚硫酸钠，亚硫酸氢钠，低亚硫酸钠	漂白剂、防腐剂、抗氧化剂	0.25g/L	甜型葡萄酒及果酒系列产品最大使用量为 0.4g/L，最大使用量以二氧化硫残留量计
海藻酸丙二醇酯	增稠剂、乳化剂、稳定剂	0.3g/kg	

续表

添加剂	功能	最大使用量	备注
甲壳素(又名几丁质)	增稠剂、稳定剂	0.4g/kg	
焦糖色(加氨生产)	着色剂	50.0g/L	
焦糖色(普通法)	着色剂	按生产需要适量使用	
焦糖色(亚硫酸铵法)	着色剂	50.0g/L	

除了表 10-6 中的食品添加剂之外，啤酒和麦芽饮料还可以使用表 10-1 中的食品添加剂（上级分类赋予的允许使用的食品添加剂）。

除此之外，啤酒还可以适量使用 A.1 表规定可以在发酵酒类适量使用的 76 种食品添加剂。由于奶啤产品的工艺特殊性，选用的稳定剂应避免分层或产生沉淀。海藻酸丙二醇脂（PGA）应符合 GB 1886.226—2016《食品安全国家标准 食品添加剂 海藻酸丙二醇酯》要求。羧甲基纤维素钠符合 GB 1886.232—2016《食品安全国家标准 食品添加剂 羧甲基纤维素钠》要求。其他辅料如甜味剂（阿斯巴甜）、缓冲剂（柠檬酸钠、磷酸盐等）也应符合相应的食品安全标准。

综上，发酵酒类中可添加的食品添加剂品种较多，大多数为实际无毒或低毒的添加剂，安全性较高。食品添加剂的快速发展，为解决发酵酒类澄清度不够、甜酸比不适合、保质期较短、颜色不宜、均匀性及稳定性不强等质量问题作出突出贡献。在加工生产过程中，要严格遵守 GB 2760—2024《食品安全国家标准 食品添加剂使用标准》的要求，合法合理地使用食品添加剂，优化生产工艺，生产出受消费者信赖和喜爱的发酵酒。食品添加剂在发酵酒中的应用前景十分广阔。尽管在 GB 2760—2024 中，发酵酒允许添加的食品添加剂种类多达 76 种，但在实际生产过程中，由于发酵酒的特殊性，食品添加剂在其中的使用并不广泛。尤其在啤酒生产过程中，除特种啤酒生产外，几乎不使用食品添加剂，而且，在红葡萄酒生产过程中仅使用了焦亚硫酸钾一类，在黄酒生产过程中仅添加焦糖色。

10.2 食品添加剂在蒸馏酒中的应用

10.2.1 蒸馏酒

蒸馏酒是以粮谷、薯类、水果、乳类等为主要原料，经发酵、蒸馏、经或不经勾调而成的饮料酒。白兰地、威士忌、朗姆酒、伏特加、金酒、龙舌兰和中国的白酒都属于蒸馏酒，大多是度数较高的烈性酒。制作过程为先经过酿造，后进行蒸馏、冷却，最终得到高度数的酒精溶液饮品。

GB 2760—2024 规定酒中能用的食品添加剂主要有防腐剂、色素、抗氧化剂、甜味剂、稳定剂等。加工时还使用了助滤剂、酶制剂等。从工艺的角度，所有的酒类产品可能含有香精或精油。但从实际生产的角度，一般蒸馏酒由于酒精度较高，品质相对稳定，除应用食用香精外，其余的食品添加剂应用不多。

10.2.2 白酒

白酒是以粮谷为主要原料，以大曲、小曲、麸曲、酶制剂及酵母等为糖化发酵剂，经蒸煮、糖化、发酵、蒸馏、陈酿、勾调而成的蒸馏酒。虽然按照国标GB 2760—2024，有很多添加剂都可以在白酒中使用，但根据GB/T 17204—2021《饮料酒术语和分类》国家标准中的要求，无论是固态法白酒、液态法白酒、固液法白酒，还是浓香型、酱香型等各类香型白酒，均要求不直接或间接添加食用酒精及非自身发酵产生的呈色呈香呈味物质，所以这些白酒都不得添加食品添加剂，其风味只能通过勾调来获得。

只有调香白酒是以固态法白酒、液态法白酒、固液法白酒或食用酒精为酒基，添加食品添加剂调配而成，具有白酒风格的配制酒。调香白酒多为一些低端白酒产品，因为本身质量风味的不足，需要添加一些食用香精作为增香物质，提升产品风味。主要有己酸乙酯、乙酸乙酯、乳酸乙酯、丁酸乙酯、己酸、乙酸、乳酸、丁酸、乙醛、乙缩醛等。

10.2.3 国外蒸馏酒

在国外蒸馏酒中，常常通过添加一些食品添加剂来提升酒体的风味和色泽，其中用得最多的就是焦糖色。焦糖色（亚硫酸酸法与加氨生产）在白兰地与其他配制酒中可使用量为50.0g/L，威士忌、朗姆酒为6.0g/L，其他蒸馏酒为1.0g/L。焦糖色（普通法）在威士忌、朗姆酒中使用量不超过6.0g/L，其他蒸馏酒为1.0g/L，白兰地则是适量使用。焦糖色（苛性硫酸盐法）在白兰地、威士忌、朗姆酒以及配制酒等最大使用量为6.0g/L。焦糖色作为白兰地中的常用食品添加剂，赋予酒体琥珀色的经典颜色，被广泛添加于各种白兰地中，同时，在朗姆酒中也有使用焦糖色改善酒体色泽的案例。如张裕金奖白兰地中的食品添加剂就是焦糖色和食用香精；轩尼诗牌白兰地也使用焦糖色作为着色剂；马爹利蓝带干邑白兰地同样也选择焦糖色作为着色剂用于改善酒体色泽；在摩根牌朗姆酒的配料表中也出现了添加焦糖色的情况。

在摩根牌朗姆酒中赋予甜味的配料是白砂糖，百加得牌朗姆酒同样也是使用甘蔗汁来赋予甜味，并将食品添加剂作为甜味剂使用。在白兰地初馏过程中，常通过添加酒石酸进行调压处理。表10-7为各品牌蒸馏酒原料表。

表10-7　蒸馏酒原料表

类别	品牌	配料表
白酒	五粮液	高粱、水、糯米、小麦、玉米
	泸州老窖	水、高粱、小麦
	茅台	水、高粱、小麦
伏特加	派斯顿伏特加	水、马铃薯
	生命之水伏特加96	饮用水、小麦、甘薯
	深蓝伏特加原味	水、小麦
	灰雁	水、小麦
	绝对伏特加	冬麦、深井地下水
白兰地	张裕金奖白兰地	水、葡萄蒸馏酒、糖蜜、酒精、白砂糖、食品添加剂（焦糖色、食用香料）
	轩尼诗干邑白兰地	葡萄、水、焦糖色
	宝树行马爹利蓝带	葡萄、水、焦糖色
	必得利洋酒白兰地	水、葡萄汁、焦糖色
	卡慕干邑白兰地	葡萄
威士忌	英吉利威士忌	水、大麦
	利普林斯威士忌	威士忌原酒、纯净水、焦糖色
	百龄坛苏格兰威士忌	水、麦芽、小麦、焦糖色
	芝华士苏格兰威士忌	水、麦芽、小麦、焦糖色
	尊尼获加威士忌	水、大麦芽、小麦、玉米、焦糖色

类别	品牌	配料表
朗姆酒	百加得白朗姆酒	水、甘蔗汁
	哈瓦那朗姆酒	水、甘蔗
	欧德朗姆酒	水、甘蔗汁、焦糖色(亚硫酸铵法)
	马利宝椰子朗姆酒	水、甘蔗汁、椰子
	死侍手指咖啡味朗姆酒	水、甘蔗、咖啡豆、酵母

10.3 食品添加剂在配制酒中的应用

配制酒是以发酵酒、蒸馏酒、食用酒精等为酒基，加入可食用的原辅料和（或）食品添加剂，进行调配和（或）再加工制成的饮料酒。而配制酒广义来讲，除了发酵蒸馏酒之外的其他酒都属于配制酒的范畴。配制酒是一个比较复杂的酒品系统，它的诞生晚于其他单一酒品，但发展却很迅速。配制酒的生产最早是在酒与酒之间进行勾兑配制的，一种是在酒与非酒精物质（包括液体、固体和气体）之间进行调兑配制的。配制酒的酒基可以是酿造酒，也可以是蒸馏酒，还可以两者兼而有之。例如，一些开胃酒和甜食酒常以酿造酒作为酒基，另一些开胃酒和利口酒的制作主要采用蒸馏酒作酒基，所以，配制酒又称浸制酒、再制酒。凡是以蒸馏酒、发酵酒或食用酒精为酒基，加入香草、香料、果实、药材等进行勾兑、浸制、混合等特定的工艺手法调制的各种酒类，都可归为配制酒。有名的配制酒产地是欧洲产酒国，其中西班牙、葡萄牙、法国、意大利、英国、德国、荷兰等国的产品最为有名。

由于配制酒是一类较为复杂的酒品，分类方法上也不统一。在西方国家，按照饮用时间分类，可分为开胃酒、甜食酒和利口酒三大类别。在中国，配制酒也单独列出，构成中国酒品中的一大类别。

在国内配制酒多为露酒，是以黄酒、白酒为酒基，加入按照传统既是食品又是中药材或特定食品原辅料或符合相关规定的物质，经浸提和（或）复蒸馏等工艺或直接加入从食品中提取的特定成分，制成的具有特定风格的饮料酒。竹叶青酒是著名的中国传统露酒，其酿造是以山西汾酒为酒基，保留了竹叶的风味特色，通过添加砂仁、当归等药材，浸提而成的一种露酒。山西玫瑰汾酒，以陈年老白汾酒为酒基，以鲜玫瑰花为呈香呈味物质，采用浸渍蒸馏工艺，即将鲜玫瑰花放入汾酒缸里浸泡数月，拌汾酒香醅蒸馏，加低聚果糖调配，经陈贮、过滤、勾兑等工序配制而成。

着色剂是在配制酒中唯一可以使用的调色类食品添加剂，也是配制酒中允许添加的种类最多的添加剂，依据 A.1 表可使用的着色剂有 34 种，分别是赤藓红及其铝色淀（以赤藓红计，最大使用量为 0.05g/kg）、靛蓝及其铝色淀（以靛蓝计，最大使用量为 0.1g/kg）、黑豆红（最大使用量为 0.8g/kg）、红花黄（最大使用量为 0.2g/kg）、焦糖色（加氨生产，最大使用量为 50.0g/L）、焦糖色（苛性硫酸盐，最大使用量为 6.0g/L）、焦糖色（亚硫酸铵法，最大使用量为 50.0g/kg）、金樱子棕（最大使用量为 0.2g/kg）、可可壳色（最大使用量为 1.0g/kg）、喹啉黄（最大使用量为 0.1g/L）、亮蓝及其铝色淀（以亮蓝计，最大使用量为 0.025g/kg）、柠檬黄及其铝色淀（以柠檬黄计，最大使用量为 0.1g/kg）、葡萄皮红（最大使用量为 1.0g/kg）、日落黄及其铝色淀（以日落黄计，最大使用量为 0.1g/kg）、天然苋菜红（最大使用量为 0.25g/kg）、苋菜红及其铝色淀（以苋菜红计，最大使用量为

0.05g/kg)、橡子壳棕（最大使用量为0.3g/kg)、新红及其铝色淀（以新红计，最大使用量为0.05g/kg)、胭脂虫红（以胭脂红酸计，最大使用量为0.25g/kg)、胭脂红及其铝色淀（以胭脂红计，最大使用量为0.05g/kg)、叶绿素铜钠盐以及叶绿素铜钾盐（最大使用量为0.5g/kg)、诱惑红及其铝色淀（仅限使用诱惑红，最大使用量为0.05g/kg)、栀子黄（最大使用量为0.3g/kg)、栀子蓝（最大使用量为0.2g/kg)、紫甘薯色素（最大使用量为0.2g/kg)、紫胶红（又名虫胶红）（最大使用量为0.5g/kg)。红米红、红曲黄色素、红曲米、红曲红、姜黄、萝卜红、玫瑰茄红及焦糖色（普通法）最大使用量则按生产需要适量使用。依据A.1表配制酒中可使用的着色剂有4种，柑橘黄、高粱红、天然胡萝卜素、甜菜红，都适量使用。

配制酒中使用最多的调味类添加剂主要是甜味剂和酸度调节剂。甜味是人们最喜好的基本味感之一，甜味是调整和协调平衡风味、掩蔽异味、增加口感的重要因素。酸味和甜味一样，是各类食品风味的基础，是具有酸味的成分赋予的。在中国传统配制酒中常选择加入甜味剂来中和中药或者其他辅料带来的影响口感的因素，以获得一种甘甜细腻的口感。泸州老窖养生酒系列中的茗酿，作为一款泸州老窖和中国茶叶研究院（中茶院）开发的一款加入茶浓缩液的露酒，就通过加入木糖醇来提高其整体口感。山西竹叶青酒就在酒中加入了低聚果糖，泸州老窖养酒也通过加入木糖醇作为甜味剂，北京仁和菊花白作为一张北京名片是通过添加多晶冰糖来增加甜味的。依据GB 2760—2024 A.1表配制酒中可添加的甜味剂主要有环己基氨基磺酸钠（又名甜蜜素）以及环己基氨基磺酸钙（以环己基氨基磺酸计）最大使用量为0.65g/kg，三氯蔗糖（又名蔗糖素）最大使用量为0.25g/kg，糖精钠最大使用量为0.15g/kg，同时也是增味剂。异麦芽酮糖最大使用量按生产需要适量使用，甜菊糖苷最大使用量为0.21g/kg，乙酰磺胺酸钾（又名安赛蜜）最大使用量为0.35g/kg。乳糖醇（又名4-β-D吡喃半乳糖-D-山梨醇)、赤藓糖醇、罗汉果甜苷、木糖醇，适量使用。

酸味剂能赋予食品酸味，给人爽快的感觉，可增进食欲，促使唾液的分泌，有助于钙、磷等物质的溶解，促进人体对营养素的消化、吸收，同时还具有一定的防腐、抑菌和络合金属离子的作用等。

配制酒中依据A.1表可添加的酸度调节剂有磷酸、焦磷酸二氢二钠、焦磷酸钠、磷酸二氢钙、磷酸二氢钾、磷酸氢二铵、磷酸氢二钾、磷酸氢钙、磷酸三钙、磷酸三钾、磷酸三钠、六偏磷酸钠、三聚磷酸钠、磷酸二氢钠、磷酸氢二钠、焦磷酸四钾、焦磷酸一氢三钠、聚偏磷酸钾、酸式焦磷酸钙，最大使用量为5.0g/kg，仅限磷酸，最大使用量以磷酸根（PO_4^{3-}）计。A.1表中可使用的酸度调节剂有乳酸、碳酸钾、碳酸钠、碳酸氢钾、碳酸氢钠、DL-苹果酸钠、L-苹果酸、DL-苹果酸、冰乙酸（又名冰醋酸)、冰乙酸（低压羰基化法)、柠檬酸、柠檬酸钾、柠檬酸钠、柠檬酸一钠、葡萄糖酸钠、L-苹果酸钠，均为适量使用。

第11章 食品添加剂在果蔬类食品中的应用

果蔬加工原理是在充分认识食品败坏原因的基础上建立起来的。食品变质、变味、变色、生霉、酸败、腐臭、软化、膨胀、浑浊、分解、发酸等现象统称为败坏。败坏后的产品外观不良，风味减损。造成食品败坏的原因是复杂的，往往是生物的、物理的、化学的多种因素综合作用的结果。果蔬加工的根本任务就是使果蔬通过各种加工工艺处理后达到长期保存、随时取用的目的。在加工工艺处理过程中，要尽可能最大限度地保存其营养成分，改进食品价值，使加工制品的色、香、味俱佳，组织形态更趋完美，以提高果蔬加工制品的商品性。

11.1 蔬菜类食品中常用食品添加剂及使用方法

蔬菜大多为陆地栽培，在这些蔬菜中，除食用菌属低等植物中的真菌外，其余均属于种子植物。按照可食用的器官分为根菜类、茎菜类、叶菜类、花菜类、果菜类以及食用菌类。蔬菜通常由水分和干物质组成，干物质又分为水溶性和非水溶性物质两大类。水溶性物质溶解于水中，组成植物体的汁液部分。它们是糖、可溶性果胶、有机酸、单宁物质、部分含氮物质、多元醇、水溶性维生素、芳香物质、色素和部分无机盐类。非水溶性物质一般是组成蔬菜植物固体部分的物质。这类物质包括纤维素、半纤维素、原果胶、淀粉、脂肪、部分含氮物质、色素、维生素、矿物质和有机盐类。这些对于蔬菜的储存和加工具有特殊的意义。

新鲜蔬菜含水量很高，采后仍具有很强的生命活力，仍然是一个具有生理功能的“活体”。在等待消费或加工的过程中，各种生理活动的进行，必然会消耗体内的各种营养成分，这些直接关系到蔬菜的商品和食用价值。由于呼吸、蒸发、后熟以及生理障碍等，蔬菜采摘后的一系列生理生化活动，蔬菜的营养成分、风味和质地都发生了相应的变化。例如薯类储存过程中淀粉被水解糖化，从而影响淀粉的产出率；有些蔬菜采收后会褐变失水，影响消费品质。

食品系统分类中，将蔬菜分为新鲜蔬菜和加工蔬菜。新鲜蔬菜消费周期较快，很少使用食品添加剂以达到储存保鲜的目的。而加工蔬菜中由于工艺的需要，常常使用防腐剂、着色剂、增味剂等食品添加剂用于蔬菜加工制品的质量保障。

11.1.1 蔬菜类食品中常用食品添加剂

11.1.1.1 腌渍蔬菜食品中常用的食品添加剂

腌渍蔬菜是指以新鲜蔬菜为主要原料，经醋、盐、油或酱油等腌渍加工而成的制品。包括酱渍菜、盐渍菜、酱油渍菜、糖渍菜、醋渍菜、糖醋渍菜和虾油渍菜等。蔬菜的腌渍是我国传统的蔬菜加工方法，其加工简易，成本低廉，产品易于保存。腌渍蔬菜具有独特的色、香、味，是人们餐桌上不可或缺的佐餐食品。蔬菜经过腌渍以后，原料菜所具有的一些辛辣、苦、涩等令人不快的气味消失，同时形成了各种酱菜、腌菜制品所特有的鲜香气味。这种变化主要是由于蛋白质水解以及一系列生物化学反应的作用结果。在蔬菜腌渍加工过程中，为了延长其保质期并且形成稳定的特殊品质，常常会发挥部分食品添加剂的作用，腌渍蔬菜常用的食品添加剂使用量见表 11-1。

表 11-1 食品添加剂在腌渍蔬菜中的使用要求

添加剂	作用	最大使用量/(g/kg)	备注
乙二胺四乙酸二钠	稳定剂、凝固剂、抗氧化剂、防腐剂	0.25	
胭脂红及其铝色淀	功能着色剂	0.05	以胭脂红计
苋菜红及其铝色淀	着色剂	0.05	以苋菜红计
脱氢乙酸及其钠盐	防腐剂	0.3	以脱氢乙酸计
糖精钠	甜味剂、增味剂	0.15	以糖精计
酸枣色	着色剂	1	
山梨糖醇和山梨糖醇液	甜味剂、膨松剂、乳化剂、水分保持剂、稳定剂、增稠剂	按生产需要适量使用	
山梨酸及其钾盐	防腐剂、抗氧化剂、稳定剂	0.5	以山梨酸计
三氯蔗糖(又名蔗糖素)	甜味剂	0.25	
柠檬黄及其铝色淀	着色剂	0.1	以柠檬黄计
麦芽糖醇和麦芽糖醇液	甜味剂、稳定剂、水分保持剂、乳化剂、膨松剂、增稠剂	按生产需要适量使用	
亮蓝及其铝色淀	着色剂	0.025	以亮蓝计
辣椒红	着色剂	按生产需要适量使用	
姜黄	着色剂	0.01	以姜黄素计
环己基氨基磺酸钠(又名甜蜜素)，环己基氨基磺酸钙	甜味剂	0.65	以环己基氨基磺酸计
红曲米，红曲红	着色剂	按生产需要适量使用	
红花黄	着色剂	0.5	
二氧化硫，焦亚硫酸钾，焦亚硫酸钠，亚硫酸钠，亚硫酸氢钠，低亚硫酸钠	漂白剂、防腐剂、抗氧化剂	0.1	最大使用量以二氧化硫残留量计
靛蓝及其铝色	着色剂	0.01	以靛蓝计
苯甲酸及其钠盐	防腐剂	1	以苯甲酸计
乙酰磺胺酸钾(又名安赛蜜)	甜味剂	0.3	
栀子黄	着色剂	1.5	
栀子蓝	着色剂	0.5	

(1) 护色剂

发酵型腌渍品由于在腌渍过程中产生乳酸等，会使叶绿素变成脱镁叶绿素，而使其绿色无法保存。在腌渍非发酵性腌制品时，为保持其原有绿色可在腌渍前先将蔬菜经沸水烫漂，以钝化叶绿素酶，防止叶绿素被酶催化而变成脱叶醇叶绿素（绿色褪去），可暂时保持绿色。若在烫漂液中加入微量 Na_2CO_3、$MgCO_3$、$NaHCO_3$ 或石灰乳，可使叶绿素酯团碱化生成叶绿酸盐，进一步使其成为镁盐、钠盐，则形成绿色更为稳定的叶绿素盐，起到保绿的作用。

(2) 防腐剂

蔬菜在腌渍过程中不仅有有益微生物的发酵作用，同时会发生有害微生物的发酵作用，如大肠杆菌、霉菌和有害酵母菌等，这些有害微生物大量繁殖后会使产品劣变。虽然食盐和酸度可以抑制某系微生物和酶的活动，但其作用是有限的。例如要完全抑制微生物的活动，盐分要高达25%以上；钝化过氧化酶需要食盐浓度20%以上。霉菌、酵母菌可以耐受的pH值在1.2～1.5左右，有些调味料如大蒜、芥子油等虽然具有杀菌防腐能力，又因使用情况而具有局限性，因此为了弥补自然防腐的不足，在大规模生产中常常加入某些防腐剂以减少制品的败坏。我国目前腌渍蔬菜常用的防腐剂有苯甲酸钠、山梨酸钾和脱氢醋酸钠等。

(3) 香料

在蔬菜腌渍加工时，常常加入一些香辛料，如五香粉、丁香、肉蔻、芥末、生姜、大蒜、花椒、八角等，它们不但起着调味的作用，而且还具有不同程度的抗菌、抗氧化或防腐作用。

(4) 酸度调节剂

目前腌渍蔬菜的企业往往会在产品中添加各种食用酸，且把减盐增酸作为腌渍蔬菜的发展方向。酸度调节剂能降低腌渍液的pH值，抑制微生物的生长繁殖，对产品的储藏极为有利。在腌渍液中添加食醋、冰醋酸及柠檬酸等酸度调节剂都能使腌渍液的pH值下降，从而达到抑制微生物生长繁殖的目的。

11.1.1.2 蔬菜罐头中常使用的食品添加剂

蔬菜罐头是指以新鲜蔬菜为原料，经预处理、装罐、密封、杀菌等工艺制成的产品。根据QB/T 1395—2014《什锦蔬菜罐头》(2014年10月1日实施) 详细说明可以使用如下食品添加剂，包括乳化剂、增稠剂、水分保持剂、防腐剂、酸度调节剂、着色剂、稳定剂、面粉处理剂、抗氧化剂、膨松剂、增味剂、甜味剂、抗结剂、漂白剂、护色剂、稳定剂和凝固剂。

(1) 护色剂

罐藏绿色蔬菜在生产中很容易发生变色现象，不仅影响产品的外观色泽，同时营养成分也会发生变化，使产品质量下降，降低顾客的购买欲望。因此，弄清楚罐藏绿色蔬菜的褪色原因及保护方法具有重大意义。绿色蔬菜在储存、加工、衰老过程中，叶绿素降解是其色泽退化的根本原因。对加工而言，叶绿素降解是由加热、破碎等加工条件造成的组织破坏而引起的。

目前工业中使用的护色方法较多：①调节pH值，蔬菜在加工过程中，叶绿素在中性或碱性条件下易形成皂化物，蔬菜颜色为鲜绿色，并可以延迟脱镁叶绿素的形成。如用$NaOH$、$Mg(OH)_2$、$MgSO_4$制成的碱性缓冲液对绿色蔬菜产品进行热烫处理，可有效保护绿色。②降低温度和水分活性，如果在蔬菜半成品的储藏中采用冷冻和冷藏工艺处理，在低温条件下，不仅蔬菜组织间水活度大大降低，而且叶绿素分解酶活性也大大降低，因此低温储藏有利于蔬菜制品的护色。③灭酶杀菌工艺中，在对pH值高于5.7偏中性蔬菜原料的灌装加工中，高温灭菌会导致叶绿体破坏。因此，选择适宜的漂烫工艺条件，采用高温短时杀菌，或果蔬加工前进行表面杀菌处理，都是降低叶绿素降解的手段。

绿色蔬菜加工前用热水进行漂烫，可以排除蔬菜组织中的氧，减少被氧化的机会。漂烫后，还可以除去蔬菜中的一部分有机酸，减少叶绿素遇酸生成褐绿色的脱镁叶绿素。对绿色蔬菜短时间加热，钝化叶绿素酶类，也能起到护色的作用。

(2) 增味剂

在罐藏绿色蔬菜制品中，为增加风味，往往添加柠檬酸。但如果用醋酸代替柠檬酸做酸味剂，则更有利于绿色的保护。这是因为醋酸分子中只含有一个羧基，而柠檬酸分子中则含有三个羧基，可离解出较多的 H^+，导致汤汁酸性较强，不利于保绿。同时，受柠檬酸 C3 上的—OH 的影响，使—COOH 更易释放出 H^+，而使叶绿素中镁离子易于游离出来形成脱镁叶绿素而引起褪色。因此，应该用醋酸代替柠檬酸作酸味剂。但在酸性条件下，叶绿素的 Mg^{2+} 易被 H^+ 所取代而褪色。所以在调料时要注意 pH 值的大小。

11.1.1.3 蔬菜汁饮料加工中常用食品添加剂

蔬菜汁饮料加工业中常用的食品添加剂有酸度调节剂、甜味剂、着色剂、食用香料和香精、增稠剂、乳化剂、酶制剂、营养强化剂、防腐剂、抗氧化剂及加工助剂等。食品添加剂在蔬菜汁饮料加工中的主要作用表现在：①改进加工工艺，酶制剂的使用将生物技术手段引入蔬菜制造业，利用果胶酶、纤维素酶等复合酶处理的酶法液化工艺，改进了榨汁工艺，明显提高了出汁率与蔬菜汁的质量。酶法澄清工艺提高了澄清汁的加工技术手段。②改善成品质量，合理使用添加剂，可弥补原料色、香、味、形对饮料的影响，增加消费者的可接受性；着色剂可使加工处理后易褪色或变色的蔬菜恢复鲜艳的颜色；食用香料和香精可改善、增加、模拟食品的香气；用甜味剂、酸味剂来调节糖酸比，赋予饮料一定的口感，满足人的嗜好需要；增稠剂能增加饮料的黏度，赋予饮料爽滑适口的口感，并对饮料的稳定性有决定性的作用。③提高原料利用率，蔬菜汁饮料加工中约有 20%～25%的下脚料，可在酶制剂作用下进行再生利用，生产其他工业酶制剂或化工产品如柠檬酸、乙醇等，达到合理利用资源的目的。④改进和补充蔬菜汁饮料的营养价值，利用营养强化剂强化某些蔬菜汁饮料，以满足儿童、老年人、运动员、特殊环境工作人员等特殊人群的营养需要，增加其特殊保健功能。

蔬菜汁受到外界有害因素的污染后，其化学性质或物理性质发生变化，使果蔬汁失去或降低原有的或应有的营养价值、组织状态以及色、香、味。更为严重者，某些病原菌会分泌毒素，将蔬菜汁转变成不符合卫生要求、不能供人饮用的腐败、含有害物质的饮料。引起蔬菜汁饮料变质的主要因素除化学性的因素外，就是生物性的污染，其中微生物的污染是最易发生而且较为多见的。蔬菜汁被微生物污染后，是否会导致变质，与蔬菜汁饮料本身的性质、微生物的种类与数量、当时所处的环境因素等有着密切的关系。由它们三者之间的作用结果来决定果蔬汁是否发生变质和变质的程度。蔬菜原料本身带有微生物，在制造果蔬饮料过程中，也会被微生物再次污染，储藏和运输过程中，也有被微生物污染的可能。因此，需要在蔬菜汁饮料加工时添加防腐剂，抑制微生物的生长繁殖，防止由微生物的作用引起食品腐败变质，延长食品保存期。

(1) 增稠剂

增稠剂在蔬菜饮料中具有重要作用和功能，将其应用于各种蔬菜饮料中，可使饮料具有令人满意的稠度。在植物蛋白饮料中，往往出现分层、凝聚、沉淀的现象，严重影响产品的品质，当添加增稠剂后，通过均质，可使产品在储藏、运输过程中保持稳定，改善食品性能和口感。增稠剂对保持饮料的色、香、味、结构和稳定性有重要作用，并能提高食品质量，使饮料具有黏滑适口的感觉。增稠剂是大分子物质，大多来自天然胶质，具有膳食纤维的功能特点，在人体内不被消化吸收，不产生热量，可用于低热饮料的生产。

(2) 酶制剂

人类已开发出应用于蔬菜汁饮料加工中的多种酶类，如果胶酶、果胶酯酶、纤维素酶、半乳甘露聚糖酶、鼠李糖苷酶、中性蛋白酶、液化葡萄糖苷酶、阿拉伯聚糖酶、葡萄糖氧化酶等。酶技术应用于果汁超滤工艺中，使超滤膜通透量提高，且清洗方便快捷。

用于提高果蔬出汁率的酶主要有果胶酶、纤维素酶、半纤维素酶及蛋白酶。高等植物细胞壁和细胞膜在通常情况下难以破碎，使细胞内液体难以释放，造成蔬菜汁饮料加工中压榨难度大，出汁率低。加入果胶酶能催化果胶解聚，使大分子长链的原果胶降解为低分子的果胶、低聚半乳糖醛酸和半乳糖醛酸，底物黏度迅速下降，增加可溶性果胶的含量。纤维素酶和半纤维素酶能催化纤维素水解，使纤维素增溶和糖化。在果胶酶、纤维素酶、半纤维素酶和蛋白酶等的共同作用下，植物细胞壁降解，使细胞内的液体比较容易释放出来，增加果蔬的出汁率，并使加工和压榨工艺变得非常容易。

利用酶技术生产果蔬汁不仅能提高果蔬汁的出汁率，提高产量，简化生产加工工艺，而且保留了果蔬汁中的营养成分。利用酶液化工艺生产的南瓜汁、胡萝卜汁等果蔬汁饮料中，可溶性固形物的含量明显提高，而这些可溶性固形物由可溶性蛋白质和多糖类物质等营养成分组成，果蔬汁中的胡萝卜素的保存率也明显提高。

(3) 着色剂

许多蔬菜类产品有鲜艳的颜色，但经过加工处理后容易褪色或变色，所以在果蔬汁加工中有时需要使用着色剂进行着色，以使果蔬汁饮料的色泽在加工、包装及储存等生产环节中保持一致。

(4) 营养强化剂

长期摄取加工食品就难以保证获得所需全部的营养素，因为这些食品在加工过程中不可避免地造成营养素损失。如蔬菜富含维生素、矿物质，但蔬菜预加工、热烫、热处理、后续加工及加工中使用化学物质等因素，会造成这些营养元素或多或少的损失，因此有必要对果蔬饮料进行营养素的强化，可以在果蔬饮料中添加氨基酸类、维生素类及矿物质营养强化剂。

11.1.2 使用方法及注意事项

(1) 蔬菜制品中着色剂使用注意事项

着色剂分为合成着色剂（合成色素）和天然色素。使用合成着色剂时要注意使用溶解性、渗透性、染着性等性质相近的着色剂，不同的着色剂也要根据其性质选择适宜的使用条件。如水溶性色素一定要配成1%～10%溶液再使用，脂溶性色素要配合乳化剂、分散剂溶解。饮料着色还要考虑着色剂的耐酸性、耐光性等，以防止饮料褪色、变色。

与合成色素相比，天然色素具有不同的特性。常用于果蔬汁饮料中的天然色素主要有类胡萝卜素、黄酮类、花色素、醌类色素、甜菜红色素、姜黄色素、藻蓝色素及焦糖色素等。一般来说，水溶性天然色素在饮料中有更好的应用，水溶性天然色素一般是用水、酸碱水溶液或乙醇溶剂等萃取后经过滤、浓缩后制取的。通过添加乳浊剂用特殊的加工方法生产的乳浊天然色素也常用于果蔬汁饮料的生产中，常用的乳浊剂有丙烯二醇、多山梨醇酯以及单酸甘油酯等。有些食品天然色素也可以和合成色素一样，通过调配产生各种各样的色泽从而添加到食品当中。

由于天然色素的稳定性相对较差，所以在加工过程中，其对氧、光和酸碱度等所显示出的稳定性，直接影响饮料的品质。通常饮料在生产过程中需经过热处理，因此必须考虑到色素对热氧化的耐受力与持久力。瓶装饮料由于使用透明的包装材料销售，也就要求色素光稳定性要高而且果蔬汁饮料的 pH 值一般较低，所以色素对酸碱的耐受力也要考虑进去。在蔬菜汁饮料中应用天然色素要根据不同的情况合理选择色素品种，以使产品的质量达到最佳。为使产品的外观达到最佳效果，在产品中添加色素的方式也各不相同，有的单一加入，有的互配后再加入。一般饮料的着色都要求全面着色，以烘托出风味。

(2) 增味剂在蔬菜制品中使用注意事项

食品中香味成分十分复杂，至今为止大多数食品的香味成分并未十分清楚，但在长期实践中，逐渐知道了如何保持果蔬汁的香味和增香方法，使蔬菜汁更加芳香诱人。在加工和储运过程中食品中的香味物质因挥发、氧化、聚合、异构化等作用，很容易损失，使加工产品失去了原有的香味，失去了食品的天然风味。最大限度地保持并增加食品中的香味物质，已成为现代果蔬汁加工中重要的研究课题。蔬菜汁由于原料、工艺、产品品种的不同常常采取不同的保香和增香技术措施。例如：①尽量减少加工工序，缩短加工时间，果蔬的加工因过多的加工工序或过长的加工时间而增加了香味成分的挥发损失。②采用低温或冷冻加工工艺，低温可减少香味成分的损失，特别是蔬菜汁的浓缩。如果采用冷冻干燥、冷冻浓缩、反渗透、超滤等新技术，对于防止香味成分的损失，保持全天然风味具有重要意义。③进行香味成分的回收利用，为了保持果蔬的天然香味，越来越多的生产企业采用芳香物质回收装置，在生产过程中对芳香物质进行回收并浓缩，然后加回到蔬菜汁液中。④添加保护剂，有些香味成分在加工过程中易氧化破坏，可加入适宜的抗氧化剂进行保护，如维生素 C、茶多酚等。⑤添加香味增强剂，为了保持和提高果蔬汁的香味，可以加入少量香味增强剂，香味增强剂通过对嗅觉神经的刺激可大大提高或改善其他物质的香味。我国早已公布了数百种可添加于食品的天然和合成香味剂，但使用时必须严格遵守 GB 2760—2024《食品安全国家标准 食品添加剂使用标准》的有关规定。

11.2 应用案例

蔬菜具有较强的季节性，不易贮存，因而蔬菜原料常被精深加工为饮料等易贮藏的风味食品，以转换产品形式的方法有效解决蔬菜贮藏问题。蔬菜汁是由完好、成熟度适中的新鲜或冷藏的蔬菜制得的汁液，并以水、甜味剂、酸味剂等辅料混合制取的饮料。酶法澄清、酶法液化及超滤等加工技术不断应用于南瓜、胡萝卜、芹菜、番茄等清汁、混汁和复合汁的研究中，使得蔬菜汁、蔬菜浓缩浆、特种蔬菜饮料等多种类型的蔬菜饮品能够被开发。相关研究优化了胡萝卜、番茄、黄瓜和西芹制汁过程中酶解工艺，榨汁过程中分别添加果胶酶或纤维素酶对蔬菜汁进行酶解处理，以出汁率和浊度为指标对酶解条件（酶解时间、酶添加量、酶解温度）进行单因素分析和正交试验优化。结果表明，四种蔬菜汁的最佳酶解工艺条件为：胡萝卜汁酶解时间 60min，果胶酶添加量 0.4%，酶解温度 40℃，在此条件下出汁率达到 84.7%，浊度为 4.3NTU；番茄汁酶解时间 40min，果胶酶添加量 0.2%，酶解温度 40℃，在此条件下出汁率达到 95.1%，浊度为 36.3NTU；黄瓜汁酶解时间 60min，果胶酶添加量 0.5%，酶解温度 40℃，在此条件下出汁率达到 93.2%，浊度为 60.7NTU；西芹汁酶解时间 60min，纤维素酶添加量 0.4%，酶解温度 40℃，在此条件下出汁率达到 92.1%，浊度为 33.3NTU。在最佳酶解工艺条件下制得的蔬菜汁色泽清亮、甘甜爽口，具有一定的开发价值，可用于制备复合果蔬或蔬菜饮料的原料。

L-丙氨酸是国标 GB 2760—2024 中允许使用的一种不含有钠离子的食品增味剂，具有甜味，能够增甜提鲜，缓冲刺激味道。腌渍蔬菜脱盐后口感相对单一，因此需要添加食品添加剂来增强风味，改善腌渍蔬菜的口感。为研究 L-丙氨酸作为食品添加剂的应用潜力，相关研究采用感官评价结合模糊综合评价法分析不同 L-丙氨酸添加浓度（0.5%、1%、2%）对腌渍蔬菜风味的影响，并采用顶空固相微萃取（HS-SPME）结合气相色谱-质谱（GC-MS）分析 L-丙氨酸添加前后腌渍蔬菜挥发性化合物组成的变化。结果表明，添加 L-丙氨酸对 3 种腌渍蔬菜均具有缓冲咸味、增甜提鲜的效果，以 1%添加量效果最优。1%的 L-丙氨酸能够增加腌渍蔬菜挥发性香气中的化合物种类，并能弱化含硫化合物所具有的不愉快气味。

11.3 水果类食品中常用食品添加剂及使用方法

我国是水果生产的大国，改革开放以来水果产业发展迅速，特别是 20 世纪 90 年代以来，中国水果产量跃居世界首位。随着人民生活水平的不断提高，我国农业产业结构发生了一定的变化，果品在种植业中所占的比例与日俱增，据统计，2019 年中国水果产量为 2.74 亿吨，同比增长 6.7%，水果需求量为 2.77 亿吨，同比增长 6.8%，预计到 2025 年我国水果产量将达到 2.99 亿吨，消费量将达到 3.03 亿吨。水果已成为我国种植业中继粮食和蔬菜之后的第三大产业。我国水果栽培历史悠久，资源丰富，是世界上多种果品的发源地。

以水果为原料制成的产品有许多种，现根据 GB 2760—2024 将水果类产品分为鲜水果、水果糖制品、水果腌渍品、水果干制品、水果罐头、果汁饮料、果酒及其他水果制品等八大类。

11.3.1 水果类食品中常用食品添加剂

(1) 鲜水果中的食品添加剂

根据 GB 2760—2024《食品安全国家标准 食品添加剂使用标准》，新鲜水果上可以使用的食品添加剂有 5 类，即防腐剂、抗氧化剂、乳化剂、被膜剂和漂白剂，共三十余种。

防腐剂用于防止水果腐败变质，延长水果贮藏期。使用防腐剂最多的水果是柑橘类，它是最容易受到霉菌侵害表面的水果。防腐剂也叫保鲜剂，主要包括 2-苯基苯酚钠盐、4-苯基苯酚、联苯醚等。保鲜剂的毒性要比一般防腐剂的毒性要大，是毒性最大的食品添加剂，不能食用。保鲜剂只可用于水果的表面，浓度一般要在十万分之一左右，而进入水果的残留量更要少于千万分之一。如果水果使用了保鲜剂，食用前需用大量的清水冲洗。

抗氧化剂能防止或延缓水果变质、成分氧化分解。乳化剂能改善乳化体中各种构成相之间的表面张力，形成均匀分散体或乳化体。

被膜剂涂抹于水果外表，起保质、保鲜、上光、防止水分蒸发等作用。使用被膜剂的水果有苹果、梨、枣、柑橘等，现允许使用的被膜剂有紫胶、石脂、液体石蜡、吗啉脂肪酸盐、松香季戊四醇酯等 7 种，主要应用于水果、蔬菜、软糖、鸡蛋等食品的保鲜。被膜剂一部分来自天然的动植物成分，如虫胶、果蜡是天然的高分子化合物，基本无毒；另一部分则是来自化学合成的，化学合成的被膜剂在使用中受到严格的限制。

漂白剂能破坏、抑制水果的发色因素，使其褪色或使水果免于褐变。

各类食品添加剂在新鲜水果上的使用要求如表 11-2 所示。

表 11-2 食品添加剂在新鲜水果上的使用要求

名称	功能	适用水果	最大使用量/(g/kg)	备注
巴西棕榈蜡	被膜剂	新鲜水果	0.0004	以残留量计
对羟基苯甲酸甲酯钠、对羟基苯甲酸乙酯、对羟基苯甲酸乙酯钠	防腐剂	新鲜水果	0.012	最大使用量以对羟基苯甲酸计
二氧化硫、焦亚硫酸钾、焦亚硫酸钠、亚硫酸钠、亚硫酸氢钠、低亚硫酸钠	漂白剂 防腐剂 抗氧化剂	新鲜水果	0.05	以二氧化硫残留量计
肉桂醛	防腐剂	新鲜水果	按生产需要适量使用	残留量≤0.3mg/kg
聚二甲基硅氧烷及其乳液	被膜剂	新鲜水果	0.0009	
联苯醚	防腐剂	鲜柑橘	3.0	残留量≤12mg/kg
硫代二丙酸二月桂酯	抗氧化剂	新鲜水果	0.2	
吗啉脂肪酸盐	被膜剂	新鲜水果	按生产需要适量使用	
氢化松香甘油酯	乳化剂	新鲜水果	0.5	
山梨醇酐单月桂酸酯、山梨醇酐单棕榈酸酯、山梨醇酐单硬脂酸酯、山梨醇酐叁硬脂酸酯、山梨醇酐单油酸酯	乳化剂	新鲜水果	3.0	
山梨酸、山梨酸钾	防腐剂 抗氧化剂 稳定剂	新鲜水果	0.5	以山梨酸计
松香季戊四醇酯	被膜剂	新鲜水果	0.09	
稳定态二氧化氯	防腐剂	新鲜水果	0.01	
乙氧基喹	防腐剂	新鲜水果	按生产需要适量使用	残留量≤1mg/kg
蔗糖脂肪酸酯	乳化剂	新鲜水果	1.5	
紫胶	被膜剂	鲜柑橘 鲜苹果	0.5 0.4	以残留量计
ε-聚赖氨酸盐酸盐	防腐剂	新鲜水果	0.30	残留量≤12mg/kg
抗坏血酸	抗氧化剂	新鲜水果	5.0	残留量≤12mg/kg
抗坏血酸钙	抗氧化剂	新鲜水果	1.0	最大使用量以对羟基苯甲酸计

(2) 水果糖渍品中的食品添加剂

水果的糖渍在我国有着悠久的历史。早在唐代时，我国就将进贡朝廷的水果用蜂蜜浸泡保存。到宋代时，制作更加精细，品种更加多样，由蜜渍发展为兼用蔗糖干制两大类。人们把利用蜂蜜熬煮果蔬制成的各种加工品叫作蜜饯，这种方法一直延续至今。我国各地的传统蜜饯类产品很多，有南蜜和北蜜之分。包括蜜饯类、凉果类、果脯类、话化类、果糕类和果丹类等。传统蜜饯多使用蔗糖或蜂蜜为糖渍剂，近年来随着人们对低糖、低热食品需求的增加及对高糖食品的排斥，蜜饯加工用蔗糖量降低，并采用淀粉糖浆来部分代替蔗糖，有时添加防腐剂来保证其储存期。果酱是用果胶和糖、酸等物质的协同作用使体系中果胶出现胶凝现象制成的产品，一般使用含果胶量较高的品种或外加多糖类增稠剂制作。

糖渍即利用糖藏的方法储藏水果。当细胞外部溶液远高于细胞内可溶性物质的浓度时，原生质的水分将向细胞间隙转移，原生质紧缩，造成质壁分离，使微生物的活动受到抑制。一定浓度的食糖溶液能产生较高的渗透压，使食品组织内部的水渗出，而自身扩散到食品组织内，从而减少水果本身的含水量，降低水果水分活性，使微生物细胞的原生质脱水收缩，产生生理干燥现象而无法生存，达到保藏制品的目的。同时，糖还有抗氧的作用，氧在糖液中溶解度小于水中溶解度，并随糖浓度的增加而减少。但是，糖只能抑制微生物而不能消灭微生物；而且，只有足够浓度的食糖溶液方能产生所需的渗透压。因此，在制作糖渍品时应保证食糖的质量，而且要保证食糖浓度以及糖渍品的含糖量。

糖渍品中微生物只是受到了抑制，如果糖渍品含糖量不足或是吸潮降低了糖液的浓度，微生物就可能继续生长，引起糖渍品的败坏。糖渍品在保藏期中也易褐变，影响成品色泽。所以，应注意保证包装容器的气密性，控制容器中氧的含量、储藏的温度和避光。最好采用真空抽气包装，如能充入惰性气体效果更好。此外，还应注意包装材料和包装环境的清洁卫生。

糖渍方法按照产品的形态不同可分为：保持原料组织形态的糖渍法（加工果脯、蜜饯和凉果等蜜饯类产品）和破碎原料组织形态的糖渍法（加工果酱和果泥等果酱类产品）。

根据 GB 2760—2024，糖渍品中可使用的食品添加剂有防腐剂、着色剂、甜味剂、漂白剂、抗氧化剂、稳定剂、乳化剂、增稠剂、增味剂、抗结剂、膨松剂、水分保持剂、凝固剂等 13 类共七十余种，其中应用最多的主要为甜味剂、着色剂、防腐剂和漂白剂。

糖渍品中使用的甜味剂主要是白砂糖，其次是糖精钠、甜蜜素。白砂糖是基础甜味剂。蜜饯类中添加 55%以上的白砂糖能起到抑制细菌生长的作用，使蜜饯能较长时间保存。但白砂糖也存在一些缺点，酸性条件下及温度过高时会迅速分解，产生还原糖。还原糖过多会使蜜饯出现流糖现象，严重影响其外观及口感，为了避免这个问题可加入其他甜味剂，如糖精钠、甜蜜素等。这些甜味剂的甜度可能是白砂糖的数十倍甚至数百倍，不会影响产品色泽，加工工艺方便，非常适合部分人群需要。

水果在加工过程中酶及氧的作用会导致色泽发生变化，故一般应在蜜饯中添加适量的食用色素即着色剂。添加的食用色素大部分都是天然色素，如胭脂红、柠檬黄等。人工合成着色剂的种类比较多，它们虽然能使产品色泽鲜艳，保持色泽时间长，但长期食用会对人体健康造成危害。另外，天然色素和人工合成着色剂相比，虽然容易褪色，但是加入适量的护色剂可长时间保持糖渍品的色泽。

糖渍品尤其是果酱类易滋生霉菌、酵母菌等微生物，使食品失去色、香、味，因此糖渍品中需添加防腐剂，防腐剂是天然或合成的化学成分，主要作用是抑制微生物的生长和繁殖。个别糖渍品食品生产企业为了尽量延长产品保质期，防止食品腐败变质，经常添加过量的防腐剂，长期过量摄入会对人体健康造成一定的损害，影响人体新陈代谢的平衡。

食品添加剂在水果糖渍品上的使用要求如表 11-3 所示。

表 11-3　食品添加剂在水果糖渍品上的使用要求

名称	功能	适用水果	最大使用量/(g/kg)	备注
苯甲酸及其钠盐	防腐剂	蜜饯凉果 果酱	0.05 1.0	以苯甲酸计
靛蓝及其铝色淀	着色剂	蜜饯类 凉果类	0.1	以靛蓝计
N-[*N*-(3,3-二甲基丁基)]-L-α-天门冬氨-L-苯丙氨酸 1-甲酯	甜味剂	蜜饯凉果 果酱 果泥	0.065 0.07 0.07	
甘草酸铵,甘草酸一钾及三钾	甜味剂	蜜饯凉果	按生产需要适量使用	
红花黄	着色剂	蜜饯凉果	0.2	
二氧化硫、焦亚硫酸钾、焦亚硫酸钠、亚硫酸钠、亚硫酸氢钠、低亚硫酸钠	漂白剂、防腐剂、抗氧化剂	蜜饯凉果	0.35	最大使用量以二氧化硫残留量计
β-胡萝卜素	着色剂	蜜饯凉果 果酱	1.0 1.0	

续表

名称	功能	适用水果	最大使用量/(g/kg)	备注
环己基氨基磺酸钠	甜味剂	果酱	1.0	以环己基氨基磺酸计
		蜜饯凉果	1.0	
		凉果类	8.0	
		话化类	8.0	
硫黄	防腐剂、漂白剂	果脯类	8.0	限用于熏蒸，最大使用量以二氧化硫残留量计
		蜜饯凉果	0.35	
萝卜红	着色剂	果酱 蜜饯类	按生产需要适量使用	
柠檬黄及其铝色淀	着色剂	果酱	0.5	以柠檬黄计
		蜜饯凉果	0.1	
日落黄及其铝色淀	着色剂	果酱	0.5	以日落黄计
		蜜饯凉果	0.1	
三氯蔗糖	甜味剂	蜜饯凉果	1.5	
		果酱	0.45	
山梨酸、山梨酸钾	防腐剂、抗氧化剂、稳定剂	果酱	1.0	最大使用量以山梨酸计
		蜜饯凉果	0.5	
双乙酰酒石酸单双甘油酯	乳化剂、增稠剂	果泥	2.5	
		果酱	5.0	
		蜜饯凉果	1.0	
糖精钠	甜味剂、增味剂	果酱	0.2	以糖精计
		蜜饯凉果	1.0	
		凉果类	5.0	
		话化类	5.0	
		果糕类	5.0	
天门冬酰苯丙氨酸甲酯	甜味剂	果酱	1.0	若食品类别中同时允许使用天门冬酰苯丙氨酸甲酯乙酰磺胺酸，当混合使用时，最大使用量不能超过标准规定的天门冬酰苯丙氨酸甲酯的最大使用量
		果泥	1.0	
		蜜饯凉果	2.0	
天门冬酰苯丙氨酸甲酯乙酰磺胺酸	甜味剂	果酱	0.68	若食品类别中同时允许使用天门冬酰苯丙氨酸甲酯或乙酰磺胺酸钾，当混合使用时，最大使用量不能超过标准规定的天门冬酰苯丙氨酸甲酯或乙酰磺胺酸钾的最大使用量
		蜜饯类	0.35	
天然苋菜红	着色剂	蜜饯凉果	0.25	
甜菊糖苷	甜味剂	蜜饯凉果	3.3	以甜菊醇当量计
苋菜红及其铝色淀	着色剂	果酱	0.3	以苋菜红计
		蜜饯凉果	0.05	
胭脂红及其铝色淀	着色剂	果酱	0.5	
		蜜饯凉果	0.05	
乙酰磺胺酸钾	甜味剂	果酱	0.3	
		蜜饯类	0.3	
异麦芽酮糖	甜味剂	果酱 蜜饯凉果	按生产需要适量使用	
硬脂酸镁	乳化剂、抗结剂	蜜饯凉果	0.8	
栀子黄	着色剂	蜜饯类	0.3	
刺云实胶	增稠剂	果酱	5.0	
淀粉磷酸酯钠	增稠剂	果酱	按生产需要适量使用	
对羟基苯甲酸酯类及其钠盐	防腐剂	果酱	0.25	以对羟基苯甲酸计

续表

名称	功能	适用水果	最大使用量/(g/kg)	备注
二氧化钛	着色剂	果酱	5.0	
		凉果类	10.0	
		话化类	10.0	
海藻酸丙二醇酯	增稠剂、乳化剂、稳定剂	果酱	5.0	
红曲米,红曲红	着色剂	果酱	按生产需要适量使用	
甲壳素	增稠剂、稳定剂	果酱	5.0	
姜黄	着色剂	果酱	按生产需要适量使用	
焦糖色	着色剂	果酱	1.5	
亮蓝及其铝色淀	着色剂	果酱	0.5	以亮蓝计
		凉果类	0.025	
磷酸化二淀粉磷酸酯	增稠剂	果酱	1.0	
氯化钙	稳定剂、凝固剂、增稠剂	果酱	1.0	
葡萄皮红	着色剂	果酱	1.5	
山梨糖醇和山梨糖醇液	甜味剂、膨松剂、乳化剂、水分保持剂、稳定剂、增稠剂	果酱	按生产需要适量使用	
羧甲基淀粉钠	增稠剂	果酱	0.1	
胭脂虫红	着色剂	果酱	0.6	以胭脂红酸计
胭脂树橙	着色剂	果酱	0.6	
叶黄素	着色剂	果酱	0.05	
乙二胺四乙酸二钠	稳定剂、凝固剂、抗氧化剂、防腐剂	果酱	0.07	
		地瓜果脯	0.25	
硬脂酰乳酸钠,硬脂酰乳酸钙	乳化剂、稳定剂	果酱	2.0	
蔗糖脂肪酸酯	乳化剂	果酱	5.0	
栀子蓝	着色剂	果酱	0.3	
紫胶红	着色剂	果酱	0.5	
赤藓红及其铝色淀	着色剂	凉果类	0.05	以赤藓红计
新红及其铝色淀	着色剂	凉果类	0.05	
L-α-天冬氨酰-N-(2,2,4,4-四甲基-3-硫化三亚甲基)-D-丙氨酰胺	甜味剂	话化类	0.3	
桑椹红	着色剂	果糕类	5.0	

(3) 水果腌渍品中的食品添加剂

将食盐溶液渗入食品组织内，降低水活度，提高渗透压，从而抑制了微生物和酶的活动，防止了食品的腐败变质，获得了更好的感官品质，并延长了保质期，这种储藏方法称为腌制保藏。凡是将新鲜果蔬经预处理后，再用盐、香料等腌渍，使其进行一系列的生物化学变化，制成鲜香嫩脆、咸淡或甜酸适口且耐保存的加工品，统称腌渍品。水果只有少数品种制作腌渍产品，其他大部分果品腌渍多是为了保存原料或延长加工期。

腌渍品可分为发酵性腌渍品和非发酵性腌渍品两大类。发酵性腌渍品的特点是腌渍时食盐用量较低，腌渍过程中有显著的乳酸发酵，并用醋液或糖醋香料液浸渍。发酵性腌渍品可分为半干态发酵制品和湿态发酵制品。非发酵性腌渍品的特点是腌渍时食盐用量较高，使乳酸发酵完全受到抑制或只能轻微进行，其间还添加香料。非发酵性腌渍品分为四种：盐渍品、酱渍品、糖醋渍品以及酒糟渍品。

根据 GB 2760—2024，果类腌渍品可使用的食品添加剂有甜味剂、着色剂、漂白剂、防腐剂、乳化剂和增稠剂等共 6 类 4 种，其中使用最多的是防腐剂。

果类腌渍过程中不仅有有益微生物的发酵作用，同时会发生有害微生物的发酵作用，如大肠杆菌、丁酸菌、霉菌、有害酵母菌，这些有害的微生物大量繁殖后，会使产品劣变。虽然食盐和酸度能够抑制某些微生物和酶的活动，但其作用是有限度的，例如完全抑制微生物的活动，盐分要高达25%以上，钝化过氧化酶食盐浓度要在20%以上，霉菌、酵母能忍受pH值1.2～1.5的酸度，有些调味料如大蒜虽具有杀菌防腐能力，又因使用情况而有局限性。因此，为了弥补自然防腐的不足，在大规模生产中常常加入一些防腐剂以减少制品的败坏。食品添加剂在水果腌渍品类中的使用要求如表11-4所示。

表11-4 食品添加剂在水果腌渍品类中的使用要求

名称	功能	适用水果	最大使用量/(g/kg)
N-[*N*-(3,3-二甲基丁基)]-L-*α*-天门冬氨-L-苯丙氨酸1-甲酯	甜味剂	醋、油或盐渍水果	0.1
β-胡萝卜素	着色剂	醋、油或盐渍水果	1.0
天门冬酰苯丙氨酸甲酯	漂白剂 防腐剂	醋、油或盐渍水果	0.3
双乙酰酒石酸单双甘油酯	乳化剂 增稠剂	醋、油或盐渍水果	1.0

(4) 水果干类中的食品添加剂

干制可延长水果的保存期，因为干制品含水量低，微生物活动受到了抑制，因此可在密封包装条件下常温长期保存，成为水果的重要保存方法。相较其他水果制品而言，水果干制品使用食品添加剂较少。干制品质量轻、体积小，可节省包装、运输、储存费用。干制方法操作简单、费用低，但生产过程长，劳动强度大，空气湿度大时会发生腐烂。随着社会的进步、科学的发展，干制方法不断发展，在技术、设备、工艺方面都有很大进步。

根据GB 2760—2024，水果干制品的制作中可使用的食品添加剂有甜味剂、着色剂、漂白剂、防腐剂、抗氧化剂、乳化剂和增味剂等共7类13种。食品添加剂在水果干类中的使用要求如表11-5所示。

表11-5 食品添加剂在水果干类中的使用要求

名称	功能	适用水果	最大使用量/(g/kg)	备注
N-[*N*-(3,3-二甲基丁基)]-L-*α*-天门冬氨-L-苯丙氨酸1-甲酯	甜味剂	水果干类	0.1	
二氧化硫，焦亚硫酸钾，焦亚硫酸钠，亚硫酸钠，亚硫酸氢钠，低亚硫酸钠	漂白剂 防腐剂 抗氧化剂	水果干类	0.1	
硫黄	漂白剂 防腐剂	水果干类	0.1	只限用于熏蒸，最大使用量以二氧化硫残留量计
三氯蔗糖	甜味剂	水果干类	0.25	
双乙酰酒石酸单双甘油酯	乳化剂	水果干类	10.0	
糖精钠	甜味剂 增味剂	芒果干 无花果干	5.0	以糖精计
天门冬酰苯丙氨酸甲酯	甜味剂	水果干类	2.0	
诱惑红及其铝色淀	着色剂	苹果干	0.07	以诱惑红计，用于燕麦片调色调香载体

(5) 水果罐头中的食品添加剂

水果罐头是将水果原料使用密封容器包装并经过高温杀菌得到的食品的统称。严格来说，经过装罐、密封和杀菌工序得到的果酱、果冻类和果汁饮料等都属于罐藏食品。水果罐头基本都是糖水罐头，即将水果处理后注入糖液制成，制品能较好保存水果原料固有的外形和风味。使用的糖液主要是蔗糖的水溶液。水果罐头的生产不仅要添加糖类，还要用色素着色，铜盐及锌盐复绿，酸度调节剂调节罐头 pH 值以保证杀菌后成品的质量。

罐藏食品的种类很多，分类的方法也各不相同。2021 年 8 月我国施行的《罐头食品分类标准》(GB/T 10784—2020)，将水果罐头分成了 10 类，分类如下：

①糖浆型水果罐头 (canned fruit with heavy syrup)；②糖水型水果罐头 (canned fruit with syrup)；③果汁型水果罐头 (canned fruit with juice)；④混合型水果罐头 (canned fruit mixed liquid)；⑤甜味剂型水果罐头 (canned prult with sweetener liquid)；⑥清水型水果罐头 (canned fruit with water)；⑦干装型水果罐头 (canned fruit in solid pack)；⑧果冻及果酱类水果罐头 (canned jam)；⑨果汁类罐头 (canned juice)；⑩水果饮料罐头 (canned fruit drink)。

根据中华人民共和国国家标准 GB 2760—2024《食品安全国家标准 食品添加剂使用标准》，在水果罐头中可以使用的食品添加剂有 7 类，为甜味剂、着色剂、稳定剂、凝固剂、增稠剂、酸度调节剂、被膜剂等共 15 种。

在水果罐头生产中，pH 值是一个较为重要的质量指标。罐头食品的 pH 值不仅决定了食品的口感、酸味的高低，更为重要的是它在实际生产中直接决定了罐头杀菌后成品的质量。酸度调节剂不但可以降低罐头的 pH 值，抑制微生物的生长繁殖，对产品的储藏极为有利，还可以改善成品色泽，并对罐头中的成品起到护色作用。表 11-6 为食品添加剂在水果罐头上的使用要求。

表 11-6 食品添加剂在水果罐头上的使用要求

名称	功能	适用水果	最大使用量/(g/kg)	备注
N-[*N*-(3,3-二甲基丁基)]-L-α-天门冬氨-L-苯丙氨酸 1-甲酯	甜味剂	水果罐头	0.1	
红花黄	着色剂	水果罐头	0.2	
β-胡萝卜素	着色剂	水果罐头	1.0	
环己基氨基磺酸钠、环己基氨基磺酸钙	甜味剂	水果罐头	0.65	以环己基氨基磺酸计
氯化钙	增稠剂 稳定剂 凝固剂	水果罐头	1.0	
柠檬酸亚锡二钠	稳定剂 凝固剂	水果罐头	0.3	
偏酒石酸	酸度调节剂	水果罐头	按生产需要适量使用	
日落黄及其铝色淀	着色剂	西瓜酱罐头	0.1	以日落黄计
三氯蔗糖	甜味剂	水果罐头	0.25	
天门冬酰苯丙氨酸甲酯	甜味剂	水果罐头	1.0	若食品类别中同时允许使用天门冬酰苯丙氨酸甲酯乙酰磺胺酸，当混合使用时，最大使用量不能超过标准规定的天门冬酰苯丙氨酸甲酯的最大使用量

续表

名称	功能	适用水果	最大使用量/(g/kg)	备注
天门冬酰苯丙氨酸甲酯乙酰磺胺酸	被膜剂、甜味剂	水果罐头	0.35	若食品类别中同时允许使用天门冬酰苯丙氨酸甲酯或乙酰磺胺酸钾，当混合使用时，最大使用量不能超过标准规定的天门冬酰苯丙氨酸甲酯或乙酰磺胺酸钾的最大使用量
胭脂红及其铝色淀	着色剂	水果罐头	0.1	以胭脂红计
乙酰磺胺酸钾	甜味剂	水果罐头	0.3	
异麦芽酮糖	甜味剂	水果罐头	按生产需要适量使用	

(6) 果汁饮料中的食品添加剂

果汁是指直接从鲜水果中用压榨或其他方法取得的汁液。果汁营养丰富，风味鲜美，易于消化吸收。经常饮用果汁对于维持人体生理的酸碱平衡有着重要意义。果汁饮料区别于果汁，它是以水果为主要原料，经机械加工（榨汁或打浆）获得的汁液为基料，浓缩或加水、糖、酸、香料等调配而成的汁液。果汁饮料中大部分是水，一般在80%以上。固形物中富含糖类和无机物。从营养角度来看，果汁饮料是糖类、无机物和维生素的供给源，其主要的营养价值在于无机物和维生素等的营养保健作用。目前，果汁饮料已是世界食品市场的一个重要组成部分。

果汁饮料按工艺不同可分为澄清汁、混浊汁和浓缩汁。按成分分类可分为原汁、鲜汁、果汁饮料、浓缩汁、果汁糖浆、果浆、复合果汁。

果汁饮料加工业中常用的食品添加剂有酸度调节剂、甜味剂、着色剂、增稠剂、乳化剂、稳定剂、防腐剂、抗氧化剂等。甜味剂、酸度调节剂等对果汁饮料的风味有决定性作用。

果汁饮料中目前使用的酸度调节剂几乎只有柠檬酸，其他如苹果酸、乳酸等不常用到。蔗糖、葡萄糖、果糖等天然甜味剂被视为饮料工业的重要原料，用量不受控制。酶制剂对果汁的制备也十分重要，其主要作用是酶解组织以提高出汁率，以及澄清果汁等。

带肉或混浊型果汁饮料常用增稠剂来增加产品的稳定性，果胶、琼脂、褐藻胶、卡拉胶、黄原胶、变性淀粉等都能用于果汁饮料的生产中，而在实际生产中往往将两种以上的增稠剂配合使用，达到互补或增效的目的。增稠剂在果蔬饮料中具有以下作用和功能：①使饮料具有令人满意的稠度。②使产品在储藏、运输过程中保持稳定。③对保持饮料的色、香、味、结构和稳定性有重要作用，并能提高饮品质量，使饮料具有黏滑适口的感觉。④增稠剂还具有保健作用，增稠剂是大分子物质，大多来自天然胶质，具有膳食纤维的功能特点，在人体内不被消化吸收，不产生热量，可用于低热饮料的生产。

许多果类产品有鲜艳的颜色，但经过加工处理后容易褪色或变色，所以在果汁加工中有时需要使用着色剂进行着色，使果汁饮料的色泽在加工、包装及储存等生产环节中保持一致。

减少和防止果汁的微生物污染，是保证果汁质量的一个重要环节。因此，在果汁饮料加工时添加防腐剂，抑制微生物在果汁中的生长繁殖，防止由微生物的作用引起食品腐败变质，延长食品保存期。

果汁饮料中常用的抗氧化剂为水溶性抗氧化剂，如抗坏血酸、异抗坏血酸、茶多酚等。水果中富含维生素C和胡萝卜素，若加工时处理不当，会因氧化作用失去生理功能以及产生褐变反应。因此，在果汁饮料中添加抗氧化剂可防止果汁发生褐变影响果汁的颜色，使果汁保持良好的外观，并且使营养物质不被氧化而保持营养质量。

植物蛋白饮料是常见的果汁饮料，主要利用各种核果类及植物的种子为加工原料。植物蛋白饮料是一种复杂的不稳定体系，既有蛋白质形成的悬浮液，又有脂肪形成的乳浊液，还有以糖形成的真溶液。当储存时间稍长或是受高温或持续高温作用时，植物蛋白受热易发生变性而沉淀，同时，蛋白质与脂肪的分子间作用也下降，产生脂肪上浮。为提高蛋白质饮料稳定性，可添加乳化剂。乳化剂是能使互不相溶的油和水形成稳定乳浊液的食品添加剂。食品中乳化剂通常是非离子型表面活性剂，其分子内部既有亲水基团，又有憎水基团。乳化剂加入饮料时，其分子向着水油表面定向吸附，降低了表面张力，从而防止脂肪上浮，乳液中粒子间相互聚合，达到稳定蛋白质饮料的效果。

表 11-7 为食品添加剂在果蔬汁饮料中的使用要求。

表 11-7　食品添加剂在果蔬汁饮料中的使用要求

名称	功能	适用水果	最大使用量/(g/kg)	备注
氨基乙酸	增味剂	果蔬汁(浆)类饮料	1.0	以即饮状态计,相应的固体饮料按稀释倍数增加使用量
苯甲酸及其钠盐	防腐剂	浓缩果蔬汁(浆) 果蔬汁(浆)类饮料	2.0 1.0	以苯甲酸计,以即饮状态计,相应的固体饮料按稀释倍数增加使用量
赤藓红及其铝色淀	着色剂	果蔬汁(浆)类饮料	0.05	以赤藓红计,以即饮状态计,相应的固体饮料按稀释倍数增加使用量
靛蓝及其铝色淀	着色剂	果蔬汁(浆)类饮料	0.1	以靛蓝计,以即饮状态计,相应的固体饮料按稀释倍数增加使用量
对羟基苯甲酸酯类及其钠盐	增稠剂、稳定剂	果蔬汁(浆)类饮料 果味风味饮料	0.25	以对羟基苯甲酸计,以即饮状态计,相应的固体饮料按稀释倍数增加使用量
N-[*N*-(3,3-二甲基丁基)]-L-*α*-天门冬氨-L-苯丙氨酸 1-甲酯	甜味剂	果蔬汁(浆)类饮料	0.033	以即饮状态计,相应的固体饮料按稀释倍数增加使用量
二氧化硫,焦亚硫酸钾,焦亚硫酸钠,亚硫酸钠,亚硫酸氢钠,低亚硫酸钠	漂白剂、防腐剂、抗氧化剂	果蔬汁(浆) 果蔬汁(浆)类饮料	0.05	最大使用量以二氧化硫残留量计,浓缩果蔬汁(浆)按浓缩倍数折算,以即饮状态计,相应的固体饮料按稀释倍数增加使用量
富马酸	酸度调节剂	果蔬汁(浆)类饮料	0.6	以即饮状态计,相应的固体饮料按稀释倍数增加使用量
果胶	乳化剂、稳定剂、增稠剂	果蔬汁(浆)	3.0	以即饮状态计,相应的固体饮料按稀释倍数增加使用量
海藻酸丙二醇酯	增稠剂、乳化剂、稳定剂	果蔬汁(浆)类饮料	3.0	以即饮状态计,相应的固体饮料按稀释倍数增加使用量
海藻酸钠	增稠剂、甜味剂	果蔬汁(浆)	按生产需要适量使用	以即饮状态计,相应的固体饮料按稀释倍数增加使用量
黑豆红	着色剂	果蔬汁(浆)类饮料	0.8	以即饮状态计,相应的固体饮料按稀释倍数增加使用量
红花黄	着色剂	果蔬汁(浆)类饮料	0.2	以即饮状态计,相应的固体饮料按稀释倍数增加使用量
红曲黄色素	着色剂	果蔬汁(浆)类饮料	按生产需要适量使用	

续表

名称	功能	适用水果	最大使用量/(g/kg)	备注
红曲米，红曲红	着色剂	果蔬汁(浆)类饮料	按生产需要适量使用	
β-胡萝卜素	着色剂	果蔬汁(浆)类饮料	2.0	以即饮状态计，相应的固体饮料按稀释倍数增加使用量
琥珀酸单甘油酯	乳化剂	果蔬汁(浆)类饮料	2.0	
β-环状糊精	增稠剂	果蔬汁(浆)类饮料	0.5	以即饮状态计，相应的固体饮料按稀释倍数增加使用量
黄原胶	稳定剂 增稠剂	果蔬汁(浆)	按生产需要适量使用	以即饮状态计，相应的固体饮料按稀释倍数增加使用量
焦糖色(加氨生产)	着色剂	果蔬汁(浆)类饮料	按生产需要适量使用	以即饮状态计，相应的固体饮料按稀释倍数增加使用量
焦糖色(普通法)	着色剂	果蔬汁(浆)类饮料	按生产需要适量使用	以即饮状态计，相应的固体饮料按稀释倍数增加使用量
焦糖色(亚硫酸铵法)	着色剂	果蔬汁(浆)类饮料	按生产需要适量使用	以即饮状态计，相应的固体饮料按稀释倍数增加使用量
L(+)-酒石酸，*dl*-酒石酸	酸度调节剂	果蔬汁(浆)类饮料	5.0	以酒石酸计，以即饮状态计，相应的固体饮料按稀释倍数增加使用量
菊花黄浸膏	着色剂	果蔬汁(浆)类饮料、果味风味饮料	0.3	以即饮状态计，相应的固体饮料按稀释倍数增加使用量
ε-聚赖氨酸	防腐剂	果蔬汁类及其饮料	0.2	以即饮状态计，相应的固体饮料按稀释倍数增加使用量
聚氧乙烯(20)山梨醇酐单月桂酸酯(又名吐温20)、聚氧乙烯(20)山梨醇酐单棕榈酸酯(又名吐温40)、聚氧乙烯(20)山梨醇酐单硬脂酸酯(又名吐温60)、聚氧乙烯(20)山梨醇酐单油酸酯(又名吐温80)	乳化剂、 消泡剂、 稳定剂	果蔬汁(浆)类饮料	0.75	以即饮状态计，相应的固体饮料按稀释倍数增加使用量
卡拉胶	乳化剂、 稳定剂、 增稠剂	果蔬汁(浆)	按生产需要适量使用	以即饮状态计，相应的固体饮料按稀释倍数增加使用量
抗坏血酸	抗氧化剂	浓缩果蔬汁(浆)	按生产需要适量使用	以即饮状态计，相应的固体饮料按稀释倍数增加使用量
抗坏血酸钙	抗氧化剂	浓缩果蔬汁(浆)	按生产需要适量使用	以即饮状态计，相应的固体饮料按稀释倍数增加使用量
抗坏血酸钠	抗氧化剂	浓缩果蔬汁(浆)	按生产需要适量使用	以即饮状态计，相应的固体饮料按稀释倍数增加使用量
辣椒红	着色剂	果蔬汁(浆)类饮料	按生产需要适量使用	以即饮状态计，相应的固体饮料按稀释倍数增加使用量
蓝锭果红	着色剂	果蔬汁(浆)类饮料	1.0	以即饮状态计，相应的固体饮料按稀释倍数增加使用量
亮蓝及其铝色淀	着色剂	果蔬汁(浆)类饮料	0.025	以亮蓝计
萝卜红	着色剂	果蔬汁(浆)类饮料	按生产需要适量使用	以即饮状态计，相应的固体饮料按稀释倍数增加使用量
玫瑰茄红	着色剂	果蔬汁(浆)类饮料	按生产需要适量使用	以即饮状态计，相应的固体饮料按稀释倍数增加使用量
柠檬酸及其钠盐、钾盐	酸度调节剂	果蔬汁(浆)类饮料	按生产需要适量使用	以即饮状态计，相应的固体饮料按稀释倍数增加使用量
普鲁兰多糖	被膜剂、 增稠剂	果蔬汁(浆)类饮料	3.0	以即饮状态计，相应的固体饮料按稀释倍数增加使用量

续表

名称	功能	适用水果	最大使用量/(g/kg)	备注
氢化松香甘油酯	乳化剂	果蔬汁(浆)类饮料	0.1	以即饮状态计,相应的固体饮料按稀释倍数增加使用量
日落黄及其铝色淀	着色剂	果蔬汁(浆)类饮料	0.1	以日落黄计
桑椹红	着色剂	果蔬汁(浆)类饮料	1.5	以即饮状态计,相应的固体饮料按稀释倍数增加使用量
山梨醇酐单月桂酸酯(又名司盘20)、山梨醇酐单棕榈酸酯(又名司盘40)、山梨醇酐单硬脂酸酯(又名司盘60)、山梨醇酐三硬脂酸酯(又名司盘65)、山梨醇酐单油酸酯(又名司盘80)	乳化剂	果蔬汁(浆)类饮料	3.0	
山梨酸及其钾盐	防腐剂、抗氧化剂、稳定剂	浓缩果蔬汁(浆)	2.0	以山梨酸计,以即饮状态计,相应的固体饮料按稀释倍数增加使用量
双乙酰酒石酸单双甘油酯	乳化剂、增稠剂	果蔬汁(浆)类饮料	5.0	以即饮状态计,相应的固体饮料按稀释倍数增加使用量
天门冬酰苯丙氨酸甲酯	甜味剂	果蔬汁(浆)类饮料	0.6	以即饮状态计,相应的固体饮料按稀释倍数增加使用量
天然苋菜红	着色剂	果蔬汁(浆)类饮料	0.25	以即饮状态计,相应的固体饮料按稀释倍数增加使用量
维生素E(*dl*-*α*-生育酚,*d*-*α*-生育酚,混合生育酚浓缩物)	抗氧化剂	果蔬汁(浆)类饮料	0.2	以即饮状态计,相应的固体饮料按稀释倍数增加使用量
苋菜红及其铝色淀	着色剂	果蔬汁(浆)类饮料	0.05	以苋菜红计,高糖果蔬汁(浆)类饮料按照稀释倍数加入
新红及其铝色淀	着色剂	果蔬汁(浆)类饮料	0.05	以新红计,以即饮状态计,相应的固体饮料按稀释倍数增加使用量
胭脂红及其铝色淀	着色剂	果蔬汁(浆)类饮料	0.05	以胭脂红计,以即饮状态计,相应的固体饮料按稀释倍数增加使用量
叶绿素铜钠盐,叶绿素铜钾盐	着色剂	果蔬汁(浆)类饮料	按生产需要适量使用	以即饮状态计,相应的固体饮料按稀释倍数增加使用量
D-异抗坏血酸及其钠盐	抗氧化剂护色剂	果蔬汁(浆)类饮料	按生产需要适量使用	以即饮状态计,相应的固体饮料按稀释倍数增加使用量
越橘红	着色剂	果蔬汁(浆)类饮料	按生产需要适量使用	以即饮状态计,相应的固体饮料按稀释倍数增加使用量
藻蓝	着色剂	果蔬汁(浆)类饮料	0.8	以即饮状态计,相应的固体饮料按稀释倍数增加使用量
栀子黄	着色剂	果蔬汁(浆)类饮料	0.3	
栀子蓝	着色剂	果蔬汁(浆)类饮料	0.5	
植酸,植酸钠	抗氧化剂	果蔬汁(浆)类饮料	0.2	以即饮状态计,相应的固体饮料按稀释倍数增加使用量
竹叶抗氧化物	抗氧化剂	果蔬汁(浆)类饮料	0.5	以即饮状态计,相应的固体饮料按稀释倍数增加使用量
紫草红	着色剂	果蔬汁(浆)类饮料	0.1	以即饮状态计,相应的固体饮料按稀释倍数增加使用量
紫甘薯色素	着色剂	果蔬汁(浆)类饮料	0.1	以即饮状态计,相应的固体饮料按稀释倍数增加使用量
紫胶红	着色剂	果蔬汁(浆)类饮料	0.5	以即饮状态计,相应的固体饮料按稀释倍数增加使用量

(7) 果酒中的食品添加剂

果酒是指以新鲜水果为原料，经破碎或压榨取汁，通过全部或部分发酵酿制而成的低度发酵酒，酒精含量一般在7%～18%。果酒保留了水果原料中部分营养物质，如人体必需的多种氨基酸、矿物质、维生素、多酚等天然营养成分，营养价值高，适当饮用具有促进消化、提高食欲等功效。

根据GB 2760—2024，果酒中可使用的食品添加剂有防腐剂、着色剂、漂白剂、抗氧化剂、酸度调节剂、乳化剂、护色剂、增稠剂、稳定剂等9类共22种，其中应用最多的主要为着色剂。表11-8为食品添加剂在果酒中的使用要求。

表11-8 食品添加剂在果酒中的使用要求

名称	功能	适用水果	最大使用量/(g/kg)	备注
苯甲酸及其钠盐	防腐剂	果酒	0.8	以苯甲酸计
二氧化硫,焦亚硫酸钾,焦亚硫酸钠,亚硫酸钠,亚硫酸氢钠,低亚硫酸钠	防腐剂	果酒 葡萄酒	0.25g/L	甜型葡萄酒及果酒系列产品最大使用量为0.4g/L,最大使用量以二氧化硫残留量计
黑加仑红	着色剂	果酒	按生产需要适量使用	
桑椹红	着色剂	果酒	1.5	
山梨酸及其钾盐	防腐剂 抗氧化剂 稳定剂	葡萄酒 果酒	0.2 0.6	以山梨酸计
双乙酰酒石酸单双甘油酯	乳化剂 增稠剂	果酒	5.0	
杨梅红	着色剂	配制果酒	0.2	
L(+)-酒石酸,*dl*-酒石酸	酸度调节剂	葡萄酒	4.0g/L	以酒石酸计
紫草红	着色剂	果酒	0.1	
焦糖色(加氨生产)	着色剂	调香葡萄酒	50.0g/L	
焦糖色(普通法)	着色剂	调香葡萄酒	按生产需要适量使用	
焦糖色(亚硫酸铵法)	着色剂	调香葡萄酒	50.0g/L	
D-异抗坏血酸及其钠盐	抗氧化剂 护色剂	葡萄酒	0.15	以抗坏血酸计

(8) 其他水果加工品中的食品添加剂

除上述所列水果产品，根据GB 2760—2024，还有以下几种水果类制品：加工水果、装饰性水果、水果甜品、发酵的水果制品、煮熟的或油炸的水果、其他加工水果。现将其可使用的水果添加剂列入下表11-9。

表11-9 食品添加剂在其他水果加工品中的使用要求

名称	功能	适用水果	最大使用量/(g/kg)	备注
麦芽糖醇和麦芽糖醇液	甜味剂 稳定剂 水分保持剂	加工水果	按生产需要适量使用	
乳酸钙	酸度调节剂 抗氧化剂 稳定剂	加工水果	按生产需要适量使用	
植酸,植酸钠	抗氧化剂	加工水果	0.2	
赤藓红及其铝色淀	着色剂	装饰性果蔬	0.1	以赤藓红计
靛蓝及其铝色淀	着色剂	装饰性果蔬 装饰性果蔬 水果甜品	0.2 0.1 0.1	以靛蓝计

续表

名称	功能	适用水果	最大使用量/(g/kg)	备注
N-[*N*-(3,3-二甲基丁基)]-L-*α*-天门冬氨-L-苯丙氨酸 1-甲酯	甜味剂	发酵的水果制品 煮熟的或油炸的水果	0.065 0.065	
红花黄	着色剂	装饰性果蔬 装饰性果蔬	0.2 0.1	
β-胡萝卜素	着色剂	水果甜品 发酵的水果制品	1.0 0.2	
姜黄	着色剂	装饰性果蔬	按生产需要适量使用	
亮蓝及其铝色淀	着色剂	装饰性果蔬	0.1	以亮蓝计
柠檬黄及其铝色淀	着色剂	装饰性果蔬	0.1	以柠檬黄计
日落黄及其铝色淀	着色剂	装饰性果蔬	0.2	以日落黄计
双乙酰酒石酸单双甘油酯	乳化剂 增稠剂	装饰性果蔬	2.5	
天门冬酰苯丙氨酸甲酯	甜味剂	装饰性果蔬 水果甜品 发酵的水果制品 煮熟的或油炸的水果	1.0	
天然苋菜红	着色剂	装饰性果蔬	0.25	
苋菜红及其铝色淀	着色剂	装饰性果蔬	0.1	以苋菜红计
新红及其铝色淀	着色剂	装饰性果蔬	0.1	以新红计
胭脂红及其铝色淀	着色剂	装饰性果蔬	0.1	以胭脂红计
诱惑红及其铝色淀	着色剂	装饰性果蔬	0.05	以诱惑红计

11.3.2 食品添加剂在果蔬制品中的使用方法及注意事项

(1) 防腐剂在水果制品中的使用方法及注意事项

一般情况下防腐剂要充分溶解分布于果蔬制品中，但也有例外。如苯甲酸应用于某些果冻时，在相对湿度增高时，霉菌从表面开始增殖，如果使防腐剂在其表面充分分散，当相对湿度上升，表面水分增加时，防腐剂就溶解，只要达到了霉菌的抑制浓度就可以发挥防腐效果，因此在这类食品表面喷洒防腐剂就可以。

防腐剂在普通食品的加热条件下不会分解，一般可以在加热前添加。但是苯甲酸与山梨酸在酸性条件下有随同水蒸气挥发的性质，所以在酸性的果蔬制品中使用时，不宜在加热前添加，可根据具体情况在加热过程接近结束或在冷却时添加。

某些情况下并用两种以上的防腐剂，可起协同作用而比单独使用更为有效。例如，有的果汁中并用苯甲酸钠与山梨酸，就可达到扩大抑菌范围的效果。苯甲酸与对羟基苯甲酸酯类一起用于清凉饮料中可增效。当然防腐剂的并用，必须严格按照使用标准，要经过反复实践决定出最有效的配合比例。并用的使用总量要按比例折算不超过最大使用量。

(2) 抗氧化剂在水果制品中的使用方法及注意事项

鲜果中含有一些化学性质比较活泼的物质，在组织或细胞被破坏后，易被空气中的氧气氧化成其他物质，发生非酶促氧化和酶促褐变。水果中通常含有较高的维生素 C 以及单宁等多酚类物质，如果不加以保护，维生素 C 会被氧化变性，导致营养价值下降；单宁和酚类物质在酶的作用下被氧化变成褐色，如儿茶酚在酚类氧化酶作用下生成醌，再经二次羟化作用生成三羟苯化物，并与邻醌作用形成羟醌，羟醌再聚合成酶褐变产物黑色素，则会影响鲜果的色泽。因此在水果去皮、切分、破碎打浆时加入一定量的抗氧化剂，可以利用其还原性消耗氧和抑制酶活性，减轻或降低这些不良反应的发生。

抗氧化剂只能阻碍、延缓食品的氧化，一般应当在食品保持新鲜状态和未发生氧化变质之前使用；反之，在鲜果已经发生氧化变质后再使用，则不能改变已经变坏的水果。

在使用抗氧化剂时往往将两种以上的抗氧化剂加以复配，或与增效剂复配使用，其抗氧化效果较单独使用一种抗氧化剂要好很多。

(3) 调味剂在水果制品中的使用方法及注意事项

调味剂包括甜味剂、酸味剂、咸味剂、鲜味剂、苦味剂等，在食品中有重要的作用。

在果蔬原料的预处理时，一定浓度的酸溶液处理还可达到护色效果。如梨在煮沸的柠檬酸溶液中热烫，有利于果肉色泽的保持。

生产葡萄果汁时，加酸可使果汁色泽鲜艳，同时可固定色素。生产糖水罐头时，所用糖液主要是蔗糖的水溶液。砂糖溶解调配时，必须煮沸过滤，糖液加酸必须做到随用随加，防止积压，以免蔗糖转化为转化糖，促使果肉色泽变红。用亚硫酸法生产的蔗糖，若残留的 SO_2 过多，则不宜用于荔枝及其他果实糖浆罐头的生产，以免引起罐内壁产生硫化铁，污染内容物，应该用以碳酸法生产的蔗糖。为了提高某些水果罐头质量，可适当加酸，但要特别注意排气充分，以免引起罐壁腐蚀。需加抗坏血酸的产品，应防止在加工过程中受热时间过长，使抗坏血酸转变为脱氢抗坏血酸。

果酱、果冻的制造，更离不开糖和酸。果酱、果冻制品中，糖的用量一般为66%～68%，一般采用蔗糖，此外还有用葡萄糖。甘油、乙醇、木糖醇、山梨醇、甘露醇等也有形成凝胶的能力，适用于制造低糖及低热值的果酱、果冻食品。糖主要是使高度水合的果胶脱水，果胶脱水后才能发生氢键结合而胶凝。酸在果酱、果冻制品中的作用主要是降低果胶的负电荷，从而使果胶分子因氢键结合而胶凝。

(4) 增稠剂在水果制品中的使用方法及注意事项

果蔬制品中的糖渍品、果蔬汁饮料等需要用增稠剂赋予产品良好的形态、质构和口感，我国食品添加剂食用卫生标准规定的食品增稠剂几乎都可用于其中。

(5) 乳化剂在水果制品中的使用方法及注意事项

传统的水果原料处理方法是把水果浸泡在高浓度碱液（质量分数为8%～10%）中，于高温下去皮，去皮后的果肉易褐变、风味和商品性差，若处理条件未控制好，果肉损耗大，且只适用于不能削皮的桃、李等品种。而苹果、梨等品种，因表皮覆盖有一层致密的蜡质，碱液很难润湿表皮，而采用较高的处理温度又会烫熟果肉。为增加果皮对碱液的亲和性，可以在碱液中加一点乳化剂，分散、乳化和增溶表皮上的蜡质，有助于碱液渗透到表皮内层，使果皮的角质和半纤维素被碱液作用分解，原果胶发生分解而失去其胶凝性，这样就达到果肉与皮分离的目的。去除的是很薄的表皮，所用碱液的浓度也因此下降。

去皮用的乳化剂主要有山梨醇酐脂肪酸酯、聚氧乙烯山梨醇酐脂肪酸酯、甘油脂肪酸酯、蔗糖脂肪酸酯、聚氧乙烯脂肪酸酯、天然脂肪酸（盐）等。所用乳化剂的规格必须严格符合国家的食品法规。

11.4 应用案例

(1) L-抗坏血酸和L-抗坏血酸钠

L-抗坏血酸有强还原性，可用作啤酒、无乙醇饮料、果汁的抗氧化剂，能防止由氧化引起的品质变劣现象，如变色、褪色、风味劣变等。此外，它还能抑制水果、蔬菜酶褐变，有钝化金属离子的作用。抗氧化机理是自身氧化消耗食品和环境中的氧，使食品的氧化还原电位下降到还原范畴，并且减少不良氧化物的产生。L-抗坏血酸钠抗氧化性能与L-抗坏血酸相同。L-抗坏血酸不溶于油脂，且对热不稳定，故不用作无水食品的抗氧化剂。由于L-抗坏血酸钠无酸味，极易溶于水，故使用方便，使用范围也较L-抗坏血酸广泛。

(2) 山梨酸与山梨酸钾

为延长储存期，在番茄酱、杏酱、苹果酱中常加入山梨酸或山梨酸钾，实验结果证明32℃储存已开罐果酱12天未发现霉变腐败，而未加入防腐剂的3天就霉变酸败。在果汁饮料中加入山梨酸0.02%，在室温条件下可保存一个半月也不酸败，而未添加的对照组3天就发生变质。

根据防腐剂构效关系理论，以山梨酸为原料合成了溴代山梨酸，抑菌强度和抗微生物代谢能力都强于山梨酸，因为溴代后溴的电子参与原山梨酸α,β不饱和羰基结构的共轭体系而使活性中心电子云密度增加，电子供纳能力增强，从而增加了抗菌强度，同时，山梨酸为机体正常存在的有机酸，容易被微生物代谢分解，溴代提高了其抗代谢能力。但其抗菌效果与山梨酸一样均受介质pH值的影响，在酸性食品中使用效果较好。

(3) 果胶

果胶广泛用于食品工业，主要用作胶凝剂、增稠剂、乳化剂和稳定剂等。大部分果胶作为胶凝剂常用于生产果酱、果冻及糖果等。果胶有高酯果胶和低酯果胶两种，使用时应根据原料性质和产品特点来选择添加。在果冻生产中，为获得透明的、质地均匀的制品，应采用慢速胶凝的高酯果胶，用量控制在0.3%～0.5%。低酯果胶用于生产低糖、低酸果冻。

在果酱生产中添加果胶，可使果酱易涂敷，而不流动，还可使制品口感好，在运输和储存过程中不破裂，不易发生脱水收缩。果胶添加量应低于0.2%，低糖制品可酌情增加。

在生产浓缩果汁、果汁饮料和果汁汽水中，使用果胶除起增稠作用外，还可提高口感。通常使用特殊高黏度的高酯果胶，浓缩果汁中用量为0.1%～0.2%，果汁饮料和果汁汽水中用量为0.05%～0.1%。

在速溶饮料粉中加入果胶能给人以天然饮料的感觉，并能起增稠和稳定作用。

第12章 食品添加剂在肉、蛋和奶类食品中的应用

12.1 肉类食品中常用食品添加剂及使用方法

12.1.1 肉类食品中常用食品添加剂

肉类食品，简称“肉类”，是人类饮食中最重要的一类食物。它的原料为各种动物身上可供食用的肉及一些其他组织，经过不同程度及方法的加工，成为不同种类的肉类食物。常见的肉类包括畜肉、禽肉。畜肉有猪、牛、羊、兔肉等，禽肉有鸡、鸭、鹅肉等。肉类含有丰富的蛋白质、脂肪、B族维生素、矿物质，是人类的重要食品。肉制品是以畜禽肉为主要原料，经添加调味料的所有肉的制品。肉类食品能供给人体所必需的氨基酸、脂肪酸、无机盐和维生素。肉类营养丰富，吸收率高，滋味鲜美，可烹调成多种多样为人所喜爱的菜肴，所以肉类是食用价值很高的食品。肉作为食物，在人的一般概念中，较之谷类、蔬菜、水果等食物，肉类往往被认为是更为高级也更为难得的食物，古代和近代乃至20世纪前半叶尤其如此，而进入20世纪后半叶，肉的消费量在许多社会中，比起过去已有很大幅度的增长。

肉及肉制品大体可分为生鲜肉、预制肉制品、熟肉制品以及肉制品的可食用动物肠衣类四大类。

(1) 生鲜肉中的食品添加剂

我们国家规定，生鲜肉、冷却肉和冻肉都不得使用食品添加剂。

(2) 预制肉制品中的食品添加剂

预制肉制品可分为两类：一类是调理肉制品；一类是腌腊肉制品。

调理肉制品是以鲜（冻）畜、禽肉为主要原料，添加（或不添加）蔬菜和辅料，经预处理（切制或绞制）、混合搅拌（或不混合）等工艺加工而成的一种半成品；而腌腊肉制品是以鲜（冻）畜、禽肉为主要原料，配以各种调味料，经过腌制、晾晒或烘焙等方法制成的一种半成品。

根据GB 2760—2024《食品安全国家标准 食品添加剂使用标准》，预制肉制品上可以使用的食品添加剂大体有4类，即防腐剂、发色剂、抗氧化剂、调味剂，共计34种。具体的食品添加剂及其使用剂量见表12-1。

表 12-1　食品添加剂在预制肉制品中的使用量

食品添加剂名称	食品名称	食品分类号	最大使用量/(g/kg)
甘氨酸	预制肉制品	08.02	3.0
刺云实胶	预制肉制品	08.02	10.0
β-环状糊精	预制肉制品	08.02	1.0
磷酸盐	预制肉制品	08.02	5.0
迷迭香提取物	预制肉制品	08.02	0.3
乳酸链球菌素	预制肉制品	08.02	0.5
沙蒿胶	预制肉制品	08.02	0.5
双乙酸钠	预制肉制品	08.02	3.0
双乙酰酒石酸单双甘油酯	预制肉制品	08.02	10.0
脱氢乙酸及其钠盐	预制肉制品	08.02	0.5
茶黄素	预制肉制品	08.02	0.3
焦糖色	调理肉制品	08.02.01	按生产需要适量使用
辣椒红	调理肉制品	08.02.01	0.1
β-胡萝卜素	调理肉制品	08.02.01	0.02
辣椒油树脂	调理肉制品	08.02.01	按生产需要适量使用
丙酸钙	调理肉制品	08.02.01	3.0
硫酸钙	调理肉制品	08.02.01	5.0
茶多酚	腌腊肉制品	08.02.02	0.4
丁基羟基茴香醚	腌腊肉制品	08.02.02	0.2
二丁基羟基甲苯	腌腊肉制品	08.02.02	0.2
甘草抗氧化物	腌腊肉制品	08.02.02	0.2
红花黄	腌腊肉制品	08.02.02	0.5
红曲米,红曲红	腌腊肉制品	08.02.02	按生产需要适量使用
辣椒红	腌腊肉制品	08.02.02	按生产需要适量使用
硫酸钙	腌腊肉制品	08.02.02	5.0
没食子酸丙酯	腌腊肉制品	08.02.02	0.1
特丁基对苯二酚	腌腊肉制品	08.02.02	0.2
硝酸钠,硝酸钾	腌腊肉制品	08.02.02	0.5
亚硝酸钠,亚硝酸钾	腌腊肉制品	08.02.02	0.15
植酸,植酸钠	腌腊肉制品	08.02.02	0.2
竹叶抗氧化物	腌腊肉制品	08.02.02	0.5

(3) 熟肉制品中的食品添加剂

熟肉制品是以鲜（冻）畜禽肉（包括内脏）为主要原料，加入盐、酱油等调味品，经过熟制工艺制成的肉制品。熟肉制品可以分为9类，分别是酱卤肉制品类，熏、烧、烤肉类，油炸肉类，西式火腿类，肉灌肠类，发酵肉制品类，熟肉干制品，肉罐头类以及其他熟肉制品。

酱卤肉制品类包括白煮肉类，酱卤肉类和糟肉类；熏、烧、烤肉类是以熏、烧、烤为主要加工方法生产的熟肉制品；油炸肉类是以鲜（冻）畜禽肉为主要原料添加一些辅料及调味料拌匀后经油炸工艺制成的熟肉制品；西式火腿类是以鲜（冻）畜禽肉为主要原料，经腌制、蒸煮等工艺制成的定型包装的火腿类熟肉制品，包括熏烤、蒸煮及烟熏火腿等；肉灌肠类是以鲜（冻）畜禽肉为主要原料，经加工、腌制、切碎、加入辅料成型或灌入肠衣内后经煮熟而成的肉制品；发酵肉制品类是以鲜（冻）畜禽肉为主要原料，加入辅料，经发酵等工艺加工而成的即食肉制品；熟肉干制品是以鲜（冻）畜禽肉为主要原料，加工制成的干制品；肉罐头类是以鲜（冻）畜禽肉为主要原料，可加入其他原料、辅料，经装罐、密封、杀菌、冷却等步序制成的具有一定真空度、符合商业无菌要求的肉类罐装食品，一般可在常温条件下贮存；将以上分类未出现的肉制品称为其他熟肉制品。具体的食品添加剂及其使用剂量见表 12-2。

表 12-2　食品添加剂在熟肉制品中的使用量

食品添加剂名称	食品名称	食品分类号	最大使用量/(g/kg)
甘氨酸	熟肉制品	08.03	3.0
刺云实胶	熟肉制品	08.03	10.0
红曲黄色素	熟肉制品	08.03	按生产需要适量使用
红曲米,红曲红	熟肉制品	08.03	按生产需要适量使用
β-胡萝卜素	熟肉制品	08.03	0.02
β-环状糊精	熟肉制品	08.03	1.0
ε-聚赖氨酸	熟肉制品	08.03	0.25
可得然胶	熟肉制品	08.03	按生产需要适量使用
辣椒橙	熟肉制品	08.03	按生产需要适量使用
辣椒红	熟肉制品	08.03	按生产需要适量使用
磷酸盐	熟肉制品	08.03	5.0
乳酸链球菌素	熟肉制品	08.03	0.5
山梨酸及其钾盐	熟肉制品	08.03	0.075
双乙酸钠	熟肉制品	08.03	3.0
双乙酰酒石酸单双甘油酯	熟肉制品	08.03	10.0
脱氢乙酸及其钠盐	熟肉制品	08.03	0.5
亚麻籽胶	熟肉制品	08.03	5.0
胭脂虫红	熟肉制品	08.03	0.5
栀子黄	熟肉制品	08.03	1.5
茶黄素	熟肉制品	08.03	0.3
茶多酚	熟肉制品	08.03	0.3
甘草抗氧化物	酱卤肉制品类	08.03.01	0.2
迷迭香提取物	熏、烧、烤肉类	08.03.02	0.3
纳他霉素	油炸肉类	08.03.03	0.3
硝酸钠,硝酸钾	西式火腿类	08.03.04	0.5
亚硝酸钠,亚硝酸钾	肉灌肠类	08.03.05	0.15
植酸,植酸钠	发酵肉制品类	08.03.06	0.2
竹叶抗氧化物	肉罐头类	08.03.08	0.5
赤藓红及其铝色淀	肉罐头类	08.03.08	0.015
甘草酸铵	肉罐头类	08.03.08	按生产需要适量使用
亚硝酸钠,亚硝酸钾	肉罐头类	08.03.08	0.15

(4) 肉制品的可食用动物肠衣类中的食品添加剂

肉制品的可食用动物肠衣类是由猪、牛、羊等的肠除去黏膜后腌制或干制而成的肠衣。根据 GB 2760—2024《食品安全国家标准 食品添加剂使用标准》，肉制品的可食用动物肠衣类中的食品添加剂有三种，分别是 β-胡萝卜素，最大使用量为 5.0g/kg，胭脂红及其铝色淀，最大使用量为 0.025g/kg，诱惑红及其铝色淀，最大使用量为 0.05g/kg。

12.1.2 使用方法及注意事项

肉制品的加工除以各种畜、禽肉作为原料以外，为了体现不同的风味或为达到某些更为符合食用要求的目的，而同时将很多种物质添加到肉制品中，并且成为肉制品的组成成分，这些物质统称为肉类添加剂。随着现代食品工业的快速发展，尤其是肉类加工业的迅猛发展，肉类添加剂的发展和应用也会越来越广泛。常用的肉类添加剂包括发色剂及发色助剂、水分保持剂、防腐剂、增稠剂、着色剂及抗氧化剂等。

(1) 发色剂及发色助剂

肉制品常用的发色剂是硝酸盐和亚硝酸盐，硝酸盐在肉中脱氮菌（或还原物质）的作用下，还原成亚硝酸盐；亚硝酸盐与肉中的乳酸产生复分解反应而生成亚硝酸；亚硝酸很不稳定容易分解产生氧化氮和硝酸，氧化氮与肌肉中的肌红蛋白结合而产生鲜红色的亚硝基肌红蛋白，使肉具有鲜艳的玫瑰红色。然而亚硝酸盐毒性较大，且可与胺类物质发生反应生成具有强致癌作用的亚硝胺，长期以来人们一直在探寻取代亚硝酸盐的办法，但是迄今为止尚未具有理想的替代品，目前世界各国仍在使用。GB 2760—2024 中规定，在肉制品生产中，硝酸钠用量应低于 0.5g/kg，亚硝酸钠用量应低于 0.15g/kg，成品中残留量以亚硝酸钠计不得超过 0.03g/kg。

常用的发色助剂有抗坏血酸和异抗坏血酸及其钠盐等，发色助剂就是阻止硝酸的生成，把高价铁离子还原成二价铁离子，形成稳定的呈色物质。一般具有护色作用的单体单独使用时，在低用量条件下，对肉制品的护色作用不明显；用量过高，又会增加成本，同时可能影响产品风味。因此，要达到好的护色效果，应使用几种具有护色功能或有助于护色的单体复合使用，以达到功能互补，协同增效的目的。

(2) 水分保持剂

保水性是肉制品的重要指标之一。磷酸盐是一种水分保持剂，对肉制品的保水性、凝胶强度及成品率等方面的改良起着重要作用，在肉制品加工过程中添加磷酸盐可以提高肉的 pH 值、螯合肉中的金属离子、增加肉的离子强度、解离肌动球蛋白。磷酸盐被广泛应用于预制肉产品的生产中，应用最为广泛的多聚磷酸盐为焦磷酸盐、三聚磷酸盐和六偏磷酸盐等。磷酸盐和焦磷酸盐通过改变蛋白质电荷的电势来提高肉体系的离子强度，使其偏离等电点，使电荷之间相互排斥，在蛋白质分子之间产生更大的空间，使肉的组织包容更多的水分；六偏磷酸钠能螯合金属离子，减少金属离子与水的结合，从而提高保水性。添加到肉制品中的多聚磷酸盐可以减少肉中原汁流失，增加肉制品的持水性，提高产品得率，改善肉制品的质构，即改进肉制品的感官质量和理化特性，同时还可以降低产品的成本。

(3) 防腐剂

肉制品营养成分含量丰富，蛋白质和水分含量高，在加工或贮藏过程中，极易受微生物的影响而出现腐败变质现象，因此，在肉制品中使用防腐剂而延长食品的保质期很有必要。肉制品中常用的防腐剂有山梨酸及其钾盐、双乙酸钠、脱氢乙酸钠、乳酸链球菌素等。山梨酸及其盐类是食品的主要防腐剂之一。山梨酸同苯甲酸相比，具有毒性小、用量少、防腐作用强的优点。因此，国家食品标准允许山梨酸及其盐在肉制品上应用。我国规定在肉制品中不允许使用苯甲酸，只允许使用山梨酸，其最大使用量为 0.075g/kg。乳酸链球菌素是迄今研究最为广泛的细菌素，它可在肉制品中作为硝酸盐的替代剂，在不影响肉的色泽和防腐效果的作用下，明显降低硝酸盐的使用量，随着肉制品加工技术的不断发展，防腐剂的使用也由单一添加，转变为混合使用，以达到更为理想的抑菌效果。

(4) 增稠剂

将肉加工成肉制品，除要保证一定的色、香、味以外，产品还应具有一定的形，也就是质构。在肉制品中添加一定量的增稠剂可以改善肉制品的物理性质和组织形态、增加肉制品的结着性与持水性、赋予肉制品良好的口感，同时还可以减少油脂的析出和提高产品的出品率。常见的增稠剂有淀粉、卡拉胶、黄原胶、魔芋胶、瓜尔豆胶等。卡拉胶是从海洋藻类中提取的一类多糖，可按生产需要适量使用，从经济性、有效性考虑，目前卡拉胶应用较多。当卡拉胶、氯化钾、魔芋胶、瓜尔胶按一定比例混合时，凝胶强度达到最大值，吸水率最低；质构测定中硬度、弹性、内聚性、胶着性和咀嚼性与不加增稠剂比较呈显著性差异，质构特性总体明显提高，工业生产上值得推广应用。

（5）着色剂

为使肉制品达到良好的肉红色，在肉制品中限量添加一些着色剂很有必要。红曲色素在肉制品加工中可按生产需要适量加入，它对蛋白质具有良好的着色稳定性，因此能赋予肉制品特有的“肉红色”。红曲霉菌在形成色素的同时，还合成谷氨酸类物质，具有增香作用。使用红曲色素时添加适量的食糖，用以调和酸味，减轻苦味，使肉制品滋味和谐。为使肉制品颜色调配更加准确自然，经常是几种着色剂复合使用，以达到功能互补、协同增效的目的。但肉制品中不允许添加日落黄、柠檬黄、胭脂红色素。

对于着色剂的具体着色方法，可以根据肉制品的加工工艺过程、制作要求以及色素本身的性质等几方面全面考虑。可以采用混合法、涂抹法和渗入法。混合法是使色素混合在液状、酱状的肉制品中，如某些酱汁、卤水等。将着色剂按其溶解性直接添加在这些具有流体性质的制品中，经搅拌混合后，使色素较为均匀地分散在上述性状的肉制品中，从而达到着色的目的。涂抹法是按所用色素是属于水溶性还是油溶性，再选择适当的溶剂调配成一定色调的色素溶液，然后将这种色素溶液涂抹在需要着色的肉制品表面。掺入法是根据选用的色素是属于水溶性还是油溶性，来选择相应的溶剂，调配成一定色调的色素溶液，然后将这种色素溶液适量地渗入肉馅中拌和均匀，即可得到与此色素溶液颜色相同的肉制品色泽。

（6）抗氧化剂

在肉制品的贮藏或运输过程中，受光照、温度或贮藏条件的影响会出现酸败和褪色现象，这主要是由脂肪和肌红蛋白的氧化造成的，这些不同程度的氧化会给产品的营养和质量造成不同程度的损害。因此，为了克服这一氧化作用，添加一定量的抗氧化剂很有必要。在肉制品中可添加的抗氧化剂主要有丁基羟基茴香醚（BHA）、二丁基羟基甲苯（BHT）、没食子酸丙酯（PG）、特丁基对苯二酚（TBHQ）、异抗坏血酸及其钠盐等，其中D-异抗坏血酸钠性质稳定，且价格较低，有利于降低生产成本。

12.1.3 应用案例

（1）生物防腐剂乳酸链球菌素在鲜肉保藏中的应用

乳酸链球菌素（nisin），亦称乳链菌肽或尼辛，应用范围有鲜乳和乳制品、液体蛋、沙拉酱、高水分或低脂的食品、罐头食品、鱼贝类等海产制品、肉制品、植物蛋白食品、糕点食品和含酒精饮料。研究表明，一些乳酸菌培养物在低温条件下不生长，但可产生抑菌物质如乳酸及有抑菌活性的物质，能抑制嗜冷菌生长。将乳酸链球菌培养物以10%添加到牛肉块中，可以抑制革兰氏阴性菌在肉上长。

（2）天然色素和发色剂在香肠制品中的应用

红曲色素加入香肠中，在4℃保存3个月，其稳定性介于92%～98%。感官评定表明红曲色素可代替传统上的食品添加剂如亚硝酸盐和胭脂红。感官剖面图表明加入红曲色素的产品随加入量的增加风味也有所改善。这是由于其前体与谷氨酸盐形成的化合物是一种风味改良剂。除了风味有所改善外，加入红曲色素的产品质构比对照组更好。红曲色素溶液对光、高温、酸性pH值敏感，但当加入到猪肉产品中时，它表现出了比传统着色剂（如亚硝酸盐）更佳的着色效果。由于能保持良好的质构和风味，食品中的天然色素能被广大消费者所接受。如果用量增大，红曲色素可作为优良的色素替代传统的食品着色剂。红曲色素无毒性，无危害，使用量可根据生产需要而定。

化学发色剂硝酸盐和亚硝酸盐，在香肠制品中同样是使用比较广泛的发色剂。它可以使肉类灌肠制品保持鲜艳的亮红色。按国标要求使用量应严格控制在0.02%～0.03%之间。

(3) 增稠剂在肉类罐头中的应用

淀粉对制品的持水性和组织形态均有良好的效果。在加热过程中淀粉糊化，肉中水分被吸入淀粉颗粒而固定，持水性变好，提高了肉质的紧密度，同时淀粉颗粒变得柔软而富有弹性。同时，淀粉又是肉类制品的填充剂，可以减少肉量，提高出品率，降低成本。用量可根据产品的需要适当加入。在糜状制品中，若淀粉加得太多，会使腌制的肉品原料在斩拌过程中吸水放热，同时增加制品的硬度，失去弹性，组织粗糙，口感较差，并且，在存放过程中产品也极易老化。淀粉的种类很多，有小麦淀粉、马铃薯淀粉、绿豆淀粉、糯米淀粉等，其中糯米淀粉吸水性较强，马铃薯淀粉、玉米淀粉、绿豆淀粉其次，小麦淀粉较差。现在，在肉类制品中应用较多的为玉米淀粉、马铃薯淀粉、绿豆淀粉。除了淀粉外，另外一种增稠剂——琼脂也广泛应用于红烧类、清蒸类、豉油类罐头以及真空包装类产品中，用量按需要加入。使用前先将琼脂洗净，然后按规定使用量用热水溶解后过滤加入，并充分搅拌均匀。

12.2 蛋类食品中常用的食品添加剂及使用方法

12.2.1 蛋类食品中常用食品添加剂

蛋类食品，是指以各类新鲜蛋为原料，经过特殊的工艺加工制作成的各类蛋制品，也叫再制蛋。我国传统的食品制作工艺很多应用于蛋类的加工，市场上的蛋制品包括皮蛋、咸蛋等。蛋类中的氨基酸含量较高，特别是人体自身不能合成的8种必需氨基酸的含量最为理想，还含有磷脂、维生素和矿物质等。蛋内脂肪大部分属磷脂质，其中约有一半是卵磷脂，其次是脑磷脂、真脂（中性脂）和微量的神经磷脂。这些磷脂质对脑组织和神经组织的发育有重大作用。这些食品既能保持蛋本身的营养成分，又具有各种丰富的口味，受到很多消费者的喜爱。根据《食品安全国家标准 蛋与蛋制品》（GB 2749—2015）可以将市场上的蛋类食品分为液蛋制品、干蛋制品、冰蛋制品、再制蛋等各种制品。在蛋类食品的储藏与加工过程中常需加入一些食品添加剂以改善其品质或者延长其货架期。

(1) 防腐剂在蛋类食品生产中的应用

在蛋类食品中，食品防腐剂主要用于防止食品在储存、流通过程中由微生物生长繁殖引起的腐败变质，从而延长食品的保质期。因此，在其生产加工过程中需要添加防腐剂来保证其质量。根据GB 2760—2024规定，防腐剂要严格按照国标要求规定含量进行使用，各类防腐剂在蛋类食品中的使用范围及使用限量见表12-3。

表12-3 防腐剂在蛋类食品中的使用范围及使用限量

食品添加剂	食品名称	食品分类号	最大使用量/(g/kg)	备注
山梨酸及其钾盐	蛋制品(改变其物理性状)	10.03	1.5	以山梨酸计
乳酸链球菌素	蛋制品(改变其物理性状)	10.03	0.25	
对羟基苯甲酸酯类及其钠盐(对羟基苯甲酸甲酯钠,对羟基苯甲酸乙酯及其钠盐)	热凝固蛋制品(如蛋黄酪、松花蛋肠)	10.03.02	0.2	以对羟基苯甲酸计
纳他霉素	蛋黄酱、沙拉酱	12.10.02.01	0.02	残留量≤10mg/kg

(2) 抗氧化剂在蛋类食品生产中的应用

蛋类食品在市场上主要以鲜蛋与蛋制品的形式进行销售，其中以鲜蛋为原料，经过去壳后，添加辅料，在不同的加工工艺下制成不同种类的蛋制品。但是，这些辅料的油脂与脂肪含量一般较高，在长期储存与销售过程中，会发生酸败使其口味变坏，甚至影响人们的身体健康。因此，防止蛋类食品氧化变质就显得十分重要。一方面，可以在加工和储运环节中，采取低温、避光、隔绝氧气以及充氮密封包装等物理的方法；另一方面，需要配合使用一些安全性高、效果显著的食品抗氧化剂。根据 GB 2760—2024 规定，蛋类食品中抗氧化剂要严格按照国标要求规定含量进行使用，各类抗氧化剂在蛋类食品中的使用范围及使用限量见表 12-4。

表 12-4 抗氧化剂在蛋类食品中的使用范围及使用限量

食品添加剂	食品名称	食品分类号	最大使用量/(g/kg)	备注
山梨酸及其钾盐	蛋制品(改变其物理性状)	10.03	1.5	以山梨酸计
迷迭香提取物(超临界二氧化碳萃取法)	蛋黄酱、沙拉酱	12.10.02.01	0.3	
乳酸钙	固体饮料	14.06	21.6	
茶黄素	固体饮料	14.06	0.8	

(3) 乳化剂在蛋类食品生产中的应用

蛋类食品的加工、运输、储存过程中，为了保持其保鲜期、产品品质与改善口感，需要在蛋制品的加工处理过程中加入乳化剂作为产品品质的改良剂或者保鲜剂。其中乳化剂可以防止蛋制品油水分离、糖和油脂的起霜、蛋白质凝集或沉淀，从而改善和维持蛋制品品质与口感。乳化剂还可以提高蛋制品耐盐、耐酸、耐热、耐冷冻保藏的稳定性，乳化后营养成分更易为人体消化吸收。此外，乳化剂还可作为保湿膜的成分，应用于鲜鸡蛋的保鲜。根据 GB 2760—2024 规定，蛋类食品中乳化剂要严格按照国标要求规定含量进行使用，各类乳化剂在蛋类食品中的使用范围及使用限量见表 12-5。

表 12-5 乳化剂在蛋类食品中的使用范围及使用限量

食品添加剂	食品名称	食品分类号	最大使用量/(g/kg)	备注
蔗糖脂肪酸酯	鲜蛋	10.01	1.5	
双乙酰酒石酸单双甘油酯	其他再制蛋	10.02.05	5.0	
双乙酰酒石酸单双甘油酯	其他蛋制品	10.04	5.0	
琥珀酸单甘油酯	固体饮料	14.06	20.0	按稀释 10 倍计算
乳酸钙	固体饮料	14.06	21.6	

(4) 着色剂在蛋类食品生产中的应用

蛋类食品在生产加工过程中，为了改善其感官质量，需要在蛋制品生产过程中添加一定比例的着色剂作为蛋制品感官质量的改良剂，其作用在于赋予色泽和改善色泽，从而提升蛋制品的感官质量。按照 GB 2760—2024《食品安全国家标准 食品添加剂使用标准》规定，着色剂在蛋类食品中的使用范围与使用限量见表 12-6。

表 12-6 着色剂在蛋类食品中的使用范围及使用限量

食品添加剂	食品名称	食品分类号	最大使用量/(g/kg)	备注
β-胡萝卜素	蛋制品(改变其物理性状)	10.03	1.0	
β-胡萝卜素	其他蛋制品	10.04	0.15	
二氧化钛	蛋黄酱、沙拉酱	12.10.02.01	0.5	
胭脂红及其铝色淀	蛋黄酱、沙拉酱	12.10.02.01	0.2	以胭脂红计
亮蓝及其铝色淀	固体饮料	14.06	0.2	以亮蓝计

食品添加剂	食品名称	食品分类号	最大使用量/(g/kg)	备注
日落黄及其铝色淀	固体饮料	14.06	0.6	以日落黄计
苋菜红及其铝色淀	固体饮料	14.06	0.05	以苋菜红计
栀子黄	固体饮料	14.06	1.5	
栀子蓝	固体饮料	14.06	0.5	

(5) 增稠剂在蛋类食品生产中的应用

在蛋类食品中，增稠剂主要应用于蛋制品与再制蛋中，用于改善产品口感，如应用于蛋黄酱、沙拉酱使其口感黏润。按照GB 2760—2024《食品安全国家标准 食品添加剂使用标准》规定，增稠剂在蛋类食品中的使用范围与使用限量见表12-7。

表12-7 增稠剂在蛋类食品中的使用范围及使用限量

食品添加剂	食品名称	食品分类号	最大使用量/(g/kg)
双乙酰酒石酸单双甘油酯	其他再制蛋	10.02.05	5.0
双乙酰酒石酸单双甘油酯	其他蛋制品	10.04	5.0
甲壳素(又名几丁质)	蛋黄酱、沙拉酱	12.10.02.01	2.0
聚葡萄糖	蛋黄酱、沙拉酱	12.10.02.01	按生产需要适量使用
磷酸化二淀粉磷酸酯	固体饮料	14.06	0.5
乳酸钙	固体饮料	14.06	21.6

(6) 甜味剂在蛋类食品生产中的应用

在蛋制品的生产加工过程中，为了赋予产品一定的甜味，从而添加一定的甜味剂使产品具有更好的风味与口感，如蛋黄酱、沙拉酱与固体饮料等。按照GB 2760—2024《食品安全国家标准 食品添加剂使用标准》规定，甜味剂在蛋类食品中的使用范围与使用限量见表12-8。

表12-8 甜味剂在蛋类食品中的使用范围及使用限量

食品添加剂	食品名称	食品分类号	最大使用量/(g/kg)	备注
爱德万甜(*N*-{*N*-[3-(3-羟基-4-甲氧基苯基)丙基]-L-*α*-天冬氨酰}-L-苯丙氨酸-1-甲酯)	蛋制品(改变其物理性状)	10.03	0.0004	
N-[*N*-(3,3-二甲基丁基)]-L-*α*-天门冬氨-L-苯丙氨酸1-甲酯(又名纽甜)	其他蛋制品	10.04	0.1	
天门冬酰苯丙氨酸甲酯(又名阿斯巴甜)	其他蛋制品	10.04	1.0	
三氯蔗糖(又名蔗糖素)	蛋黄酱、沙拉酱	12.10.02.01	1.25	
爱德万甜(*N*-{*N*-[3-(3-羟基-4-甲氧基苯基)丙基]-L-*α*-天冬氨酰}-L-苯丙氨酸-1-甲酯)	固体饮料	14.06	0.004	

(7) 膨松剂在蛋类食品生产中的应用

在蛋类食品中广泛应用膨松剂生产热凝固蛋制品、蛋黄酱、沙拉酱、固体饮料等。一般情况下，膨松剂在蛋制品加工处理过程中加入，在热加工脱水时因受热分解产生气体在内部形成均匀、致密的多孔性组织，从而使产品具有松软的特征。膨松剂的这一独特功能使其在蛋制品的生产中起到了重要的作用。

按照GB 2760—2024《食品安全国家标准 食品添加剂使用标准》规定，膨松剂在蛋类食品中的使用范围与使用限量见表12-9。

表 12-9 膨松剂在蛋类食品中使用范围及使用限量

食品添加剂	食品名称	食品分类号	最大使用量/(g/kg)	备注
磷酸,焦磷酸二氢二钠,焦磷酸钠,磷酸二氢钙,磷酸二氢钾,磷酸氢二铵,磷酸氢二钾,磷酸氢钙,磷酸三钙,磷酸三钾,磷酸三钠,六偏磷酸钠,三聚磷酸钠,磷酸二氢钠,磷酸氢二钠,焦磷酸四钾,焦磷酸一氢三钠,聚偏磷酸钾,酸式焦磷酸钙	热凝固蛋制品(如蛋黄酪、松花蛋肠)	10.03.02	5.0	可单独或混合使用,最大使用量以磷酸根(PO_4^{3-})计
聚葡萄糖	蛋黄酱、沙拉酱	12.10.02.01	按生产需要适量使用	
碳酸镁	固体饮料	14.06	10.0	

(8) 抗结剂在蛋类食品生产中的应用

抗结剂在脱水蛋制品、热凝固蛋制品、固体饮料等产品的生产过程中防止产品结块，如蛋白粉、蛋黄粉等，有效地使其成为自由流动的固体，因此抗结剂对蛋制品的生产加工有着十分重要的作用。按照 GB 2760—2024《食品安全国家标准 食品添加剂使用标准》规定，抗结剂在蛋类食品中的使用范围与使用限量见表 12-10。

表 12-10 抗结剂在蛋类食品中的使用范围及使用限量

食品添加剂	食品名称	食品分类号	最大使用/(g/kg)	备注
二氧化硅	脱水蛋制品(如蛋白粉、蛋黄粉、蛋白片)	10.03.01	15.0	
磷酸,焦磷酸二氢二钠,焦磷酸钠,磷酸二氢钙,磷酸二氢钾,磷酸氢二铵,磷酸氢二钾,磷酸氢钙,磷酸三钙,磷酸三钾,磷酸三钠,六偏磷酸钠,三聚磷酸钠,磷酸二氢钠,磷酸氢二钠,焦磷酸四钾,焦磷酸一氢三钠,聚偏磷酸钾,酸式焦磷酸钙	热凝固蛋制品(如蛋黄酪、松花蛋肠)	10.03.02	5.0	可单独或混合使用,最大使用量以磷酸根(PO_4^{3-})计
碳酸镁	固体饮料	14.06	10.0	
二氧化硅	固体饮料	14.06	10.0	

(9) 水分保持剂在蛋类食品生产中的应用

水分保持剂广泛用于蛋制品加工，添加后对制品品质有明显的改善作用，如应用于蛋黄酪、松花蛋肠等热凝固蛋制品。按照 GB 2760—2024《食品安全国家标准 食品添加剂使用标准》规定，水分保持剂在蛋类食品中的使用范围与使用限量见表 12-11。

表 12-11 水分保持剂在蛋类食品中的使用范围及使用限量

食品添加剂	食品名称	食品分类号	最大使用/(g/kg)	备注
磷酸,焦磷酸二氢二钠,焦磷酸钠,磷酸二氢钙,磷酸二氢钾,磷酸氢二铵,磷酸氢二钾,磷酸氢钙,磷酸三钙,磷酸三钾,磷酸三钠,六偏磷酸钠,三聚磷酸钠,磷酸二氢钠,磷酸氢二钠,焦磷酸四钾,焦磷酸一氢三钠,聚偏磷酸钾,酸式焦磷酸钙	热凝固蛋制品(如蛋黄酪、松花蛋肠)	10.03.02	5.0	可单独或混合使用,最大使用量以磷酸根(PO_4^{3-})计
聚葡萄糖	蛋黄酱、沙拉酱	12.10.02.01	按生产需要适量使用	

(10) 稳定剂和凝固剂在蛋类食品生产中的应用

在蛋制品的生产加工过程中，食品凝固剂可以更好地保持其蛋白质的含量，使其保持一个凝胶状态，常应用于松花蛋肠、蛋黄固体饮料等产品。按照 GB 2760—2024《食品安全国家标准 食品添加剂使用标准》规定，稳定剂和凝固剂在蛋类食品中的使用范围与使用限量见表 12-12。

表 12-12 稳定剂和凝固剂在蛋类食品中的使用范围及使用限量

食品添加剂	食品名称	食品分类号	最大使用量/(g/kg)	备注
山梨酸及其钾盐	蛋制品(改变其物理性状)	10.03	1.5	以山梨酸计
磷酸,焦磷酸二氢二钠,焦磷酸钠,磷酸二氢钙,磷酸二氢钾,磷酸氢二铵,磷酸氢二钾,磷酸氢钙,磷酸三钙,磷酸三钾,磷酸三钠,六偏磷酸钠,三聚磷酸钠,磷酸二氢钠,磷酸氢二钠,焦磷酸四钾,焦磷酸一氢三钠,聚偏磷酸钾,酸式焦磷酸钙	热凝固蛋制品(如蛋黄酪、松花蛋肠)	10.03.02	5.0	可单独或混合使用,最大使用量以磷酸根(PO_4^{3-})计
聚葡萄糖	蛋黄酱、沙拉酱	12.10.02.01	按生产需要适量使用	
甲壳素(又名几丁质)	蛋黄酱、沙拉酱	12.10.02.01	2.0	
乳酸钙	固体饮料	14.06	21.6	
碳酸镁	固体饮料	14.06	10.0	

(11) 酸度调节剂在蛋类食品生产中的应用

在蛋类食品的生产加工过程中，酸味剂能赋予蛋类食品适当的酸味，给人爽快的感觉，可增进食欲，有助于纤维素和钙、磷等物质的溶解，促进人体对营养素的消化、吸收，在蛋类食品中常用于蛋黄酪、蛋黄酱与固体饮料等产品中。按照 GB 2760—2024《食品安全国家标准 食品添加剂使用标准》规定，酸度调节剂在蛋类食品中的使用范围与使用限量见表 12-13。

表 12-13 酸度调节剂在蛋类食品中的使用范围及使用限量

食品添加剂	食品名称	食品分类号	最大使用量/(g/kg)	备注
磷酸,焦磷酸二氢二钠,焦磷酸钠,磷酸二氢钙,磷酸二氢钾,磷酸氢二铵,磷酸氢二钾,磷酸氢钙,磷酸三钙,磷酸三钾,磷酸三钠,六偏磷酸钠,三聚磷酸钠,磷酸二氢钠,磷酸氢二钠,焦磷酸四钾,焦磷酸一氢三钠,聚偏磷酸钾,酸式焦磷酸钙	热凝固蛋制品(如蛋黄酪、松花蛋肠)	10.03.02	5.0	可单独或混合使用,最大使用量以磷酸根(PO_4^{3-})计
盐酸	蛋黄酱、沙拉酱	12.10.02.01	按生产需要适量使用	
己二酸	固体饮料	14.06	0.01	
乳酸钙	固体饮料	14.06	21.6	

(12) 被膜剂在蛋类食品生产中的应用

被膜剂在蛋类食品中主要应用于鲜蛋的保鲜。按照 GB 2760—2024《食品安全国家标准 食品添加剂使用标准》规定，白油（又名液体石蜡）作为被膜剂常用于鲜蛋的保鲜，使用限量为 5.0g/kg。

12.2.2 使用方法及注意事项

目前，我国蛋类食品产品在生产加工过程中加入食品添加剂是一个发展趋势，我国蛋类食品中应用的食品添加剂主要是作为防腐剂、抗氧化剂、乳化剂、着色剂、增稠剂、甜味剂、膨松剂、抗结剂、水分保持剂、稳定剂、凝固剂、酸度调节剂、被膜剂等功能被使用。

(1) 蛋类食品生产过程中防腐剂的使用方法及注意事项

蛋类食品中常用的防腐剂一般均为晶体粉末状，在使用时，先将防腐剂溶解于水或者有机溶剂中调配成溶液，按一定比例在蛋制品加工时加入，保证防腐剂在产品加工过程中混合均匀，如果分散不均匀就达不到较好的防腐效果，局部防腐剂过浓，会有防腐剂析出。一般情况下加热可增强防腐剂的防腐效果。在加热杀菌时加入防腐剂，杀菌时间可以缩短。为了起到更佳的防腐效果，在添加防腐剂之前，应保证蛋类食品灭菌完全，不应有大量的微生物存在，否则防腐剂的加入将不会起到理想的效果。如山梨酸钾，不但不会起到防腐的作用，反而会成为微生物繁殖的营养源。应了解各类防腐剂的有效使用环境，根据具体的防腐剂pH适应范围相应调整。

防腐剂的使用往往结合一定的杀菌处理和密封或隔绝等措施，来达到防腐或保鲜的目的。为了充分发挥防腐剂的作用和达到较好的防腐或保鲜效果，应在使用防腐剂之前考虑其他的影响因素，如选择的防腐剂种类是否适宜加工的蛋类食品，形态是否对防腐剂的形式和防腐效果有影响，体系酸碱度是否利于防腐剂的溶解和分散等因素。

(2) 蛋类食品生产过程中抗氧化剂的使用方法及注意事项

在使用抗氧化剂时，必须正确掌握在早期阶段使用，以发挥其抗氧化作用。在蛋类食品加工过程中，在去壳后，初步加工处理阶段，按使用浓度加入，并混合充分。和防腐剂不同，添加抗氧化剂的量和抗氧化效果并不总是正相关，当超过一定浓度后，不但不再增强抗氧化作用，反而具有促进氧化的效果，甚至产生一定的毒性，危害人体健康。应根据不同抗氧化剂种类的不同，选择合适的浓度与pH加入蛋制品中，以达到最佳的抗氧化剂效果。

(3) 蛋类食品生产过程中乳化剂的使用方法及注意事项

乳化剂在蛋制品的生产加工过程中，起到了一个乳化作用，从而使产品具有一个良好的品质与口感。蛋类食品在生产加工过程中常用的乳化剂主要应用于蛋制品和固体饮料中，可以使原辅料中的脂质与水起乳化作用，使原辅料充分混合，提高产品光泽与口感。乳化剂加入蛋类食品之前，应在水或油中充分分散或溶解，制成浆状或乳状液。根据蛋类食品的种类按规定量加入乳化剂，以达到最好的乳化效果。

(4) 蛋类食品生产过程中着色剂的使用方法及注意事项

在蛋类食品的加工过程中，先按一定比例配制所需着色剂，然后在加工过程最后阶段通过溶液的方式加入产品当中，以赋予产品色泽。配制溶液所用水必须选用蒸馏水或去离子水。采用自来水时，必须去除钙、镁及煮沸赶气冷却后使用，否则有时因余氯量大，导致染料的褪色，或因水中钙离子的存在而引起着色剂沉淀，造成色素溶解困难。配制着色剂水溶液时，宜采用玻璃、陶器、搪瓷、不锈钢和塑料等耐腐蚀的清洁容器具，避免使用金属器具，防止金属离子对色素稳定性的影响。剩余溶液应于冷暗处密封保存，最好是现配现用。蛋类食品使用合成着色剂，即使不超过使用标准，也不要将食品染得过于鲜艳，要掌握住分寸，要注意符合自然和均匀统一。

(5) 蛋类食品生产过程中增稠剂的使用方法及注意事项

蛋类食品中增稠剂先用冷水浸泡，均匀搅拌后即可充分水化成黏稠、滑腻的大分子溶液物质，再从蛋类食品的加工过程中加入。在具体使用中要根据增稠剂的性质选用合适、适量的增稠剂。要结合蛋类食品工艺上的其他要求，如产品的味道、口感、适合的形态、乳化性、稳定性、保存性、食品中基本组分的亲和性以及相溶性等，选择合适的增稠剂。增稠剂在水中溶解较缓慢。具体使用中，完全溶解以避免形成不均匀的凝胶的时间较长，为此需要一个高效率的混合器，并缓慢添加，以避免增稠剂结块。增稠剂加入食品体系之前，应在水中充分分散或溶解，制成胶体溶液。某些种类增稠剂用乙醇、甘油或砂糖糖浆湿润，或预先与3倍以上的砂糖、粉末淀粉糖浆、乳化剂等混合均匀，可提高增稠剂的溶解性。

(6) 蛋类食品生产过程中甜味剂的使用方法及注意事项

在蛋类食品的加工过程中，甜味剂通常准确称量后溶于水配成溶液，在蛋类食品最后加工阶段加入，并混合均匀。由于有些甜味剂在高温、强酸条件下分解而失去甜味，因此，在蛋类食品使用过程中应避免其经过过热与过酸处理，防止甜味剂失去甜味。甜味剂的使用应严格遵循国家标准，某些甜味剂过量食用可引起肠胃不适或腹泻。

(7) 蛋类食品生产过程中膨松剂的使用方法及注意事项

蛋类食品的生产加工过程中使用的膨松剂主要为化学膨松剂，在使用过程中避免长时间与水接触，某些化学膨松剂在碰到水时会发生反应产生气体，如果混入水中的时间过长，气体就会消失。此时加入产品，就无法起到良好的作用。在膨松剂的使用过程中，通常使用多种膨松剂配合使用，如磷酸氢钙分解缓慢，产气较慢，有迟效性，能使食品组织稍不规则，但口味与光泽均好。用作膨松剂时，主要作为复合膨松剂中的酸性盐配合使用。

(8) 蛋类食品生产过程中抗结剂的使用方法及注意事项

根据各类抗结剂各自的特点，作用机制的不同，选取抗结剂时要考虑是否与蛋类食品颗粒的物性相适应，以期达到良好效果。在蛋制品的生产加工中，并不是抗结剂的使用量越多效果就越好。实际上，每种抗结剂都有有效使用的浓度范围。当使用量超过此范围时，不仅没有作用，甚至适得其反。另外，同一种抗结剂，使用目的不同，最适使用量也不同，要根据具体的蛋类食品来选择合适的抗结剂。

在蛋制品中常用的抗结剂通常为二氧化硅与磷酸，因此，根据不同的抗结剂，选择不同的加入方式，例如，可以将二氧化硅和硅酸盐与食品颗粒干混，搅拌均匀即可。而磷酸盐必须加入到食品的水溶液中，再经乳化、干燥脱水后起抗结作用。因此，对于各种抗结剂，要根据其作用机制和具体使用情况来正确使用。

(9) 蛋类食品生产过程中水分保持剂的使用方法及注意事项

在蛋类食品的加工与生产过程中，用到的水分保持剂主要为磷酸类物质与聚葡萄糖，在水分保持剂使用过程中可按生产所需进行添加使用，且磷酸类物质量不应超过 5g/kg。水分保持剂在使用过程中也可配成复合试剂使用从而达到更好的效果。

(10) 蛋类食品生产过程中稳定剂和凝固剂的使用方法及注意事项

稳定剂和凝固剂在蛋类食品中使用需注意：①温度可影响凝固速度，温度过高，凝固过快成品持水性差；温度过低，凝固速度慢，产品难成形。②pH 离蛋制品中蛋白质等电点越近越易凝固，应该通过产品 pH 从而选择合适的稳定剂以达到预期效果。

12.2.3 应用案例

文献报道沙拉酱中加入 10mg/kg 纳他霉素，试验期间未发现变质现象，微生物数量无显著变化。沙拉酱与乳酪相似，脂肪含量较高，试验说明纳他霉素对高脂肪食品抑菌效果确切。

液体石蜡在鲜蛋保鲜中的应用，可以抑制水分蒸发，防止微生物侵入，并形成气调层，吸收气体和调节鸡蛋的呼吸作用，达到延长保鲜时间的目的。使用液体石蜡后，不仅外观光亮、美观，而且还可以防止粘连，保持质量稳定。具体使用方法是将鲜蛋放入液体石蜡中浸泡 1～2min 取出，经 24h 晾干后，置于坛内保存，100 天后检查，保鲜率仍可达 100%。

二氧化硅作为抗结剂被添加到食品中后，由于拥有较大的比表面积，二氧化硅会扮演“膜”的角色把一颗颗粉末包裹起来，从而让粉末彼此分隔开来，处于最佳的自由流动状态，达到抗结块的目的。同时二氧化硅还能以无数个内在细孔吸收周围空气中的潮气，防止食品在储存期间受潮结块。通过向蛋白粉中加入一定量的二氧化硅能解决产品因吸潮受压形成的结块，同时具有吸附作用，有效地延长其货架期和产品质量。

山梨酸钾是蛋制品使用很广泛的一种化学防腐剂。由于山梨酸是一种不饱和脂肪酸，可以在体内参与新陈代谢，最终被分解成二氧化碳和水，几乎没有毒性。山梨酸钾对霉菌、酵母菌及需氧菌有一定的抑制作用，而对革兰氏厌氧性芽孢菌几乎没有抑制作用。应用于蛋制品最大添加量为1.5g/kg，可以对微生物的生长繁殖起到明显的抑制作用，延长蛋制品货架期。

12.3 奶类食品中常用食品添加剂及使用方法

12.3.1 奶类食品中常用食品添加剂

奶类食品通常包括液体乳、发酵乳、乳粉、炼乳、稀奶油、干酪等以乳为主要配料的即食风味食品或其预制产品，不包括冰淇淋及特殊膳食用食品涉及的品种，具体分类有以下七种。

(1) 液体乳类

全脂乳、脱脂乳、复原乳、调制乳。液体乳主要是指用液态的原料乳经过不同的热处理后，包装后销售可供消费者直接饮用的乳类。通常包括全脂乳、脱脂乳、复原乳三类，依据灭菌方式可以分为巴氏杀菌乳、灭菌乳和调制乳。巴氏杀菌乳是指仅以生牛（羊）乳为原料，经巴氏杀菌等工序制得的液体产品。灭菌乳包括超高温灭菌乳和保持灭菌乳。依据标准GB 19645—2010《食品安全国家标准 巴氏杀菌乳》以及GB 25190—2010《食品安全国家标准 灭菌乳》规定，在巴氏杀菌乳和灭菌乳中不允许使用食品添加剂及营养强化剂。调制乳是以不低于80%的生牛（羊）乳或复原乳为主要原料，添加其他原料或食品添加剂或营养强化剂，采用适当的杀菌或灭菌等工艺制成的液体产品。风味调制乳作为一种新型的花色奶进入市场，以其独特的风味、极高的营养价值备受人们青睐。选用不同的乳化剂、稳定剂可以提高产品的稳定性。

(2) 发酵乳类

发酵乳、风味发酵乳、配方乳。发酵乳（包括酸乳），是以生牛（羊）乳或乳粉为原料，经杀菌、发酵后制成的pH值降低的产品；风味发酵乳（包括风味酸乳），是以80%以上生牛（羊）乳或乳粉为原料，添加其他原料，经杀菌、发酵后pH值降低，发酵前或后添加或不添加食品添加剂、营养强化剂、果蔬、谷物等制成的产品。

(3) 乳粉类

全脂乳粉、脱脂乳粉、全脂加糖乳粉、调味乳粉、婴幼儿配方乳粉、其他配方乳粉。乳粉是以生牛（羊）乳为原料，经加工制成的粉状产品；奶油粉是以稀奶油为主要原料，经浓缩、干燥等工艺制成的粉状产品；调制乳粉是以生牛（羊）乳或及其加工制品为主要原料，添加其他原料，添加或不添加食品添加剂和营养强化剂，经加工制成的乳固体含量不低于70%的粉状产品；调制奶油粉是以稀奶油（或奶油粉）为主要原料，添加调味物质等，经浓缩、干燥（或干混）等工艺制成的粉状产品。为增强营养成分而加入食品中的天然成分或者人工合成的属于天然营养素范围的食品添加剂称为营养强化剂。营养强化剂通常分为氨基酸、维生素和矿物质三类。而功能性营养强化剂是针对不同功能性乳粉而言的，功能性乳粉需添加一定的功能因子，如婴儿配方乳粉需添加适合婴幼儿生长发育的DHA、牛磺酸、双歧增殖因子；无糖乳粉添加天然降糖因子、麦芽糖醇；免疫配方乳粉中添加活性多糖物质、牛免疫球蛋白等，这些功能性因子都属于营养强化剂。

(4) 炼乳类

全脂淡炼乳、全脂加糖炼乳、调味/调制炼乳、配方炼乳。炼乳及其调制产品包括淡炼乳（原味）及调制炼乳（包括加糖炼乳及使用了非乳原料的调制炼乳等），是以生乳或乳制品为原料，添加或不添加食品添加剂和营养强化剂，经加工制成的黏稠状产品。着色剂可以赋予食品颜色，可以增加消费者的购买欲和食欲，使制品色泽统一，减少食品或成分在颜色上存在的天然偏差。

(5) 乳脂肪类

稀奶油、奶油、无水奶油。乳脂肪中通常含三类食品：稀奶油是以乳为原料，分离出的含脂肪的部分，添加或不添加其他原料、食品添加剂和营养强化剂，经加工制成的脂肪含量10.0%～80.0%的产品；调制稀奶油是以乳或乳制品为原料，分离出的含脂肪的部分，添加其他原料，添加或不添加食品添加剂和营养强化剂，经加工制成的脂肪含量10.0%～80.0%的产品；稀奶油类似品是由“植物油-水”乳化物组成的液态或粉状形态的类似于稀奶油的产品。在乳脂肪类产品中适量加入稳定剂，可以改善和增加奶油的黏稠度，保持其流态，色、香、味较为稳定，改善奶油的物理性状，并能使其有润滑适口的感觉。稳定剂可提高食品的黏稠度或形成凝胶，从而改变食品的物理性状，赋予食品黏润、适宜的口感，并兼有乳化、稳定或使呈悬浮状态的作用。

(6) 干酪类

原干酪、再制干酪。干酪和再制干酪及其类似品通常包括以下几种：非熟化干酪（又叫未成熟干酪）是指生产之后可供直接食用的干酪；熟化干酪是生产之后不能直接食用，必须在特定温度条件下储存一定时间，使该类干酪发生必需的特征性的生化和物理改变；乳清干酪是以乳清为原料，添加或不添加乳、稀奶油或其他乳制品，经浓缩、模制等工艺加工成的固体或半固体产品；再制干酪是以干酪（比例大于15%）为主要原料，加入乳化盐，添加或不添加其他原料，经加热、搅拌、乳化等工艺制成的产品；普通再制干酪是不添加调味料、水果、蔬菜或肉类的原味熔化干酪；调味再制干酪是添加了调味料、水果、蔬菜或肉类的带有风味的熔化干酪产品；干酪类似品是乳脂成分部分或完全被其他脂肪所代替的类似干酪的产品；乳清蛋白干酪是由乳清蛋白凝固制得的，含有从牛奶乳清中提取的蛋白质的干酪产品。水分保持剂是指在食品加工过程中，加入后可提高产品的稳定性，保持食品内部持水性，改善食品的形态、风味、色泽等的一类物质。

(7) 其他乳制品类

包括干酪素、乳糖、乳清粉、乳清、浓缩乳清蛋白等。此外，增稠剂能增加雪糕、冰淇林、冰棒、酸奶等清凉饮料的厚实度，改进它们的口感，提高它们的稳定性。在此类清凉饮料中加入低浓度的增稠剂后，产品的吸水性、保水性和耐热性显著增加，与不含增稠剂的冰冻饮料相比，这种制成品有不易熔融的特点，故更易保存。

12.3.2 使用方法及注意事项

乳制品中常用的乳化剂为海藻酸丙二醇酯和丙二醇脂肪酸酯。食品乳化剂能改善食品胶体各构成相之间的表面张力，形成均匀、稳定的分散体或乳化体，从而稳定食品的物理状态，改进食品组织结构，简化和控制食品加工过程，改善风味、口感，提高食品质量、延长货架寿命等。根据GB 25191—2010《食品安全国家标准 调制乳》规定，可在调制乳中按需添加适量的添加剂。食品乳化剂在调制乳类食品中使用范围及使用限量见表12-14。

表 12-14 食品乳化剂在调制乳中的使用范围及使用限量

食品添加剂名称	食品名称	食品分类号	最大使用量/(g/kg)
海藻酸丙二醇酯	调制乳	01.01.03	5.0
丙二醇脂肪酸酯	调制乳	01.01.03	4.0
单,双甘油脂肪酸酯(油酸、亚油酸、棕榈酸、山嵛酸、硬脂酸、月桂酸、亚麻酸);果胶;卡拉胶;磷脂;甘油(丙三醇);柠檬酸脂肪酸甘油酯;乳酸脂肪酸甘油酯;辛烯基琥珀酸淀粉钠;改性大豆磷脂;酶解大豆磷脂;琥珀酸单甘油酯;羟丙基淀粉;乙酰化单;双甘油脂肪酸酯;聚氧乙烯(20);山梨醇酐单月桂酸酯(吐温 20);麦芽糖醇;麦芽糖醇液;双乙酰酒石酸单双甘油酯;蔗糖脂肪酸酯;硬脂酰乳酸钠;硬脂酰乳酸钙	调制乳	01.01.03	适量使用

食品增稠剂都属于大分子物质，绝大多数进入人体后不被人体消化吸收，如果胶、瓜尔胶、卡拉胶等，其作用与膳食纤维类似。根据 GB 19302—2010《食品安全国家标准 发酵乳》规定，可在发酵乳中按需添加适量的添加剂。食品增稠剂在发酵乳类食品中的使用范围及使用限量见表 12-15。

表 12-15 食品增稠剂在发酵乳中的使用范围及使用限量

食品添加剂名称	食品名称	食品分类号	最大使用量/(g/kg)
海藻酸丙二醇酯	风味发酵乳	01.02.02	3.0
瓜尔胶、果胶、卡拉胶、明胶、琼脂、结冷胶、槐豆胶(刺槐豆胶)、黄原胶(汉生胶)、阿拉伯胶、海藻酸钠(褐藻酸钠)、聚丙烯酸钠、乳酸钠、羟丙基二淀粉磷酸酯醋、酸酯淀粉、乳糖醇(4-β-D 吡喃半乳糖-D-山梨醇)、酸处理淀粉、氧化淀粉、氧化羟丙基淀粉、磷酸酯双淀粉、羟丙基淀粉、乙酰化二淀粉磷酸酯、乙酰化双淀粉己二酸酯、海藻酸钾(褐藻酸钾)、甲基纤维素、羟丙基甲基纤维素(HPMC)	风味发酵乳	01.02.02	适量使用

为增强营养成分而加入食品中的天然成分或者人工合成的属于天然营养素范围的食品添加剂称为营养强化剂。根据 GB 19644—2024《食品安全国家标准 乳粉和调制乳粉》规定，可在乳粉中按需添加适量的添加剂。营养强化剂在乳粉中的使用范围及使用限量见表 12-16。

表 12-16 营养强化剂在乳粉中的使用范围及使用限量

项目	食品名称	食品分类号	指标(每 100kJ)	
			最小值	最大值
能量/kJ	乳粉和奶油粉及其调制产品	01.03	100	100
蛋白质/g	乳粉和奶油粉及其调制产品	01.03	0.45	0.7
脂肪/g	乳粉和奶油粉及其调制产品	01.03	1.05	1.4
亚油酸/g	乳粉和奶油粉及其调制产品	01.03	0.07	0.33
α-亚麻酸/mg	乳粉和奶油粉及其调制产品	01.03	12	没有特别说明
亚油酸与 α-亚麻酸比值	乳粉和奶油粉及其调制产品	01.03	5∶01	15∶01
碳水化合物/g	乳粉和奶油粉及其调制产品	01.03	2.2	3.3
维生素 A/μg	乳粉和奶油粉及其调制产品	01.03	14	43
维生素 D/μg	乳粉和奶油粉及其调制产品	01.03	0.25	0.6
维生素 E/mgα-TE	乳粉和奶油粉及其调制产品	01.03	0.12	1.2
维生素 K_1/μg	乳粉和奶油粉及其调制产品	01.03	1	6.5
维生素 B_1/μg	乳粉和奶油粉及其调制产品	01.03	14	72
维生素 B_2/μg	乳粉和奶油粉及其调制产品	01.03	19	119
维生素 B_6/μg	乳粉和奶油粉及其调制产品	01.03	8.5	45
维生素 B_{12}/μg	乳粉和奶油粉及其调制产品	01.03	0.025	0.36
烟酸(烟酰胺)/μg	乳粉和奶油粉及其调制产品	01.03	70	360

续表

项目	食品名称	食品分类号	指标(每 100kJ)	
			最小值	最大值
叶酸/μg	乳粉和奶油粉及其调制产品	01.03	2.5	12
泛酸/μg	乳粉和奶油粉及其调制产品	01.03	96	478
维生素 C/mg	乳粉和奶油粉及其调制产品	01.03	2.5	17
生物素/μg	乳粉和奶油粉及其调制产品	01.03	0.4	2.4
钠/mg	乳粉和奶油粉及其调制产品	01.03	5	14
钾/mg	乳粉和奶油粉及其调制产品	01.03	14	43
铜/μg	乳粉和奶油粉及其调制产品	01.03	8.5	29
镁/mg	乳粉和奶油粉及其调制产品	01.03	1.2	3.6
铁/mg	乳粉和奶油粉及其调制产品	01.03	0.1	0.36
锌/mg	乳粉和奶油粉及其调制产品	01.03	0.12	0.36
锰/μg	乳粉和奶油粉及其调制产品	01.03	1.2	24
钙/mg	乳粉和奶油粉及其调制产品	01.03	12	35
磷/mg	乳粉和奶油粉及其调制产品	01.03	6	24
钙磷比值	乳粉和奶油粉及其调制产品	01.03	1:1	2:1
碘/μg	乳粉和奶油粉及其调制产品	01.03	2.5	14
氯/μg	乳粉和奶油粉及其调制产品	01.03	12	38
硒/μg	乳粉和奶油粉及其调制产品	01.03	0.48	1.9
胆碱 mg	乳粉和奶油粉及其调制产品	01.03	1.7	12
肌醇/mg	乳粉和奶油粉及其调制产品	01.03	1	9.5
牛磺酸/mg	乳粉和奶油粉及其调制产品	01.03	没有特别说明	3
左旋肉碱/mg	乳粉和奶油粉及其调制产品	01.03	0.3	没有特别说明
DHA(二十二碳六烯酸)/(%,总脂肪酸)	乳粉和奶油粉及其调制产品	01.03	没有特别说明	0.5
ARA(花生四烯酸)/(%,总脂肪酸)	乳粉和奶油粉及其调制产品	01.03	没有特别说明	1
胱氨酸/mg	乳粉和奶油粉及其调制产品	01.03	5.8	没有特别说明
色氨酸/mg	乳粉和奶油粉及其调制产品	01.03	7.9	没有特别说明
组氨酸/mg	乳粉和奶油粉及其调制产品	01.03	8.6	没有特别说明
异亮氨酸/mg	乳粉和奶油粉及其调制产品	01.03	21.6	没有特别说明
亮氨酸/mg	乳粉和奶油粉及其调制产品	01.03	38.8	没有特别说明
赖氨酸/mg	乳粉和奶油粉及其调制产品	01.03	25.2	没有特别说明
甲硫氨酸/mg	乳粉和奶油粉及其调制产品	01.03	4.7	没有特别说明
来丙氨酸/mg	乳粉和奶油粉及其调制产品	01.03	12.9	没有特别说明
苏氨酸/mg	乳粉和奶油粉及其调制产品	01.03	18	没有特别说明
缬氨酸/mg	乳粉和奶油粉及其调制产品	01.03	22.3	没有特别说明

根据 GB 13102—2022《食品安全国家标准 浓缩乳制品》规定，可在炼乳中按需添加适量的添加剂。着色剂在炼乳及其调制产品中的使用范围及使用限量见表 12-17。

表 12-17 着色剂在炼乳及其调制产品中的使用范围及使用限量

食品添加剂名称	食品名称	食品分类号	最大使用量/(g/kg)
柑橘黄、高粱红、天然胡萝卜素、甜菜红	淡炼乳(原味)	01.04.01	适量使用
红曲米、红曲红、日落黄及其铝色淀、焦糖色(普通法)	调制炼乳	01.04.02	适量使用
胭脂红及其铝色淀	调制炼乳	01.04.02	0.05
亮蓝及其铝色淀	调制炼乳	01.04.02	0.025
柠檬黄及其铝色淀	调制炼乳	01.04.02	0.05
胭脂虫红	调制炼乳	01.04.02	0.15
焦糖色(加氨生产)	调制炼乳	01.04.02	2.0
焦糖色(亚硫酸铵法)	调制炼乳	01.04.02	1.0

根据 GB 19646—2010《食品安全国家标准 稀奶油、奶油和无水奶油》规定，可在稀奶

油、奶油和无水奶油中按需添加适量的添加剂。稳定剂在稀奶油、奶油和无水奶油中的使用范围及使用限量见表12-18。

表12-18 稳定剂在稀奶油、奶油和无水奶油中的使用范围及使用限量

食品添加剂名称	食品名称	食品分类号	最大使用量
果胶、黄原胶(汉生胶)、卡拉胶、羟丙基二淀粉磷酸酯、乳糖醇(4-β-D吡喃半乳糖-D-山梨醇)、羧甲基纤维素钠、微晶纤维素、葡萄糖酸-δ-内酯、氯化钙	稀奶油(淡奶油)及其类似品	01.05	适量使用
海藻酸丙二醇酯	调制稀奶油	01.05.03	3.0g/kg
聚甘油脂肪酸酯	调制稀奶油	01.05.03	10.0g/kg
聚氧乙烯(20)、山梨醇酐单月桂酸酯(吐温20)	调制稀奶油	01.05.03	1.0g/kg
丙二醇脂肪酸酯、焦磷酸二氢二钠、焦磷酸钠、硬脂酰乳酸钠、硬脂酰乳酸钙	调制稀奶油	01.05.03	5.0g/kg
羧甲基纤维素钠、氯化钙	调制稀奶油	01.05.03	适量使用

在奶酪制作中，广泛使用盐类来改善其内部结构，使之具有均匀柔嫩的质地。当盐加入奶酪中时，盐的阴离子与钙离子结合，导致奶酪蛋白的极性和非极性区的重排和暴露，这些盐的阴离子成为蛋白质分子间的离子桥，因而成为捕集脂肪的稳定因素。奶酪加工使用的盐包括磷酸一钠、磷酸二钠、磷酸三钠、磷酸二钾、六偏磷酸钠、酸式焦磷酸钠和酒石酸钾钠等。焦磷酸钠可用作干酪的熔融剂、乳化剂，可使干酪中的酪蛋白酸钙释放出钙离子，使酪蛋白黏度增大，得到柔软的、富于伸展性的制品。一般是焦磷酸钠、正磷酸盐及偏磷酸盐等复合使用，用量不超过0.9%（以P计）。加入一定量的磷酸盐如磷酸三钠能阻止乳脂和水相的分离，可通过蛋白质变性和增溶机理阻止凝胶的生成，克服传统食品容易在贮存中返生，失去水分而口感干燥，难以下咽的缺点。根据GB 5420—2021《食品安全国家标准 干酪》规定，可在干酪和再制干酪及其类似品中按需添加适量的添加剂。水分保持剂在干酪和再制干酪及其类似品中的使用范围及使用限量见表12-19。

表12-19 水分保持剂在干酪和再制干酪及其类似品中的使用范围及使用限量

食品添加剂名称	食品名称	食品分类号	最大使用量/(g/kg)
磷酸、焦磷酸二氢二钠、焦磷酸钠、磷酸二氢钙、磷酸二氢钾、磷酸氢二铵、磷酸氢二钾、磷酸氢钙、磷酸三钙、磷酸三钾、磷酸三钠、六偏磷酸钠、三聚磷酸钠、磷酸二氢钠、磷酸氢二钠、焦磷酸四钾、焦磷酸一氢三钠、聚偏磷酸钾、酸式焦磷酸钙	干酪和再制干酪及其类似品	01.06	5.0
乳酸钠、乳酸钾、甘油(丙三醇)	干酪和再制干酪及其类似品	01.06	适量使用

12.3.3 应用案例

(1) 海藻酸丙二醇酯在酸奶中的应用

在酸奶制品中添加增稠剂可提高酸奶黏稠度，并具有改善产品质地和口感、防止乳清析出的作用。在海藻酸丙二醇酯（PGA）和变性淀粉作为复配增稠剂在搅拌型酸奶中的应用研究结果表明，PGA和变性淀粉有较好的协同作用，二者的最佳添加量分别为0.15%和1.20%，此条件下酸奶的品质最佳。研究表明，PGA以0.2%的添加量用于酸乳生产加工时，样品的持水力提高10.9%，乳清析出量下降26.0%，产品品质最佳。在酸性乳饮料加工时，将0.2%PGA、0.3%羧甲基纤维素钠、0.1%高酯果胶和0.015%蔗糖酯复配添加到产品中，乳饮料口感最优、稳定性最高。

(2) 聚葡萄糖在酸奶中的应用

聚葡萄糖已经被证明是良好的益生元，可有效增殖乳酸菌及双歧杆菌等益生菌。此外，由于聚葡萄糖在低 pH 值下稳定，所以用于酸奶生产时，能提供清爽的口感并强化膳食纤维含量；在低脂和无脂产品中能防止析水，并赋予产品良好的质构和奶油口感。向酸奶中添加聚葡萄糖可以增强酸奶制品的黏稠度和甜度，提高酸奶的口感。同时，聚葡萄糖能够较好地维持菌种活力，延长产品货架期，能有效地维持和提高乳酸菌活性。

(3) 微晶纤维素在乳制品中的应用

在食品工业中，微晶纤维素作为一种食用纤维和理想的保健食品添加剂，可以保持乳化和泡沫的稳定性，保持高温的稳定性，提高液体的稳定性，得到了联合国粮农组织和世界卫生组织所属的食品添加剂联合专家委员会的认证和批准，并在乳制品、冷冻食品、肉制品等中得到广泛的应用。微晶纤维素可作为抗结剂、乳化剂、分散剂、黏合剂。我国 GB 2760—2024《食品安全国家标准 食品添加剂使用标准》规定：可用于植脂性粉末、稀奶油，最大使用量为 20g/kg；用于冰淇淋 40g/kg；高纤维食品、面包 20g/kg。在冰淇淋中使用可提高整体乳化效果，防止冰碴形成，改善口感。与羧甲基纤维素合用可增加乳饮料中可可粉的悬浮性。

(4) 碱式盐在乳制品加工中的作用

在食品和食品加工中碱性盐类有多种应用，包括中和过量的酸、调节体系 pH、改善食品的颜色和风味、螯合某些金属离子、产生二氧化碳气体等。在生产像发酵奶油这类食品过程中，需要用碱中和过量的酸，减小酸度可以提高搅拌效率并阻止产生氧化性臭味。有时需要用碱将食品调节到较高的 pH 值以便获得更稳定更满意的性质。例如，在干酪加工中加入适量的（1.5%～3.0%）碱性盐，如磷酸氢二钠、磷酸三钠和柠檬酸三钠，使 pH 从 5.7 提高到 6.3，并且能使蛋白质（酪蛋白）分散。这种盐与蛋白质的相互作用能改善奶酪蛋白的乳化和对水的结合量，这是盐与酪蛋白胶束中的钙组分相结合，形成不溶性的磷酸盐或可溶性螯合物（柠檬酸盐）的缘故。

第13章 食品添加剂在焙烤类食品中的应用

焙烤食品，是指以小麦面粉为基本原料，加水、盐、油等辅料，经过混合、成型和烘烤等工艺，制成的具有一定形态的面包、糕点、饼干、月饼等食品。焙烤方法与蒸煮和油煎炸等方法相比较，其优点是色、香、味、形较美观，品种花色多样，冷热皆可食用，储存和携带较方便，深受消费者青睐。近年来，烘焙食品在人们生活中占有越来越重要的地位。为了适应当前形势的需要，焙烤食品企业不仅可以从生产工艺和设备方面进行改进，还可以在焙烤类食品生产加工中加入一些新型食品添加剂以达到改善品质、增加产品种类、延长货架期的目的。本章主要从食品添加剂在面包、蛋糕和饼干三类焙烤类食品中的应用进行介绍。

13.1 面包类食品中常用食品添加剂及其使用方法

13.1.1 面包类食品中常用食品添加剂

面包是指以小麦粉、食盐、水、酵母等原辅料，经搅拌成面团，然后经发酵、整形、醒发、烘烤或油炸等工艺制成的松软多孔的食品，以及烤制成熟前或后在面包坯表面或内部添加奶油、人造黄油、蛋白质、可可、果酱等的制品。GB/T 20981—2021《面包质量通则》根据面包的组织状态、质地和加工工艺将面包分为软式面包、硬式面包、起酥面包、调理面包和其他面包五大类。

在面包的加工、运输、贮存等过程中，为保持其品质、改善口感，需要在面团中加入乳化剂作为面包品质改良剂。其作用在于增加面筋强力，加快发酵效率，增大面包体积，防止面包老化，增加面包柔软度和延长面包保鲜期。在面包发酵过程中，乳化剂不仅能使油脂更好地分散于发酵面团中，而且可使发酵剂干酵母均匀分散于面团中，提高发酵功效。

根据 GB 2760—2024《食品安全国家标准 食品添加剂使用标准》规定，“可在各类食品中按生产需要适量使用的食品乳化剂”均可应用于面包生产加工中。此外，其他食品乳化剂也可在面包生产加工中使用，食品乳化剂在面包类焙烤食品中的使用范围及使用限量见表13-1。

表13-1　食品乳化剂在面包类焙烤食品中的使用范围及使用限量

食品添加剂名称	食品名称	食品分类号	最大使用量/(g/kg)
木糖醇酐单硬脂酸酯	面包	07.01	3.0
聚氧乙烯山梨醇酐单月桂酸酯(吐温20)	面包	07.01	2.5
聚氧乙烯山梨醇酐单月桂酸酯(吐温40)	面包	07.01	2.5
聚氧乙烯山梨醇酐单月桂酸酯(吐温60)	面包	07.01	2.5
聚氧乙烯山梨醇酐单月桂酸酯(吐温80)	面包	07.01	2.5
硬脂酰乳酸钠	面包	07.01	2.0
硬脂酰乳酸钙	面包	07.01	2.0
山梨醇酐单月桂酸酯(司盘20)	面包	07.01	3.0
山梨醇酐单月桂酸酯(司盘40)	面包	07.01	3.0
山梨醇酐单月桂酸酯(司盘60)	面包	07.01	3.0
山梨醇酐单月桂酸酯(司盘65)	面包	07.01	3.0
山梨醇酐单月桂酸酯(司盘80)	面包	07.01	3.0
海藻酸丙二醇酯	面包	07.01	5.0
山梨糖醇和山梨糖醇液	面包	07.01	按生产需要适量使用
麦芽糖醇和麦芽糖醇液	面包	07.01	按生产需要适量使用
改性大豆磷脂	面包	07.01	按生产需要适量使用
酪蛋白酸钠	面包	07.01	按生产需要适量使用
磷脂	面包	07.01	按生产需要适量使用
酶解大豆磷脂	面包	07.01	按生产需要适量使用
柠檬酸脂肪酸甘油酯	面包	07.01	按生产需要适量使用
羟丙基淀粉	面包	07.01	按生产需要适量使用
乳酸脂肪酸甘油酯	面包	07.01	按生产需要适量使用
辛烯基琥珀酸淀粉钠	面包	07.01	按生产需要适量使用
乙酰化单、双甘油脂肪酸酯	面包	07.01	按生产需要适量使用
甘油	面包	07.01	按生产需要适量使用
琥珀酸单甘油酯	焙烤食品	07.0	5.0
双乙酰酒石酸单双甘油酯	焙烤食品	07.0	20.0
蔗糖脂肪酸酯	焙烤食品	07.0	3.0
聚甘油脂肪酸酯	焙烤食品	07.0	10.0
可溶性大豆多糖	焙烤食品	07.0	10.0

13.1.2　使用方法及注意事项

目前，我国面包中加入乳化剂是一个发展趋势，乳化剂能使面粉中的脂质与水起乳化作用，使原辅料均匀分散于面团中，使面团较为油润，产品光泽好，口感疏松。面包中常使用的乳化剂为硬脂酰乳酸钠和蔗糖脂肪酸酯。单一乳化剂很难同时具有多种作用，因此，在面包生产加工中，为了达到较好的加工效果，最好复合使用乳化剂，通过乳化剂之间的互补协同作用使面包品质更好。

在面包生产加工过程中，首先将配方所用的乳化剂进行混合，于面团搅拌后期将食品乳化剂慢慢撒入面团中并经搅拌使其均匀分散其中。

13.2 蛋糕类食品中常用食品添加剂及其使用方法

13.2.1 蛋糕类食品中常用食品添加剂

蛋糕是一类具有海绵状松软组织结构的烘焙制品。与面包不同，蛋糕一般采用蛋白质含量低的软质小麦粉制作而成。为了实现蛋糕松软的组织结构，蛋糕制作中一般要加入膨松剂，蛋糕制作中普遍使用活性干酵母使蛋糕膨松，化学膨松剂使用较少。市售的膨松剂有多种名称，如蛋糕油、蛋糕起泡剂、泡打粉等。蛋糕油是半透明软蜡状物体，是由蒸馏单甘酯、蔗糖酯、山梨醇酐脂肪酸酯等多种乳化剂，与丙二醇、山梨糖醇及水等，在一定温度下混合而成的物质。膨松剂在蛋糕的制作中主要起以下几方面的作用：①简化蛋糕面糊调制的操作，使搅打鸡蛋与砂糖发泡的时间缩短，也可以将各种原料投入之后一起搅打，一步法完成蛋糕面糊的调制。②稳定蛋糕泡沫，能使调制好的蛋糕面糊泡沫维持时间更长久，经过烘烤仍能保持膨松，从而使面包显现出较大的体积。③适当减少鸡蛋用量而不降低蛋糕松软的质量，可适当增加水来增加蛋糕湿度，提高蛋糕产率，从而在一定程度上降低蛋糕生产成本。④使蛋糕组织疏松、体积膨大，结构均匀细致，同时在一定程度上延长蛋糕的货架期。

根据 GB 2760—2024《食品安全国家标准 食品添加剂使用标准》规定，“可在各类食品中按生产需要适量使用的膨松剂”均可应用于蛋糕制品的生产加工。此外，依据 GB/T 30645—2014《糕点分类》，蛋糕隶属于糕点类，因此，其他的可用于糕点生产加工的食品膨松剂也可用于蛋糕的加工制作，食品膨松剂在蛋糕类焙烤食品中的使用范围及限量见表 13-2。

表 13-2 食品膨松剂在蛋糕类焙烤食品中的使用范围及使用限量

食品添加剂名称	食品名称	食品分类号	最大使用量
碳酸氢钠	糕点	07.02	按生产需要适量使用
碳酸氢铵	糕点	07.02	按生产需要适量使用
碳酸钙	糕点	07.02	按生产需要适量使用
山梨糖醇和山梨糖醇液	糕点	07.02	按生产需要适量使用
麦芽糖醇和麦芽糖醇液	糕点	07.02	按生产需要适量使用
酒石酸氢钾	焙烤食品	07.0	按生产需要适量使用
硫酸铝钾	焙烤食品	07.0	按生产需要适量使用
硫酸铝铵	焙烤食品	07.0	按生产需要适量使用
聚葡萄糖	焙烤食品	07.0	按生产需要适量使用

13.2.2 使用方法及注意事项

目前，在蛋糕生产中所采用的膨松剂多为食用碱、明矾、淀粉及食盐等多种成分混合配制而成的含铝复配膨松剂。然而，研究发现，铝对人类健康有着重要的影响，因铝在人体大量蓄积可导致人体的神经、肝肾、骨骼、生殖、免疫以及其他系统的毒性，世界卫生组织和联合国粮农组织（WHO/FAO）在 1989 年正式将铝定为食品污染物，我国卫生部于 2007 年对其进行食品污染物监测。GB 2760—2024《食品安全国家标准 食品添加剂使用标准》规定使用明矾做膨松剂时，食品中铝的残留量应不超过 100mg/kg。按照我国食品安全国家标准，若食品中明矾超标，食品会产生微涩口感，消费者可依据此项指标对蛋糕制品中铝是否超标进行排查。

鉴于使用明矾等含铝膨松剂可能导致各种食品安全问题，替代明矾的高效无铝膨松剂成为研究开发的热点，也取得了一定成效。有研究开发了蛋糕专用无铝复配膨松剂，其配方组成为碳酸氢钠 29.5%、柠檬酸 8.5%、酒石酸氢钾 11.4%、磷酸二氢钙 4.2%、葡萄糖酸-δ-内酯 14.8%、食盐 15%，其余为蔗糖脂肪酸酯。感官评价结果证明：使用该无铝复配膨松剂与使用市售含铝复配膨松剂相比，蛋糕感官性状无显著差异。

13.3 饼干类食品中常用食品添加剂及其使用方法

13.3.1 饼干类食品中常用食品添加剂

饼干指以小麦粉为主要原料，加入（或不加入）糖、油脂及其他原料，经调制、成型、烘烤（或煎烤）等工艺制成的口感酥松或松脆的食品。GB/T 20980—2021《饼干质量通则》中按照加工工艺，将饼干分为酥性饼干、韧性饼干、发酵饼干、压缩饼干、曲奇饼干、夹心（或注心）饼干、威化饼干、蛋圆饼干、蛋卷、煎饼、装饰饼干和水泡饼干。饼干在生产加工过程中常需加入一些食品添加剂以改善其品质或延长其货架期。

（1）抗氧化剂在酥性饼干生产中的应用

酥性饼干以小麦粉、糖、油脂、膨松剂等为原辅料，经冷粉工艺调粉、辊压（或不辊压）、成型、烘烤制成的表面花纹多为凸花，断面结构呈多孔状组织，口感酥松或松脆的食品。为使饼干更加酥松柔软，在饼干生产加工过程中，植物油、乳粉、奶油、起酥油等常被作为辅料。但是，这些辅料脂肪含量一般较高，在长期贮存过程中，空气中氧的作用，会导致饼干发生脂肪酸败，产生醛、酮类化合物和具有挥发性臭味的低级脂肪酸，引起饼干变质变味。因此，为了防止脂肪含量较高的饼干发生氧化变质，在其生产加工过程中需要添加抗氧化剂来保证其质量。

根据 GB 2760—2024《食品安全国家标准 食品添加剂使用标准》规定，“可在各类食品中按生产需要适量使用的抗氧化剂”均可应用于饼干制品。此外，其他食品抗氧化剂也可在饼干生产加工中使用，抗氧化剂在饼干类焙烤食品中的使用范围及使用限量见表 13-3。

表 13-3 抗氧化剂在饼干类焙烤食品中的使用范围及使用限量

食品添加剂名称	食品名称	食品分类号	最大使用量/(g/kg)
丁基羟基茴香醚	饼干	07.03	0.2
二丁基羟基甲苯	饼干	07.03	0.2
甘草抗氧化物	饼干	07.03	0.2
没食子酸丙酯	饼干	07.03	0.1
特丁基对苯二酚	饼干	07.03	0.2
二氧化硫,焦亚硫酸钾,焦亚硫酸钠,亚硫酸钠,亚硫酸氢钠,低亚硫酸钠	饼干	07.03	0.1
竹叶抗氧化物	焙烤食品	07.0	0.5
抗坏血酸	焙烤食品	07.0	按生产需要适量使用
抗坏血酸钠	焙烤食品	07.0	按生产需要适量使用
抗坏血酸钙	焙烤食品	07.0	按生产需要适量使用
D-异抗坏血酸及其钠盐	焙烤食品	07.0	按生产需要适量使用
乳酸钠	焙烤食品	07.0	按生产需要适量使用
磷脂	焙烤食品	07.0	按生产需要适量使用

(2) 食品膨松剂在韧性饼干生产中的应用

韧性饼干指以小麦粉、糖（或无糖）、油脂为主要原料，加入膨松剂、改良剂及其他辅料，经热粉工艺调粉、辊压、成型、烘烤制成的表面花纹多为凹花，外观光滑，表面平整，一般有针眼，断面有层次，口感松脆的饼干。

根据 GB 2760—2024《食品安全国家标准 食品添加剂使用标准》规定，“可在各类食品中按生产需要适量使用的食品膨松剂”均可应用于饼干生产加工过程中。此外，其他食品膨松剂也可在饼干生产加工中使用。食品膨松剂在饼干类焙烤食品中的使用范围及使用限量见表 13-4。

表 13-4 食品膨松剂在饼干类焙烤食品中的使用范围及使用限量

食品添加剂名称	食品名称	食品分类号	最大使用量/(g/kg)
碳酸氢钠	饼干	07.03	按生产需要适量使用
碳酸氢铵	饼干	07.03	按生产需要适量使用
羟丙基淀粉	饼干	07.03	按生产需要适量使用
乳酸钠	饼干	07.03	按生产需要适量使用
碳酸钙	饼干	07.03	按生产需要适量使用
山梨糖醇和山梨糖醇液	饼干	07.03	按生产需要适量使用
麦芽糖醇和麦芽糖醇液	饼干	07.03	按生产需要适量使用
酒石酸氢钾	焙烤食品	07.0	按生产需要适量使用
硫酸铝钾	焙烤食品	07.0	按生产需要适量使用
硫酸铝铵	焙烤食品	07.0	按生产需要适量使用
聚葡萄糖	焙烤食品	07.0	按生产需要适量使用
磷酸、焦磷酸二氢二钠、焦磷酸钠、磷酸二氢钙、磷酸二氢钾、磷酸氢二铵、磷酸氢二钾、磷酸氢钙、磷酸三钙、磷酸三钾、磷酸三钠、六偏磷酸钠、三聚磷酸钠、磷酸二氢钠、磷酸氢二钠、焦磷酸四钾、焦磷酸一氢三钠、聚偏磷酸钾、酸式焦磷酸钙	焙烤食品	07.0	15.0

13.3.2 饼干生产过程中食品添加剂的使用方法及注意事项

(1) 酥性饼干生产过程中抗氧化剂的使用方法及注意事项

酥性饼干中常用的抗氧化剂均为粉末状，在使用时，将抗氧化剂溶解于植物油中，在面团调制时加入，在搅拌机中进行搅拌混匀。抗氧化剂使用时，需要注意以下几点：

① 添加时间。抗氧化剂只能起到预防作用，即通过阻碍氧化反应，延缓食品败坏的作用，但对已经发生氧化变质的饼干食品没有效果。因此，在使用抗氧化剂时，必须在食品尚未发生氧化变质时加入。

酥性饼干含有大量油脂，其氧化酸败是自发的链式反应，在链式反应的引发期之前加入抗氧化剂，能防止氧化酸败的发生，阻断过氧化物的产生，达到防止氧化的目的。若抗氧化剂加入过迟，即使加入再多的抗氧化剂，也起不到抗氧化的效果，还可能会发生相反的作用。这是因为抗氧化剂本身是还原性物质，被氧化了的抗氧化剂反而更容易促进油脂氧化。

② 添加量。研究发现，抗氧化剂的添加量和抗氧化效果并不总是正相关。当抗氧化剂超过一定浓度后，抗氧化剂不但不起抗氧化作用，反而具有促进氧化的效果。

③ 协同作用及复合抗氧化剂的使用。由于食品成分的复杂性，有时使用单一的抗氧化剂很难起到最佳抗氧化效果。可以采用多种抗氧化剂复合使用，也可以和防腐剂、乳化剂等其他食品添加剂联合使用。同时还可以使用抗氧化增效剂，增强抗氧化作用。抗氧化增效剂是指本身没有抗氧化作用，但与抗氧化剂并用时，能增加抗氧化剂抗氧化效果的一类物质。常用的增效剂有柠檬酸、磷酸、乙二胺四乙酸（EDTA）等。一般认为，这些抗氧化增效剂

能与促进氧化的微量金属离子生成络合物，使金属离子失去促进氧化的作用。也有人认为，抗氧化增效剂可与抗氧化剂生成的产物基团作用，使抗氧化剂获得再生。

④ 影响因素。为更有效发挥抗氧化剂的作用，对影响其还原性的各种因素必须加以控制。这些影响因素有光、热、氧、金属离子和抗氧化剂在食品中的分散状态等。

紫外线、热是自由基的天然引发剂，可引起并促进物质的氧化还原反应。有些抗氧化剂对热非常敏感，经过加热容易分解或挥发而失去抗氧化作用。大气中氧气的存在会加速氧化反应，简单来说，只要含油脂较高的食品暴露于空气中，油脂就很容易发生自动氧化，因此，避免含油脂较高食品如饼干与氧气接触非常重要。一般饼干等烘焙制品可以采用充氮气包装或真空密封包装，也可在包装袋中加入吸氧剂或脱氧剂，否则任凭油脂含量高的食品与氧气直接接触，即使大量添加抗氧化剂也难以达到预期效果。

特别地，过渡金属元素，特别是具有合适的氧化还原电位的三价或多价的过渡金属（Co、Cu、Fe、Mn、Ni）具有很强的促进脂肪氧化的作用，这些金属元素被称为助氧化剂。因为这些过渡金属元素能缩短诱导期，提高过氧化物的分解速度，使抗氧化剂迅速发生氧化而失去作用。因此，在添加抗氧化剂时，应尽量避免这些过渡金属元素混入食品。同时还可使用抗氧化剂增效剂如柠檬酸、磷酸、抗坏血酸等来提高抗氧化剂的抗氧化效果，一般认为这些增效剂可以和促进氧化的过渡金属离子生成螯合物，从而起到钝化过渡金属元素的促脂肪氧化作用。

另外，抗氧化剂在食品中用量较少，为使其充分发挥作用，必须将其均匀分散在食品中。

(2) 饼干生产中食品膨松剂的使用方法及注意事项

饼干生产加工过程中常用的膨松剂主要是化学膨松剂碳酸氢钠和碳酸氢铵，而发酵饼干常采用活性干酵母作为食品膨松剂。但单一的膨松剂在使用过程中会给产品带来一定的缺陷。比如碳酸氢钠遇酸会强烈分解产生CO_2，但是膨胀力小，产品主要是横向水平膨胀。如果单独使用碳酸氢钠作为膨松剂，使用少量难以达到理想的膨松效果；如果使用量过多，又会导致饼干碱度过高，产品变黄而影响口感和感官。而碳酸氢铵，其膨松力虽比碳酸氢钠大2～3倍，但由于分解温度较低，在烘焙的初期即产生大量气体，不能在饼坯凝固定形前持续有效地产气而达到良好的疏松效果，因此也不适宜单独使用。所以碳酸氢钠和碳酸氢铵单一作为膨松剂时均不理想。在饼干实际生产中，常利用复合膨松剂即利用酸碱中和原理将碳酸氢钠与有机酸（柠檬酸、酒石酸、乳酸、琥珀酸等）或有机酸盐（酒石酸氢钾、焦磷酸钠等）混合使用，使碳酸氢钠（或碳酸氢铵）能完全分解利用，降低饼干碱度，改善饼干口味。另外，在有机酸存在下也可有用碳酸钠代替碳酸氢钠起膨松剂作用。

碳酸氢钠和碳酸氢铵等膨松剂是水溶性物质，在添加时应先使用冷水溶解，以便分散均匀，然后与预处理好的油脂、白砂糖、水、食用盐等原料一起加入搅拌器中搅拌15min，再添加面粉、奶粉等原料混合均匀。

13.4 应用案例

国家市场监督管理总局于2018年对焙烤食品月饼进行了专项抽检调查，发现存在脱氢乙酸及其钠盐以及和防腐剂混合使用时超标使用的问题。调查发现：某地一批次老豆沙月饼防腐剂混合使用时各自用量占其最大使用量的比例之和为 1.5（理论上应满足最大使用量比例之和≤1），另有一地一批次蛋黄豆蓉月饼脱氢乙酸及其钠盐（以脱氢乙酸计）含量为 0.758g/kg（理论上应满足最大使用量≤0.5g/kg）。

月饼等焙烤类食品含有丰富的营养物质，是微生物的天然优良培养基，当月饼长期存放时很容易滋生细菌、真菌等腐败微生物，导致月饼腐败变质。因此，在月饼等焙烤食品中会通过添加食品防腐剂来防止微生物导致的食品腐败变质。脱氢乙酸及其钠盐是常被用于焙烤食品中的食品防腐剂，脱氢乙酸及其钠盐（以脱氢乙酸计）具有较强的抗细菌能力，对霉菌、酵母菌的抗菌能力更强，0.1%的浓度即可有效地抑制霉菌，为酸性防腐剂，对中性食品基本无效。脱氢乙酸钠盐具有广谱的抗菌作用，受 pH 值影响较小，在酸性、中性、碱性环境下均具有很好的抗菌效果。

脱氢乙酸及其钠盐安全性评价已有大量报道，急性毒性研究结果表明，猴子每日以 0.05g/kg 和 0.1g/kg 的剂量投药，喂养 1 年发现异变；脱氢乙酸大鼠经口 LD_{50} 为 1.0g/kg；脱氢乙酸钠盐大鼠经口 LD_{50} 为 0.57g/kg。因此，需要对脱氢乙酸及其钠盐严格控制添加剂量。GB 2760—2014《食品安全国家标准 食品添加剂使用标准》规定以脱氢乙酸计，最大使用量在腌渍的蔬菜和淀粉制品中为 1.0g/kg；面包、糕点、焙烤食品馅料及表面挂浆、预制肉制品、熟肉制品和复合调味料中为 0.5g/kg；在黄油与浓缩黄油、腌渍的食用菌和藻类、发酵豆制品、果蔬汁（浆）中为 0.3g/kg。在国外脱氢乙酸用于干酪、奶油和人造奶油，用量为 0.5g/kg 以下。由于脱氢乙酸难溶于水，通常使用其钠盐。用作干酪表面防霉时，以 1%～2%的脱氢乙酸钠水溶液喷雾即可。

GB 2760—2024《食品安全国家标准 食品添加剂使用标准》是我国重要的食品安全基础标准，对指导食品添加剂的正确使用、保障食品安全、促进食品贸易发挥着巨大作用。GB 2760—2024 中规定了食品添加剂在各类食品中的最大使用量，食品添加剂的最大使用量是经过充分的毒理学评价而制订的，按照要求使用食品添加剂对人体是安全的。如果超量、超范围使用食品添加剂，其安全性无法得到保证，有可能对人体健康造成危害。只有严格执行食品添加剂使用标准，规范使用食品添加剂才能保证食品安全。

在食品中超量使用食品添加剂是一种严重的违法犯罪行为，对于不按照 GB 2760—2024 及其他相关规定使用食品添加剂的相关企业和个人，政府相关部门应按照《食品安全法》相关条款严厉追究其刑事责任，加大惩罚力度。此外，食品生产加工企业应进一步强化食品安全意识和法律、法规、标准意识，严格执行《食品安全法》和 GB 2760—2024《食品安全国家标准 食品添加剂使用标准》的规定，建立食品安全控制关键岗位责任制，在限定使用范围和最大使用量内规范使用食品添加剂，坚守底线。在满足消费者知情权的基础上，企业应建立内部检查、自我约束机制，全面提高食品法规的贯彻执行水平。消费者应理性看待食品添加剂，在购买食品时注意食品的配料表，选择加工程度低的食品。如果食品出现安全问题，消费者要提高自我保护意识，对于违法行为敢于举报，维护自身合法权益。

参 考 文 献

[1] 曹雁平，肖俊松．食品添加剂安全应用技术［M］．北京：化学工业出版社，2012.
[2] Hu C，Kitta D D. Studies on the antixidant activity of echinacea root extract. J. Agric. Food Chem，2000，48（5）：1466-1472.
[3] Baines D，Seal R. Natural food additives，ingredients and flavourings［M］. Woodhead Publishing Limited，2012.
[4] FAO/WH. Safety evaluation of certain food additives and contaminants. World Health Organization，2010.
[5] 冯凤琴．食品化学［M］．北京：化学工业出版社，2019.
[6] 中华人民共和国国家卫生和计划生育委员会．食品安全国家标准　食品添加剂使用标准：GB 2760—2024［S］．
[7] 中华人民共和国卫生部．食品安全国家标准　食品营养强化剂使用卫生标准：GB 14880—2012［S］．
[8] 中华人民共和国卫生部．食品安全国家标准　预包装食品标签通则：GB 7718—2011［S］．
[9] 中华人民共和国国家卫生和计划生育委员会．食品安全国家标准　食品安全性毒理学评价程序：GB 15193.1—2014［S］．
[10] 顾立众，吴君艳．食品添加剂应用技术．2版．［M］．北京：化学工业出版社，2021.
[11] 郭勇．酶的生产与应用［M］．北京：化学工业出版社，2003.
[12] 贾士儒．生物防腐剂［M］．北京：中国轻工业出版社，2009.
[13] Smith J，Hong- Shum L. Food additives data book［M］. Blackwell Publishing Ltd.，2011.
[14] 江正强，杨邵青．食品酶学与酶工程原理［M］．北京：中国轻工业出版社，2018.
[15] Leistner L，Gould G W. Hurdle Technologies：Combination Treatments for Food Stability，Safety and Quality. New York：Kluwer Academic/Plenum Publishers，2002.
[16] 李斌，于国萍．食品酶学与酶工程．2版．［M］．北京：中国农业大学出版社，2017.
[17] 李红．食品化学［M］．北京：中国纺织出版社，2015.
[18] 李宏梁．食品添加剂安全与应用［J］．北京：化学工业出版社，2011.
[19] 李木华．国内外食品添加剂限量［M］．北京：中国标准出版社，2010.
[20] 林翔云，詹瑞东．香气强度和香比强值［J］．香料香精化妆品，1995（3）：43-49.
[21] 李小兰，张峻松．天然香料主成分手册［M］．北京：化学工业出版社，2020.
[22] 凌关庭．天然食品添加剂［M］．北京：化学工业出版社，2001.
[23] 郝利平．食品添加剂［M］．北京：中国农业出版社，2016.
[24] 郝素娥．食品添加剂与功能性食品：配方·制备·应用［M］．北京：化学工业出版社，2010.
[25] 何春毅．新编食品添加剂速查手册［M］．北京：化学工业出版社，2017.
[26] 侯振建．食品添加剂及其应用技术［M］．北京：化学工业出版社，2004.
[27] 胡国华．复合食品添加剂［M］．北京：化学工业出版社，2006.
[28] 卢晓黎，赵志峰．食品添加剂——特性、应用及检测［M］．北京：化学工业出版社，2013.
[29] 陆洋，杨波涛，陈凤香．复配天然抗氧化剂对食用油脂抗氧化效果研究．食品科学，2009，30（11）：55-57.
[30] 彭珊珊，钟瑞敏．食品添加剂［M］．北京：中国轻工业出版社，2019.
[31] 彭志英．食品酶学导论［M］．北京：中国轻工业出版社，2002.
[32] 秦卫东．食品添加剂学［M］．北京：中国纺织出版社，2014.
[33] 孙宝国．食品添加剂［M］．北京：化学工业出版社，2013.
[34] 孙平．食品添加剂使用手册［M］．北京：化学工业出版社，2004.
[35] 孙平．食品添加剂．2版．［M］．北京：中国轻工业出版社，2019.
[36] 唐春红．天然防腐剂与抗氧化剂［M］．北京：中国轻工业出版社，2010.
[37] 天津轻工业学院食品工业教学研究室．食品添加剂．2版［M］．北京：中国轻工业出版社，2006.
[38] Komolprasert V，Turowski P. Food Additives and Packaging［M］. Distributed in print by Ox ford University Press，2014.
[39] 王洪新．食品新资源［M］．北京：中国轻工业出版社，2001.
[40] 王璋．食品酶学［M］．北京：中国轻工业出版社，1991.
[41] 万素英．食品防腐与食品防腐剂［M］．北京：中国轻工业出版社，1998.
[42] 谢建春．香味分析原理与技术［M］．北京：化学工业出版社，2018.
[43] 于新，李小华．天然食品添加剂［M］．北京：中国轻工业出版社，2014.
[44] 曾名湧，董士达．天然食品添加剂［M］．北京：化学工业出版社，2005.

[45] 郑宝东. 食品酶学 [M]. 南京：东南大学出版社，2006.
[46] 中华人民共和国食品安全法. 北京：中国法制出版社，2018.
[47] 张春红. 食品酶制剂及应用 [M]. 北京：中国计量出版社，2008.
[48] 张树政. 酶制剂工业 [M]. 北京：科学出版社，1984.
[49] 周家华主编. 食品添加剂 [M]. 北京：化学工业出版社，2001.
[50] 周立国，段洪东. 精细化学品化学 [M]. 北京：化学工业出版社，2021.
[51] 周强，魏转，孙文敬，等. 2D-异抗坏血酸生产技术研究进展 [J]. 食品科学，2008，29 (8)：647-650.